U0352941

白话人工智能算法

Practical Algorithms for Artificial Intelligence
in Plain Language

万发良　王昭东　王　超　著

北　京
冶　金　工　业　出　版　社
2025

内 容 提 要

本书利用 100 个 H5 小程序，将人工智能所涉及的算法由浅入深逐渐汇聚成一个完整的人工智能框架体系，系统讲解了人们思考问题时的逻辑过程、人们预测事物的概率问题、机器学习、制造自适应机器人的方法，以及如何快速有效地实现人工智能系统的方法。

本书从最基础的算法基础讲起深入浅出，层层递进，在巩固现有知识的同时深入讲解人工智能的算法原理，既可以作为初学人工智能算法的入门书，又可以作为中小学生人工智能教学用书，还可供对于算法有兴趣的人群阅读。

图书在版编目（CIP）数据

白话人工智能算法／万发良，王昭东，王超著．
北京：冶金工业出版社，2025．3． -- ISBN 978-7-5240-
0099-0

Ⅰ．TP183

中国国家版本馆 CIP 数据核字第 2025Q4J207 号

白话人工智能算法

出版发行 冶金工业出版社		**电　话**	（010）64027926
地　址 北京市东城区嵩祝院北巷 39 号		**邮　编**	100009
网　址 www.mip1953.com		**电子信箱**	service@mip1953.com

责任编辑　刘　博　美术编辑　彭子赫　版式设计　郑小利
责任校对　郑　娟　责任印制　禹　蕊
唐山玺诚印务有限公司印刷
2025 年 3 月第 1 版，2025 年 3 月第 1 次印刷
710mm×1000mm　1/16；25.5 印张；496 千字；397 页
定价 79.00 元

投稿电话　（010）64027932　投稿信箱　tougao@cnmip.com.cn
营销中心电话　（010）64044283
冶金工业出版社天猫旗舰店　yjgycbs.tmall.com
（本书如有印装质量问题，本社营销中心负责退换）

前　　言

人工智能发展到今天已经变得异常强大，通过一部手机，它可以推荐你观看喜欢的视频；通过一台电脑，它可以帮你开发一个小程序；通过一辆汽车，它可以把你送到全国各地；在不久的将来，通过一群机器人，它可以帮助人类在火星建设基地。不仅如此，它还可以帮我们写论文、搞发明、模拟物理世界，至于考试什么的更是不在话下。

那么，这么强大的人工智能系统究竟是如何制造出来的呢？它又是如何像人类一样进行自我升级和思考的呢？

为了解决这个问题，我们就不得不从人工智能常用的算法说起。人工智能算法多种多样，小到求平均数大到机器学习，无不透露着智能的光芒。

为了让大家对人工智能系统有一个整体的了解，我们对人工智能常用的算法做了一个详细的解剖与整理，进而撰写了本书，让更多的人掌握人工智能核心技术，拥有自己的人工智能产品。

全书通过 100 个 H5 小程序，将人工智能所涉及的算法由浅入深逐渐汇聚成一个完整的人工智能框架体系。除此之外，书中重要的知识点均配套视频讲解，方便读者理解。书中的所有源代码均可以通过扫描前言下方的二维码下载，在本书的后记中有详细的使用说明。

在本书的撰写过程中，得到了很多专家的帮助，在此对他们的帮助和指导致以崇高的敬意。由于作者水平有限，书中不妥之处，恳请广大读者批评指正。

作　者

2025 年 1 月 21 日

扫描下方二维码下载书中源代码

目　　录

绪　　论

　　为了让大家对人工智能系统有一个整体的了解，我们对人工智能常用的算法做了一个详细的解剖与整理。（扫描二维码观看视频讲解）

　　一般来讲，人工智能主要是通过计算机技术来模拟人类智力行为的一种方法。而由于人类的智力行为主要受制于大脑，因此人工智能的算法也以模拟人类的大脑为主。

　　目前模拟人脑的方式主要有：模仿思维过程、模仿大脑结构和模仿人类行为这三种。

　　模仿思维过程主要是模拟人的心理活动。比如因为吃饭才会有力气，所以如果我想要有力气就要吃饭。这种方法因为逻辑性很强可以用数学符号进行一步步的推理，所以也称为符号主义，专家系统就是这样一种人工智能。

　　模仿大脑结构主要是模拟人的神经系统。比如看到美食后，视觉神经细胞便将看到的结果告诉运动神经细胞。这种方法因为强调神经细胞之间的连接，所以也称为连接主义，神经网络就是这样一种人工智能。

　　模仿人类行为主要是模拟人的试错行为。比如通过不断地品尝终于找到了一种美味的食物。这种方法因为非常重视物种通过行为来达到改善生活的目的，所以也称为行为主义，智能机器就是这样一种人工智能。

　　以上三种模拟人类智能的方法就是人工智能技术的三大流派，关于这三大流派我们可以通过表0.1让大家有一个更为直观的认识。

表 0.1　三大流派表

项　　目	符号主义	连接主义	行为主义
数据量	小	大	小
计算量	小	很大	极大
错误率	从不犯错	偶尔犯错	经常犯错
模拟方式	功能模拟	结构模拟	行为模拟
经典系统	专家系统	神经网络	智能机器
逻辑特点	知其然并知其所以然	知其然不知其所以然	既不知其然也不知其所以然

　　通过上表我们知道，符号主义是知其然并知其所以然，用起来很放心；连接主义是知其然不知其所以然，用起来有点担心；而行为主义则是既不知其然也不

知其所以然，是不得已才用的。

　　表面上看，三大流派彼此独立、毫不相干，实际上三者之间是一种从确定到不确定的递进过程，在递进过程中甚至还衍生出很多中间流派，比如知识图谱、统计分析、强化学习、物理仿真、控制器等，而人类的发展则与其正好相反，属于人工智能系统的逆向过程，这种过程可以通过图 0.1 表示。

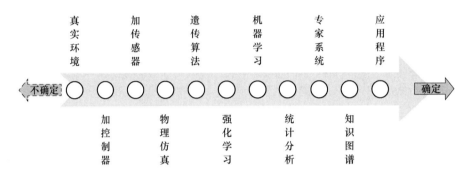

图 0.1　人工智能算法逆向工程图

　　我们可以用汉字图像识别的例子来理解这三大流派算法之间的关系。比如当程序员知道"人"字的识别方法是：首先将汉字分割成 $4 \times 4 = 16$ 个方格，然后在对应的方格内识别其特征有无即可。如果程序员选择这种方法来识别"人"字，那么这就是一个典型的应用程序。"人"字特征如图 0.2 所示。

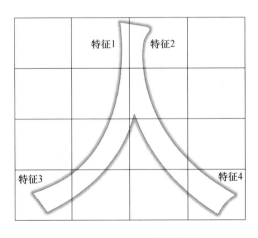

图 0.2　"人"字的特征图

　　除了"人"字，我们还知道很多其他汉字的特征位置。不仅如此，我们还将这些汉字之间的关系做成一个大型的数据库从而方便检索和对比。这个可以通过图示的方法来匹配汉字特征的数据库称为知识图谱。

如果程序员不知道"人"字的特征位置怎么办呢？那就找一个汉字识别专家来告诉他，专家怎么说程序员就怎么写。这样有了专家参与的系统称为专家系统。

如果汉字识别专家也不知道"人"字的特征位置怎么办呢？那就先将图像按照 $4 \times 4 = 16$ 个方格分割，然后再统计很多个"人"字的图像，最后再挑选几个特征出现最多的方格作为特征位置。这种通过统计方法来确定特征的方法称为统计分析。

由于统计分析需要对大量的图片数据进行计算，因此这个过程一般由计算机来完成。这种利用计算机做统计分析的方法称为机器学习。

在机器学习中，如果我们告诉计算机这些图像都是"人"字，让计算机找出这些图中出现频率最高的几个特征位置。这种提前告诉计算机图片是什么的方法称为监督学习。

在机器学习中，如果我们连这张图片是什么也不知道的话，那么我们就告诉计算机这里有很多图片，然后让它自己去分类即可。这种不告诉计算机图片是什么的学习方法称为无监督学习。

在机器学习中，虽然我们不知道这张图片是什么，但是却知道图片方格之间有一定的前后因果关系。然后让计算机统计前面方格出现的特征与后面方格出现的特征关系。这种告诉计算机数据之间有前后因果关系的方法称为自监督学习。

如果人类连将图片进行 $4 \times 4 = 16$ 分割的方法也不知道怎么办呢？这时我们可以让计算机自己去试着分割图像，我们只要在统计结果表现好的时候给予奖励，表现差的时候给予惩罚。那么计算机就会自己试着找到一套图像处理方法。这种在计算机猜对的时候给予奖励，猜错的时候给予惩罚的学习方法称为强化学习。

机器学习需要大量的图片，如果我们没有很多图片的话，那么我们可以给计算机制定一个规则，让计算机自己生成图片。比如知道了汉字的书写规则和"人"字图片后，计算机会根据汉字书写规则，不断进行书写尝试，直至生成很多和"人"字相似的图片。这种模拟图片生成的方法称为生成式人工智能。

如果我们连汉字书写规则都不清楚的话，那么可以通过不断试错的方法让计算机自己去制定书写规则，直到找到一种令人满意的规则为止。这种通过不断试错来寻找答案的方法称为进化算法。

在使用进化算法的时候，为了控制计算机的进化方向，我们通常会把机器人放到一个模拟环境中。机器人在模拟环境中生存得越久则表明算法越好。这个模拟进化环境的方法称为物理仿真。

如果计算机无法写字，那么我们就要给计算机增加各种各样的传感器和控制器直到可以写字为止。这种可以不断增加硬件的机器称为智能机器。

如果我们想让计算机在没有工程师帮助的情况下完成自主进化，那么就需要给计算机一套完整的设计、实验和生产的机器人流水线。这种可以自主成长的计算机集群称为自组织机器人系统。

当然，这所有的一切都要以遵循自然界的物理规律为前提。正所谓道法自然说的便是这个道理。

综上所述，人工智能是一套让计算机更快地寻找答案的系统，当你有答案时直接查询就行，当你没有答案时就要尝试各种可能。

由于人工智能算法大多是基于计算机的数学运算，因此我们会用到很多数学方面的知识，这些数学知识在经过无数人的改良之后难免晦涩难懂。为了让更多的人接触人工智能、理解人工智能、喜欢人工智能、拥有人工智能，我们需要把这些晦涩难懂的数学知识变成人人可以理解和使用的小程序。从最早的人工编写代码开始到机器人可以自我编程结束，由浅入深将每一种算法都单独做成一个小程序。这些小程序就像组成人工智能的积木一样，最终会搭建出一个可以自我进化的机器人。

在本书里，你就是机器人世界的"造物主"，可以决定一个机器人的命运。因为本书不仅会给你讲解人工智能的算法，还会教给你可以运行的程序代码。仅仅如此吗？不，本书还会告诉我们如何通过研发人工智能让自己变得更加强大。

由于本书中使用了大量小程序，为了"安全"起见，我们统一使用制作起来更加容易的网页小程序。说起网页小程序，自然离不开 JavaScript 这门编程语言了，因为它不仅学习起来简单、运行起来简单、维护起来简单，更重要的是它非常安全。因此，我们选择 JavaScript 作为我们的编程语言。

有了 JavaScript 我们就可以把更多的精力用在算法讨论和产品实现上了。如果通过本书的学习你可以做出一个自己喜欢的人工智能产品，那将是我莫大的荣幸。

1　专　家　系　统

　　小时候，我们在遇到问题的时候总会想到请比自己能力强的人帮忙。从父母到老师再从老师到专家，每一次求助都让我们少走很多弯路。

　　如果我们把这种思想用到人工智能中就会做出令人拍案叫绝的专家系统。专家系统不仅技术简单而且功能强大，也是人类最信赖的伙伴。甚至有人说但凡可以用专家解决的问题都可以做成专家系统。比如医生知道如何看病、农民知道如何种地、教师知道如何讲课等都是专家系统的一种。专家不仅可以告诉你答案也会告诉你他的推理过程。比如人类专家说："因为所有的人都需要呼吸，所以如果你是人那么你也需要呼吸。"再比如动物专家说："因为所有食肉动物都吃肉，所以如果你吃肉那么你也是食肉动物。"

　　当然，专家在推理的时候都需要一个明确的前提条件，而且只有当这个前提条件成立的时候，后面的推论才成立。你也可以试着推翻这个所谓的前提条件，但是必须要有证据才行。比如有一个鸟类专家说："因为所有的天鹅都是白色的，所以如果你有天鹅的话那么它一定是白色的。"然后你就可以说："不是，我家的天鹅就不是白色的。"怎么证明，你抱一只黑天鹅给他看看不就完了嘛。

　　一般来讲，所有专家的结论都是建立在前提条件正确的基础之上。虽然我们也无法证明这个结论一定是对的，但是我们可以找证据证明它是错的。专家系统的巧妙之处在于，理论上你可以证明它是错的，但是你又找不到证据。

　　专家系统一般包括知识库、推理机和解释器三部分，这三部分的关系如图 1.1 所示。

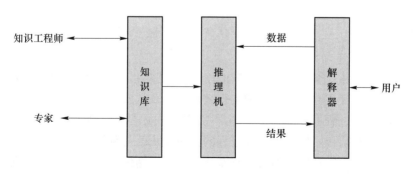

图 1.1　专家系统用例图

其中，知识库是指那些经过验证的真实知识或者经验，哪怕你的知识是一个假设，那么这个假设也必须是真实的，不然不能记录在知识库体系中。

比如我们假设 1＋1＝2，或者 1＋1＝10，那么这个假设必须是真实的，所谓真实就是指在一定条件下要么为真要么为假，而不能同时既为真又为假，否则如果有一丁点的歧义，后续都将无法进行推理和演绎，其实数学本身就是以假设为前提的。所以知识库里面的知识特别强调一切要从事实出发，而且知识库中至少有一个事实。比如它是一只动物，那么这个知识就要百分之百不能有任何不确定性，因为后面我们还会用到这个事实。

知识的表达式，一般由事实、规则、概念三部分构成。

通常我们把知识分为三种类型，即描述性知识、过程性知识和控制性知识。比如"从北京到上海是飞机还是火车？"的问题里：描述性知识是北京、上海、飞机、火车、时间、费用；过程性知识是乘火车或者乘飞机；控制性知识是乘飞机虽然速度快但是票价贵，乘火车虽然速度慢但是票价便宜。

推理机是什么呢？推理机实际上就是我们对一些事情有自己的理解和判断，它是我们的一个判断过程，这里的判断过程主要是指专家的逻辑推理过程。

比如我想知道在座的同学中，谁今天晚上可能有约会，那么我就要根据我已有的知识进行逻辑推理，最简单的推理结构就是：

如果……，那么……。

如果（买了鲜花），那么（可能有约会）。

如果这只动物长羽毛，那么我们判断它是鸟类。那么我们怎么知道它是一个动物而不是植物的呢，因为前面的知识库已经明确告诉我们它是一只动物，所以我们才有后面的推理。

其实很多时候，推理机和知识库是相辅相成的，知识库为推理机提供事实依据，同样推理机推理出来的结论又可以成为新的事实存入知识库。至于推理的过程，我们可以采用正向推理也可采用逆向推理，甚至双向推理。

假设知识库中有这样一条关于哺乳动物的知识：胎生或者有毛发或者有乳房的动物是哺乳动物。正向推理是根据规则推出结论：因为我是动物并且有毛发，所以我是哺乳动物。逆向推理是根据结论寻找证据：我是哺乳动物是因为我是动物并且有毛发。

解释器同样是专家系统不可或缺的一部分，因为这个系统是给人来用的，所以它必然要和人打交道，既然要和人打交道，那么就要让人们知道怎么用，但是这个系统的推理过程我不知道，你能不能告诉我你是怎样做出这个结论的？那么，这种告诉专家和用户系统推理过程的程序模块就是解释器。正因为解释器有这样一个好处，才让它经久不衰，它既让人们知道结果，又让人们知道原因，正所谓：知其然并知其所以然。

下面我们对以上三部分进行一个简单概括进行说明，如表 1.1 所示。

表 1.1 专家系统

名 称	说 明	方 法	举 例
知识库	经过验证的知识	至少有一个事实（公理）	有羽毛的动物是鸟
推理机	推理过程	正向推理、反向推理	它有羽毛所以是鸟
解释器	解释和说明	知其然并知其所以然	为什么它是鸟？因为它有羽毛

既然是专家系统，那么专家无疑是系统中最重要的角色。只不过很多时候，由于这个专家并不懂得计算机编程，所以还需要一个助手通过人机交互界面把它的推理过程输入计算机，而这个助手就是我们常说的知识工程师。比如我们有一个金融专家系统，那么金融知识工程师就需要把一些金融公式和模型录入知识库。

专家系统应用领域非常广泛，理论上只要是人能够理解的事物都可以通过专家系统进行模拟。广义的专家系统就是指那些将专家经验转为可以通过计算机计算的软件系统，比如应用程序、问答系统、知识图谱等都是专家系统。

1.1 应 用 程 序

1.1.1 简单计算器

我们知道，应用程序是指为实现某种特殊应用目的所编写的软件。这种软件逻辑性很强，不会犯错，比如计算器、文字处理和音乐播放程序。

可以说，应用程序是人工智能实践中最简单的算法，这种算法只取决于软件工程师（程序员）对人工智能的理解。理解不同、算法不同，程序的实现过程自然也不相同，虽然程序的实现过程不同，但是结果却可能相同。

计算器是一个非常简单的应用程序，一般的计算器都有加、减、乘、除等功能，科学计算器还可以计算三角函数。但是不论哪种计算器，它们背后的公式都是一样的。比如默认十进制数逢十进一、借一还十，括号内优先计算，有括号的先算括号内的再算括号外的等，也正是由于这些规则它们的计算结果才相同。拥有一部可以计算的机器是我们做人工智能的开始，一个简单的计算器软件界面如图 1.2 所示。

注意，由于各国对 % 的理解不同，因此计算公式也不相同，比如在欧洲 $50\% + 50\% = 75\%$ ，表示 50% 的 50% 。再比如在 JavaScript 中 % 表示模运算（求余数）的意思。因为我们是研究人工智能算法的所以我们这里采用模运算，核心代码如下：

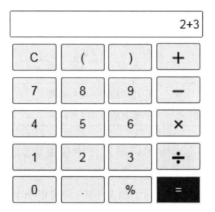

图 1.2 计算器软件界面

```
computer. html
<body>
    <!--表单部分-->
    <form>
        <!--公式显示区-->
        <input id="box" type="text" value="0" class="txt"> <br>
        <!--按键区-->
        <input type="button" value="C" onclick="res('0')">
        <input type="button" value="(" onclick="add('(')">
        <input type="button" value=")" onclick="add(')')">
        <input type="button" value="+" onclick="add('+')"> <br>
        <input type="button" value="7" onclick="add('7')">
        <input type="button" value="8" onclick="add('8')">
        <input type="button" value="9" onclick="add('9')">
        <input type="button" value="-" onclick="add('-')"> <br>
        <input type="button" value="4" onclick="add('4')">
        <input type="button" value="5" onclick="add('5')">
        <input type="button" value="6" onclick="add('6')">
        <input type="button" value="×" onclick="add('*')"> <br>
        <input type="button" value="1" onclick="add('1')">
        <input type="button" value="2" onclick="add('2')">
        <input type="button" value="3" onclick="add('3')">
        <input type="button" value="÷" onclick="add('/')"> <br>
```

```
< input type = " button " value = "0 " onclick = " add('0')" >
< input type = " button " value = ". " onclick = " add('.')" >
< input type = " button " value = "%" onclick = " add('%')" >
<!--运算按钮-->
< input type = " button " value = " = " class = " run " onclick = " run('=')" >
</form >
< script >
  // 获得显示区对象
  var b = document. getElementById(' box ') ;
  // 归零
  res = function (s) {
    b. value = s;
  }
  // 添加数字或运算符
  add = function (n) {
    b. value = b. value == "0"? n : b. value + n;
  }
  // 运算
  run = function (s) {
    try {
      // 核心代码,请注意 eval 函数的使用
      if (s == " =") { b. value = eval(b. value); }
    } catch (e) {
      alert("公式错误!");
      b. focus() ;
    }
  }
</script >
</body >
```

1.1.2 生成 JS 代码

通过查看计算器的源代码,我们发现,其核心代码主要就是一个名为 eval()
的函数。理论上 eval() 函数可以运行任何 JavaScript 字符串,哪怕是一个完整的
JS 文件。

根据 eval() 函数的这个特性,我们就可以实现在线编写 JavaScript 代码的目
标。甚至还可以让计算机自己随机生成 JavaScript 代码,再自己运行,从而达到
计算机自我编程的目的。

当然，为了让我们的计算机变得相对可控，最好还是对它可能随机生成的字符串进行限制，否则既不容易出结果也非常不安全。因此我们可以规定一个字符集，让计算机在规定的字符集中随机生成 JavaScript 代码，再试运行，如果运行成功并且返回值与我们预期的结果一致就终止运行，否则再次生成 JavaScript 代码，循环往复直至找到正确的代码为止。

这样一个可以自己生成 JavaScript 代码的小程序核心代码如下所示：

```
js. html
< body style = " text-align:center;" >
  <!--JavaScript 代码显示区-- >
  < textarea id = " f-box " style = " width: 100% ;" rows = "5 " > </textarea >
  <!--实验控制区-- >
  < p >目标  < input id = " arg1 " type = " text " value = "1 " > = < input id = " return1 " type = " text " value = "2 " >
  并且  < input id = " arg2 " type = " text " value = "2 " > = < input id = " return2 " type = " text " value = "4 " >
  < button onclick = " is_run( this)" >开始实验 </button > </p >
  <!--实验结果显示区-- >
  < div id = " show " > </div >
  < script >
    // 期待中的函数模型
    /*
    f = function( x) {
      return 2 * x;
    }
    f(1) = 2;
    f(2) = 4;
    */
    // 有限字符集
    const char = ' function() { } * 0123456789 ; =';
    sum = 0;// 累计实验次数
    // 分割成最小字符单位
    arr = char. split("");
    // 定时器
    var timer;
    box = document. getElementById(' f-box ');
    div = document. getElementById(' show ');
    // 有待验证的数据
    a1 = document. getElementById(' arg1 '). value;
```

```
a2 = document. getElementById(' arg2 '). value;
r1 = document. getElementById(' return1 '). value;
r2 = document. getElementById(' return2 '). value;
var timer;
// 实验开关
function is_run( o) {
  console. log( o. innerText) ;
  if( o. innerText == '开始实验') {
    o. innerText = '停止实验';
    // 定时任务,1 秒钟尝试一次,此处也可以根据需要调整频率
    timer = window. setInterval(' fun( )', 1000) ;
  } else {
    o. innerText = '开始实验';
    window. clearInterval( timer) ;
  }
}


// 自我生成代码并运行
function fun( ) {
  f = box. value;
  // 运行这段代码
  try {
    // 替代函数
    js = 'f = ' + f;
    eval( js) ;
    // 模型验证
    if ( f( a1) == r1 && f( a2) == r2) {
      // 找到模型
      div. innerHTML = f;
      // 停止测试
      window. clearInterval( timer) ;
    }
  } catch ( e) {
    // 随机字符串总长度
    len = 10 + Math. round( Math. random( ) * 90) ;
    f = ";
    for ( i = 0; i < len; i ++ ) {
      str = arr[ Math. floor( Math. random( ) * arr. length) ];
      f += str;
```

```
        }
      // 显代码
      box. value = f;
      // 显示失败次数
      sum ++ ;
      div. innerHTML = '失败第 ' + sum + ' 次';
    }
  }
</script >
</body >
```

JS 自我编程系统运行过程如图 1.3 所示。

图 1.3　JS 自我编程系统运行过程

1.1.3　误差的处理

前文我们实验了一个可以自我编程的 JavaScript 小程序，理论上只要时间足够，这个机器人就会变得非常不可思议，甚至超越人类的智力。

我们要解决一个问题，那就是我们 JavaScript 是否可靠？为了解决这个问题，我们首先要回到 JavaScript 本身，只有充分了解 JavaScript 这门编程语言的特点之后，才能在算法的帮助下更快、更好地生成我们想要的代码。

我们知道，JavaScript 中所有的数字对象都是浮点型数据，并且都是采用 IEEE754 标准定义的 64 位浮点数。所以它能表示的最大值为 $\pm 1.7976931348623157e + 308$，最小值为 $\pm 5e - 324$。其整数部分最多为 15 位，关于这一点我们可以通过 Number. MAX_VALUE 和 Number. MIN_VALUE 属性获取当前浏览器可计算的数值范围。也正是由于所有数字对象都是浮点型数据，因此 JavaScript 对超大数值的运算是会有误差的，当数字运算结果超过了 JavaScript 所能表示的数字上限时就会产生溢出。因此，JavaScript 对于小数和无理数的计算并不友好，哪怕是 0.1 + 0.2 也与 0.3 并不完全相等，当然这也是绝大多数浮点类编程语言存在的一个客观问题。

为了解决 JavaScript 小数误差的问题，我们通常采用以下三种方法进行规避：

第一种方法是化整法，先把小数放大成整数，再进行计算，最后将结果同比例还原成小数。如 0.1 + 0.2 可以先放大 10 倍，即 1 + 2，然后计算 1 + 2 = 3，最后将结果缩小 10 倍，即 3/10 = 0.3。更直观的感受是 0.1 + 0.2 = 1/10 + 2/10 = 3/10 = 0.3。

第二种方法是简化法，通过约分等手段减少计算过程中的小数。如 $2 \times \pi / 4 \times \pi$ 约分后为 2/4 即 0.5。同样的道理，在运算过程中如果遇到分数或者根号（无理数）时也先不要换算成小数。

第三种方法是笔算法，通过模拟人类笔算或者珠算的方式将没有误差的纸面算法变成计算机可以运行的程序。

以上三种方法的示例代码如下：

```
float. html
< body >
 < div > 请用浏览器的控制台查看结果 </ div >
 < script type = " text/javascript " >
   console. log("您的浏览支持的最大数是:" + Number. MAX_VALUE, "最小数是:" +
Number. MIN_VALUE) ;
   // 0.1 + 0.2 不等于 0.3
   console. log(0.1 + 0.2) ;
   // 0.09999999 + 0.00000001 不等于 0.1
   console. log(0.09999999 + 0.00000001) ;
   // 11111111111111119 不等于 11111111111111119
   console. log(11111111111111119) ;
   // -2147483648 + -1 = -2147483649
     console. log( parseInt( -2147483648) + parseInt( -1)) ;

   // 化整法
   var a = 0.1 ;
   var b = 0.2 ;
   var c = 0 ;
   c = a * 10 + b * 10 ;
   console. log( c / 10) ;
   var P = Math. PI ;
   // 简化法
```

```
var str = "2 * P / 4 * P";
str = str. replaceAll('P', '1');
console. log( eval( str) );


// 模拟笔算,将数字看成字符串
var str_a = '0. 1';
var str_b = '0. 2';
var sum1 = add( str_a, str_b);
console. log( a + '+' + b + '=', sum1);
var sum2 = add( '0. 09999999', '0. 00000001');
console. log( '0. 09999999 + 0. 00000001 =', sum2);
// 有整数部
var sum3 = add( '10. 1', '2. 02');
console. log( '10. 1 + 2. 2 =', sum3);
function add( n1, n2) {
    // 寻找小数位
    var ns1 = n1. substring( n1. lastIndexOf( '. '));
    var ns2 = n2. substring( n2. lastIndexOf( '. '));
    var s1 = ns1. length;
    var s2 = ns2. length;
    console. log( ns1, ns2);
    // 将两个小数部分补齐
    if ( s2 > s1) {
        var len = s2 - s1;
        var txt = '';
        for ( var i = 0; i < len; i ++) {
            txt += '0';
        }
        ns1 += txt;
    } else {
        var len = s1 - s2;
        var txt = '';
        for ( var i = 0; i < len; i ++) {
            txt += '0';
        }
        ns2 += txt;
    }
    // 循环计算小数部分
    var tem = 0; //是否进位
```

```
var str = '';
for ( var i = ns2. length − 1; i > 0; i--) {
    var sum = parseInt( ns2[i] ) + parseInt( ns1[i] ) + tem;//先求和,包括进位数
    // 如果大于 10 进位,并保留余数
    if ( sum > = 10 ) {
        str = sum − 10 + str;
        tem = 1;
    } else {
        tem = 0;
        str = sum + str;
    }
}
// console. log('是否进位',tem,'小数部分',str);
// 计算整数部分 正常计算即可
var int1 = n1. substring(0, n1. lastIndexOf('. '));
var int2 = n2. substring(0, n2. lastIndexOf('. '));
var int_sum = parseInt( int1 ) + parseInt( int2 ) + tem;// 包括进位数
// 最终结果拼接整数部分与小数部分
var str_sum = int_sum + '. ' + str;
return str_sum;
}
</script >
</body >
```

运行结果如图 1.4 所示,如果你还不知道如何查看控制台,可以通过依次点击浏览器的【设置】→【更多工具】→【开发者工具】进行查看。

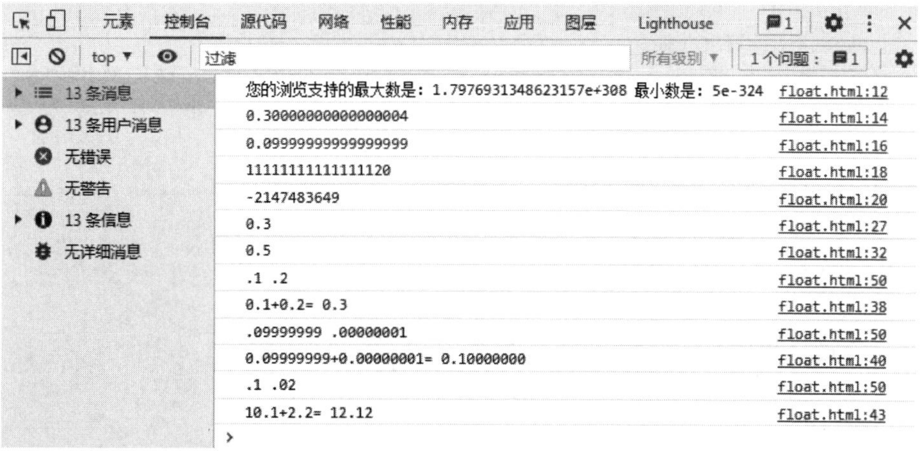

图 1.4　开发者工具

其中，笔算方法最为理想。因为这种方法是将所有的数字看作字符串。而字符串无论在 32 位操作系统中还是在 64 位操作系统中都不会出错，只是这种方法会让电脑的计算时间变得更长。

1.1.4　汉语言编程

我们知道，JavaScript 是一种以英语为主的编程语言，并不完全符合中国人的习惯，再加上英文关键字和保留字的限制，很容易产生误操作。尤其是我们在与计算机进行语言交互的时候，更加困难。比如我们让计算机画一张起重机的图，它就很有可能画成一只鸟，因为起重机这个单词 crane 在英文中就有鹤的意思。再比如我们说伯父伯母的时候，由于英文没有对应的单词，所以只能统一翻译成 uncle 和 aunt，由于 uncle 也表示叔叔、舅父、姑父、姨父等男性长辈，所以我们通过 uncle 这个词根本分不清他们与自己的关系。

也正是这些原因，我们特别渴望一个能够使用中文的通用编程语言。为了达到这个目标，需要编程语言和程序员的双重努力。一方面，JavaScript 正在积极尝试使用中文进行编程，另一方面，中英文编程词库的建设也进行得如火如荼。现在 JavaScript 已经可以使用汉字进行基本的编程了，尤其在名称定义方面变得非常好用。使用中文定义名称不容易引起歧义，毕竟汉字那么多想要重复是很难的，甚至一个简单的汉字就可以表示一个大类，比如目、口、手、月、火、水等偏旁部首。

下面我们就来看一段基本上是由汉字完成的小程序吧，示例代码如下：

```
cn. html
< html lang = " zh-CN " >
< head >
　< meta charset = " UTF-8 " >
　< title > 汉语编程 </title >
　< meta name = " viewport " content = " width = device-width, initial-scale = 1. 0 " >
< !--定义样式-->
< style >
　. 文 {
　　text-align: center;
　}
　#文 {
　　width: 100% ;
　}
　#板 {
　　background: #000;
```

```
        color：#EEE；
        height：300px；
    }
    </style>
</head>

<body class="文">
    <!--显示区-->
    <h2>唐诗</h2>
    <!--自定义汉字属性-->
    <p id="板" 名="黑板"></p>
    <!--菜单区-->
    <form>
        <div>名称：<input id="名" type="text" value="静夜思"></div>
        <div>作者：<input id="人" type="text" value="李白"></div>
        <p>
        <textarea id="文" placeholder="内容">床前明月光,疑是地上霜。举头望明月,低头思
故乡。</textarea>
        </p>
    <input type="button" value="清空" onClick="清空()">
    <input type="button" value="阅读" onClick="阅读()">
    </form>
    <script>
    // 中英文编程词典、词库
    // 映射函数方法
    目标 = 字 => {
        return document.getElementById(字);
    }
    // 测试
    console.log(目标('名'));
    // 自定义汉字属性
    function 名称(字){
        // 等同于 document.querySelector('[id="板"]');
        return document.querySelector('[名="' + 字 + '"]');
    }
    console.log(名称('黑板'));
    // 映射 document 对象
    文档 = document;
    // 测试
```

```
console. log(文档. getElementById('人'));
// 映射默认方法
输出到控制台 = function(str){
  console. log(str);
}
输出到控制台('静夜思');
// 重写字符串对象的默认方法 string. split(separator,limit),注意对 prototype 的使用
String. prototype. split = function(str){
    // 将分割字符方法变成查找方法
    return this. search(str);
}
console. log('李白'. split('白'));


// 当然你也可以使用面向对象的编程思想,自己定义一个文本渲染的小框架
// 创建文学类
文学 = function (){
  this. 内容 = "";// 属性
  this. 阅读 = function (){
    // 阅读方法
    目标("板"). innerHTML = this. 内容;
  }
  this. 清空 = function (){
    // 清空方法
    目标("板"). innerHTML = ";
  }
}

// 创建一个唐诗类
唐诗 = function (){
  文学. call(this);
  // 追加属性
  this. 名称 = "";
  this. 作者 = "";
}
// 继承文学类
唐诗. prototype = new 文学();
// 阅读方法
阅读 = function (){
  诗 = new 唐诗();
  诗. 名称 = 目标('名'). value;
```

```
    诗.作者 = 目标('人').value;
    诗.内容 = "<h3>" + 诗.名称 + "</h3><p>" + 诗.作者 + "</p><p>" +
目标('文').value + '</p>';
    诗.阅读();
}
// 清空方法
清空 = function () {
    诗 = new 唐诗();
    诗.清空();
}
</script>
</body>
</html>
```

由于中英文编程词库理论上就是一个简单的编译器，因此中文编程大多是对底层编程语言的封装和重写，只不过我们的底层编程是 JavaScript 而已。上述代码运行结果大概如图 1.5 所示。

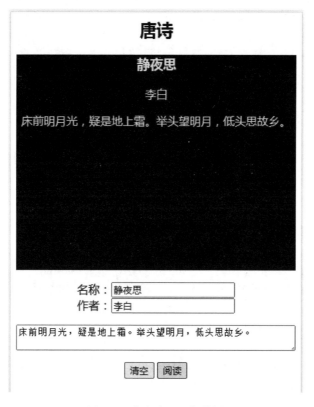

图 1.5　中文编程运行效果

1.1.5　音乐播放器

既然我们有了中英文编程词库，那么可以做得更智能一些，比如将一些常用的中文语音变成电脑可以执行的命令。

以音乐播放器为例，我们常用的命令无非是：下一首、上一首、歌曲列表、播放、暂停、随机播放、循环播放、大点声、小点声等。如果我们把这些常用命令绑定到音乐播放器的菜单上就可以实现一个能明白主人命令的智能音乐播放器。

一个简单的智能音乐播放器的小程序核心代码如下所示：

```
music. html
< body >
  <!--音乐播放器-->
  < div class = " c " >
    < h3 >音乐播放器 </h3 >
    < audio id = " audio " autoplay = " false " >
      < source id = " mp3 " src = " mp3/1. mp3 " type = " audio/mpeg " >
    </audio >
  </div >
  <!--人机对话框-->
  < div id = " talk " > </div >
  <!--命令输入框,通常使用语音输入法-->
  < input id = " cmd " type = " text " > < button onclick = " send( ) " >□确定 </button >
  < script >
  // 音乐集合
  const music = { ' 欢呼掌声': ' 1. mp3 ', ' 狗叫声': ' 2. mp3 ', ' 刀剑出鞘': ' 3. mp3 ', ' 打
喷嚏': ' 4. mp3 ', ' 鼓声': ' 5. mp3 ' };
  let list = Object. keys( music) ;
  // 基本命令集
  const cmds = {'打开列表':' menu ','音乐列表':' menu ','继续': ' play ', '播放': ' play ','暂
停': ' pause ', '停止': ' pause ', '下一首': ' next ', '上一首': ' previous ','大点声': ' big ', '小点声':
' small ', '静音': ' muted ', '循环播放': ' loop ', '取消循环': ' one ','单曲播放': ' one ' }
  // 对话框
  var box = document. getElementById( ' talk ') ;
  // mp3 播放器
  var audio = document. getElementById( ' audio ') ;
  var mp3 = document. getElementById( ' mp3 ') ;
  // 当前音乐名称
```

```
var name = '';
// 音乐基本路径
var PATH = 'mp3/';
// 发送命令
function send() {
    let c = document.getElementById('cmd').value.trim();
    if(c == '') {return;}
    // 显示主人命令
    let master = '<div class="r"><span class="master">' + c +'</span></div>';
    box.innerHTML = master;
    let robot = '';
    // 判断命令
    switch (cmds[c]) {
        case 'menu':
            // 打开列表
            robot = '<div class="l"><span class="robot">请选择</span>';
            for(let m in music) {
                robot += '<div>' + m + '</div>';
            }
            robot += '</div>';
            break;
        case 'play':
            // 默认播放第一首
            if(name == '') {
                name = list[0];
                robot = load_mp3(name);
            }
            audio.play();
            break;
        case 'pause':
            // 暂停播放
            robot = '<div class="l"><span class="robot">已经暂停播放:' + name +
'</span></div>';
            audio.pause();
            break;
        case 'next':
            // 下一首
            if(name == '') {
```

```
        name = list[0];
    }
    index = list.indexOf(name) + 1;
    if(index >= list.length){
        // 超过列表长度则从头再来
        name = list[0];
    }
    robot = load_mp3(name);
    audio.play();
    break;
case 'previous':
    // 上一首
    if(name == ''){
        name = list[0];
    }
    index = list.indexOf(name) - 1;
    if(index < 0){
        // 小于列索引则从末尾开始
        name = list[list.length -1];
    }
    robot = load_mp3(name);
    audio.play();
    break;
case 'big':
    // 大点声
    audio.muted = false;// 取消静音
    // 返回当前音量
    val = audio.volume + 0.1;
    if(val > 1){
        val = 1;
        robot = '<div class="1"> <span class="robot">已经是最大声了</span></div>';
    }else{
        robot = '<div class="1"> <span class="robot">当前音量' + val * 100 +'%</span> </div>';
    }
    //设置音量大小
    audio.volume = val;
    break;
```

```
    case 'small':
        // 小点声
        audio. muted = false;
        val = audio. volume - 0.1;
        if( val < 0) {
            val = 0;
            robot = ' < div class = "1" > < span class = " robot ">已经是最小声了 </span >
</div >';
        } else {
            robot = ' < div class = "1" > < span class = " robot ">当前音量' + val * 100 + '%
</span > </div >';
        }
        //设置音量大小
        audio. volume = val;
        break;
    case 'muted':
        // 静音
        audio. muted = true;
        robot = ' < div class = "1" > < span class = " robot ">已经为您静音 </span > </div >';
        break;
    case 'loop':
        // 循环播放
        audio. loop = true;
        robot = ' < div class = "1" > < span class = " robot ">循环播放模式 </span > </div >';
        break;
    case 'one':
        // 单曲播放,非循环模式
        audio. loop = false;
        robot = ' < div class = "1" > < span class = " robot ">单曲播放模式 </span > </div >';
        break;
    default:
        // 扩展命令,这里可以再建一个命令集合
        let reg = /播放(\S + )/;
        if( reg. test( c ) ) {
            // 正则匹配 播放 * * * *
            let arr = c. match( reg );
            if( music[ arr[ 1 ] ] ) {
                name = arr[ 1 ];
                robot = load_mp3( name );
```

```
        audio. play( ) ;
            } else {
            robot = ' < div class = " l " > < span class = " robot " > 找不到您说的歌曲
</span > </div >';
            }
        } else {
            robot = ' < div class = "l" > < span class = "robot" >未知命令:' + c +'</span >
</div >';
            }
        }
    box. innerHTML += robot;
    }

    // 加载指定曲目
    function load_mp3 ( name ) {
        // 重新载入
        let url = PATH + music[ name ];
        mp3. src = url;
        audio. load( ) ;
        return ' < div class = "l" > < span class = "robot" >正在为您播放:' + name +'</span >
</div >';
    }
    </script >
</body >
```

这里为了开发方便,使用了浏览器自带的 < audio > 标签作为音乐播放器,使用其他播放器的原理也是一样的。重在语音文字的识别和播放器命令的绑定,智能音乐播放器界面如图 1.6 所示。

图 1.6　音乐播放器界面

如果你的页面中还有很多文字,可以通过文字匹配的方式实现可视可说功能。比如播放列表中有很多歌曲名,你就可以说出一个歌曲名来完成点歌功能,再比如播放器菜单中有很多按钮,你就可以通过说出按钮的名字来完成语音控制。

1.2 问 答 系 统

1.2.1 语法聊天机器人 1

说起问答系统就不得不提图灵测试。1950 年，图灵发表了一篇论文，文中预言了创造出具有真正智能机器的可能性。由于注意到"智能"这一概念难以确切定义，他便提出了著名的图灵测试："如果一台机器能够与人类展开对话（通过电传设备）而不能被辨别出其机器身份，那么这台机器便拥有智能。"这个看似简单的对话测试，却成为日后人们衡量人工智能的主要依据。下面我们就来做几个简单的聊天机器人，顺便体验一下汉语语法与关键词在问答系统中的作用。

在这个世界上每一种语言都有自己的语法。比如我们可以根据汉语语法的规则做一个简单的对话机器人，这里请注意，汉语对人称代词的识别与处理。汉语的人称代词语法流程如图 1.7 所示。

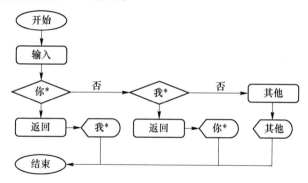

图 1.7　汉语语法流程图

一个简单的人称代词语法聊天小程序的核心代码如下所示：

```
chinese. html
< body style =" text-align:center;" >
  < h2 >汉语语法聊天机器人 </h2>
  <!--简单的对话框-- >
  < form >
    < div id =" talk " > </div>
    < input type =" text " id =" string " > < input type =" button " value ="发送" onclick =" send()" >
  </form>
  < script >
  // 定义人称代词数组
  我 = ['你','您','尔等'];
```

```
你 = ['我', '俺', '咱', '朕'];
// 发送消息
function send() {
    var str = document.getElementById("string").value;
    var txt = document.getElementById("talk");
    // 输出主人的问话
    txt.innerHTML += '<p align="right">' + str + '</p>';
    // 判断是否是疑问句
    var preg = /\S*(?|吗|吗?){1}$/g;
    if (preg.test(str)) {
        // 如果是就将疑问句变成陈述句
        str = str.replace(/(?|吗|吗?){1}$/g, ");
        console.log(str);
    }
    // 随机替换人称代词,比如:将你换成我
    var index = Math.floor((Math.random() * 我.length));
    str = str.replace('我', 我[index]);
    var index = Math.floor((Math.random() * 你.length));
    str = str.replace('你', 你[index]);
    // 输出机器人的回答
    txt.innerHTML += '<p>' + str + '。</p>';
}
/*
    输入"你不冷吗?"机器人返回:"我不冷"
    */
</script>
</body>
```

1.2.2　语法聊天机器人2

上面只是一个很简单的对话程序,它不仅可以将疑问句变成陈述句的而且还能正确识别你和我。如果你想让机器人产生更加丰富的对话,就要增加它的语法库。比如增加一个名词词库和动词词库,这样你再问机器人:"你在干什么?"机器人就可能会说:"我在看电视。"基本思路为:首先,增加了动名词组合的词库,如走路、玩游戏、看书、听音乐、想你等;然后,在将疑问句变成陈述句之后,将干什么或做什么随机替换成词库中的词。

这样一个升级版的语法聊天小程序就做成了,核心代码如下所示:

```
chinese2.html
<body style="text-align:center;">
    <h2>汉语语法聊天机器人2</h2>
    <!--简单的对话框-->
```

```
<form>
  <div id="talk"></div>
  <input type="text" id="string"><input type="button" value="发送" onclick="send()">
</form>
<script>
  // 定义人称代词数组
  我 = ['你', '您', '尔等'];
  你 = ['我', '俺', '咱', '朕'];
  // 增加了动词(名词)词库
  动词 = ['走路', '玩游戏', '看书', '听音乐', '想你'];
  // 这里还可以增加更多的词库,比如形容词词库、介词词库、副词词库、数量词词库等


  // 发送消息
  function send() {
    var str = document.getElementById("string").value;
    var txt = document.getElementById("talk");
    // 输出主人的问话
    txt.innerHTML += '<p align="right">' + str + '</p>';
    // 判断是否是疑问句
    var preg = /\S*(?|吗|吗?){1}$/g;
    if (preg.test(str)) {
      // 如果是就将疑问句变成陈述句
      str = str.replace(/(?|吗|吗?){1}$/g, '');
      // 在将疑问句变成陈述句之后,将干什么、做什么随机替换成动词与名词的组合
      var index = Math.floor((Math.random() * 我.length));
      str = str.replace(/(干|做)(什么){1}$/g, 动词[index]);
    }
    // 随机替换人称代词,比如将你换成我
    var index = Math.floor((Math.random() * 我.length));
    str = str.replace('我', 我[index]);
    var index = Math.floor((Math.random() * 你.length));
    str = str.replace('你', 你[index]);
    // 输出机器人的回答
    txt.innerHTML += '<p>' + str + '。</p>';
  }
  /*
  输入"你在干什么?"机器人返回:"我在看书"
  */
</script>
</body>
```

理论上，如果我们有一个极大的语法库，对话效果就会更好，不过这需要一定的人力成本，那么有没有一种更简单的方法呢？这种方法就是对中文语法进一步抽象和概括。比如针对选择疑问："要米饭还是馒头？"机器人就可以从"米饭"和"馒头"这两个名词中二选一即可。是不是很简单呢？更多有趣的对话技巧如图1.8所示。

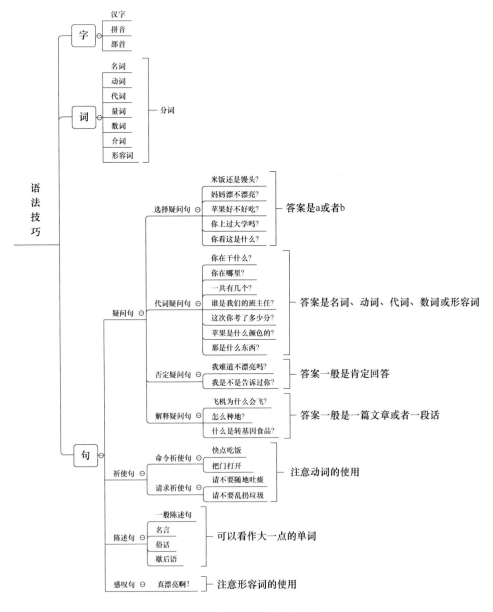

图1.8　字、词、句的特点图

1.2.3 电商客服机器人

做一个简单的聊天系统看起来很简单，但是如果我们想让这个聊天机器人有一定的用途就需要一定的专业知识了。比如客服系统，就需要我们首先了解它们的回答方式才行。以鞋店客服系统为例，它们的问答对可能如下所示：

客户：在吗？

客服：您好，请问有什么可以效劳的吗？

客户：鞋子小了可以换吗？

客服：可以的，请您将想要退换的鞋子发到这个地址，并注明新的号码即可。

客户：快递费谁付？

客服：到付。

客户：好的。

客服：祝您生活愉快！

针对上面的话术，我们就可以做一个客服机器人，理论上只要你的问答对足够多，客服机器人就可以比较好地胜任客服工作。比如我们将客户的每一个问题都关联一个答案，示例代码如下：

```
cs. html
……

< body >
< !--简单的对话框-->
< form >
    < div id = " talk " > < /div >
    < input type = " text " id = " string " > < input type = " button " value ="发送" onclick = " send( )" >
< /form >
< script >
DATA = {
  '在吗?':'您好,请问有什么可以效劳的吗?',
  '鞋子小了可以换吗?':'可以的,请您将想要退换的鞋子发到这个地址,并注明新的号码即可。',
  '小了可以换吗?':'可以的,请您将想要退换的鞋子发到这个地址,并注明新的号码即可。',
  '大了可以换吗?':'可以的,请您将想要退换的鞋子发到这个地址,并注明新的号码即可。',
```

```
  '快递费谁付?':'到付。',
  '好的。':'祝您生活愉快!'
};
// 发送消息
function send() {
  var str = document.getElementById("string").value;
  var txt = document.getElementById("talk");
  // 输出主人的问话
  txt.innerHTML += '<p align="right">'+ str + '</p>';
  // 根据问答键值对进行匹配
  var a = eval('DATA.' + str);
  if(a){
    txt.innerHTML += '<p>'+ a + '</p>';
  }else{
    txt.innerHTML += '<p>这个问题我不知道哦,建议您拨打这个电话8888888</p>';
  }
}
</script>
......
```

客服机器人每天都要重复很多固定的回答，这些回答一般没有什么太多的技术含量，因此我们只要帮助客户找到想要的答案就好了。

1.2.4　贷款评估机器人

相比客服机器人，销售机器人则要更加灵活一些，很多企业为了达到较好的销售预期，甚至对销售人员进行有关的培训，其中很重要的一环就是话术的学习。话术又称说话的艺术，这种艺术需要使用者提前编辑好聊天双方的内容，从而完美地应对预想中出现的对话。这种方法经常用于教育、主持、谈判、销售和客服等环节。

一般为了规范销售和客服，很多商家都编辑了一套很复杂的话术，几乎把客户能够问到的问题都罗列出来了，这些问题的答案可以是一句话、一张图也可以是一篇文章。当数据量变得越来越大的时候一般都使用专业的数据库进行存储。有时为了避免答非所问，甚至还要在数据处理的时候加一些简单逻辑判断，比如决策树。如果出现类似的逻辑判断，我们最好先画一个流程图再写代码，这样开发起来更加容易些，一个简单的贷款推销机器人的决策树流程如图1.9所示。

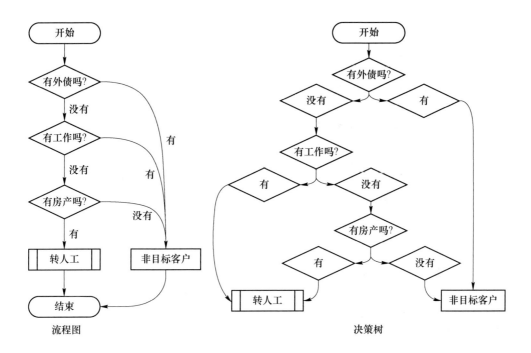

图 1.9 决策树与流程图

贷款推销机器人示例代码如下：

```
sale. html
......
< body style =" text-align;center;" >
<!--简单的对话框-- >
< form >
    < div id =" talk " > </div >
    < input type =" text " id =" string " > < input type =" button " value ="发送" onclick =" send( )" >
</ form >
< script >
// 结束语 词组
END = ['对不起打扰您了!','很遗憾,您不符合我们的贷款要求!','恭喜您通过了我们的贷
款初审,您看什么时候方便可以来我们公司,我们公司名是"阳光财富",在某某大街88号。
'];
// JSON 格式,决策树
DATA = {
  '你好':{'你好|你是哪位|什么事':{
```

```
      '您需要贷款吗?':{
         '需要|什么贷款':{
            '我可以问您几个问题吗?':{
               '可以|问吧|没问题':{
                  '您目前有外债吗?':{
                     '没有|无':{
                        '您有固定收入吗?':{
                           '没有':{
                              '您有房产吗?':{'没有':1,'有':2}
                           },
                           '有|有的':2}
                        },
                        '有|有的|有一些':1}
                     },
                     '不可以|不行':0}
                  },
               '不需要|不用|挂了':0}
            },
      '我还有事':0}
};
var NODE = [];
// 3 秒钟之后开始拨打
window. setTimeout("hello()",3000);
// 机器人主动询问
function hello(){
   var txt = document. getElementById("talk");
   // 开始遍历决策树,从头开始
   for(var q in DATA){
      // 记录当前决策树的节点
      NODE = DATA[q];
      txt. innerHTML += '<p>'+ q + '</p>';
      break;
   }
}

// 遍历当前节点
function node(tree){
   var txt = document. getElementById("talk");
   // 如果是数字就调用结束语
   if(Number. isInteger(tree)){
```

```javascript
        txt. innerHTML += '<p>'+ END[tree] + '</p>';
    }else{
      for(var q in tree){
        NODE = tree[q];
        txt. innerHTML += '<p>'+ q + '</p>';
        break;
      }
  };
}
// 客户发送消息
function send(){
  var str = document. getElementById("string"). value;
  var txt = document. getElementById("talk");
  // 输出客户的问话
  txt. innerHTML += '<p align="right">'+ str + '</p>';
  // 根据问答键值对进行匹配
  var is = true;
  for(var a in NODE){
    console. log(a);
    var as = a. split('|');
    if(as. includes(str)){
      is = false;
      node(NODE[a]);
      break;
    }
  }
  if(is){txt. innerHTML += '<p>这个问题我不知道哦,建议您拨打这个电话8888888
</p>';}
}
</script>
......
```

决策树的原理非常简单,我们只要把客户可能的回答进行归类就可以了,比如我们把客户的回答归纳为是、否与不确定三种,或者有、没有、有多少等更多分类。当然一般情况下,我们只做是与否两个分类就可以了,不仅如此,看似简单的分类也可以用于循环对话,比如一个简单的邀约机器人就可以在不断征求客户时间的情况下完成邀约任务,如图1.10所示。

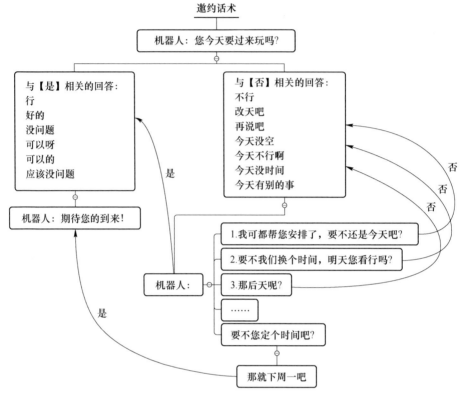

图 1.10　邀约机器人话术图

话术的基本原理是根据客户的反应做出相应的回答，其中有逻辑的部分我们使用迭代的方式来寻找其逻辑路径，然后进行比对。对于同一个问题可能有多个回答的情况采用随机回复，这段代码只是简单的文字聊天，如果是电话营销的话，我们可以用语音合成软件进行语音合成再进行输出，或者把声音提前录制好存入数据库中即可。另外，无论是客服系统还是销售系统，最后都有一个转人工的过程，这么做的主要目的是让人工代替机器人解决无法回答的问题，这也是没有办法的办法。

1.2.5　话术管理系统

如果提前编辑好话术不足以应对所有对话场景，还可以通过人工客服介入的方法，将这次新的聊天记录都追加进话术库，再进行后台整理。这样一来数据库中的话术会变得越来越多。

同理，假设我们已经有了物流、退货和退款三个话术库，但是当客户选择了其他服务类型时，系统会交给人工客服。这时我们就可以将客服与客户的聊天记录当作一个新类型的话术库，具体实现的过程如图 1.11 所示。

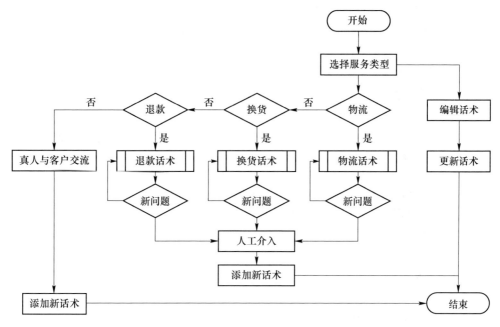

图 1.11 话术管理流程图

话术管理系统的核心是话术，为了方便多轮对话，我们的话术通常采用 JSON 格式的决策树，决策树的每一个分支都将是 JSON 的一个数据节点。当然，如果我们只做简单的问答式话术就不用决策树了。除了话术之外，我们还要给这个话术起一个名字，以方便后期维护。如果可以的话，最好再设置一下对话方式，比如是被动对话还是主动对话等。话术管理系统的界面大概如图 1.12 所示。

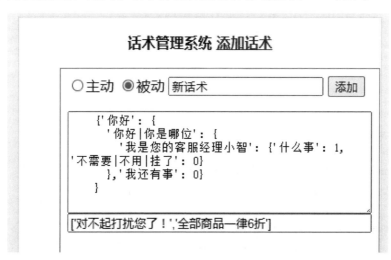

图 1.12 话术管理系统界面

　　话术管理系统的核心代码是表单的添加和修改，这里为了方便演示，我们使用浏览器自带的 localStorage 做存储，并将添加和修改分别写了一个单独的页面。其中，talks. html 是主页面、talks_add. html 是添加页面、talks_edit. html 是编辑页面。话术管理小程序的核心代码如下所示：

```html
talks. html
< body >
  < table >
    < !--顶部菜单与 logo-- >
    < tr >
      < th colspan = "2 " class = "menu" >话术管理系统  < a href = "talks_add. html" target =
"main" >添加话术 </a > </th >
    </tr >
    < tr >
      < td width = "40 " id = "left_menu" >
        < !--左侧菜单-- >
      </td >
      < td height = " * " width = " * " >
        < !--动态加载 iframe-- >
        < iframe class = "iframe" name = "main" src = "" frameborder = "0 " > </iframe >
      </td >
    </tr >
  </table >
  < script >
    // 查询本地存储
    let talks = localStorage. getItem(' talks ') ;
    let data = [ ] ;
    if( talks) {
      data = JSON. parse( talks) ;
    } ;
    let html = ";
    // 循环赋值
    for( i = 0 ; i < data. length ; i ++ ) {
      html += ' < div > < a href = "talks_edit. html?id =' + i +"' target = "main" >' + data[ i] .
name +' </a > </div >'
    }
    document. getElementById(' left_menu') . innerHTML = html;
  </script >
</body >
```

talks_add. html

```html
<body>
  <!--新话术模式-->
  <p>
    <label><input type="radio" name="type" value="1">主动</label>
    <label><input type="radio" name="type" value="0" checked>被动</label>
    <input type="text" id="name" placeholder="新话术名称" value="新话术">
    <input type="button" value="添加" onclick="add()">
  </p>
  <!--新话术最好是 JSON 字符串-->
  <textarea class="box" id="ide" oninput="autoHeight(this)" placeholder="必须是 JSON 格式">
    {'你好':{
      '你好|你是哪位':{
        '我是您的客服经理小智':{'什么事':1,'不需要|不用|挂了':0}
      },'我还有事':0}
    }
  </textarea>
  <!--常用术语-->
  <input class="box" id="arr" type="text" placeholder="常用语数组" value="['对不起打扰您了!','全部商品一律6折']">
  <script>
    // 添加话术
    function add(){
      // 返回已有话术数组
      let talks = localStorage.getItem('talks');
      let data = [];
      if(talks){
        data = JSON.parse(talks);
      };
      // 话术名
      let name = document.getElementById('name').value;
      // 返回选中的话术类型
      let types = document.getElementsByName('type');
      let type = 0;
      for(i=0;i<types.length;i++){
        if(types[i].checked){
          type = types[i].value;
```

```
          break;
      }
   }
   // 话术内容
   let talk = document. getElementById('ide'). value;
   // 常用术语
   let arr = document. getElementById('arr'). value;
   let json = {};
   json. name = name;
   json. type = type;
   json. talk = talk;
   json. arr = arr;
   // 追加到数组中
   data. push(json);
   // 保存到 localStorage
   localStorage. setItem('talks',JSON. stringify(data));
   }
   // 自动行高,用于隐藏滚动条
   function autoHeight(obj, h = 5) {
      obj. style. height = 'auto';
      obj. style. height = obj. scrollHeight + h + 'px';
   }
   // 初始化行高
   autoHeight(document. getElementById('ide'));
   </script>
</body>
talks_edit. html
```

编辑页面的功能和添加页面（talks_add. html）函数功能基本类似，只是多了一步 localStorage 查询和显示。在查询的时候是通过超链接来实现 URL 传值的，由于篇幅所限，这里不做赘述，感兴趣的同学可以看一下源代码。

1.3　医疗专家

1.3.1　流感诊断机器人

介绍了问答系统，我们再来升华一下我们的系统，比如让专业的人士来回答专业的问题。假如我们要制作一个流感诊断机器人，那么最简单的方法就是模拟医生的知识储备和诊断过程。

　　首先是知识储备，假设已知感冒类型有两种分别是风寒感冒和风热感冒，两种感冒的具体症状为：风寒感冒的患者表现为发热轻、恶寒重、无汗、头痛、鼻塞、流清鼻涕；风热感冒的患者表现为发热、微恶寒、有汗、不头痛、鼻塞、流黄鼻涕。然后是确定症状，通常医生会询问患者是否有以上症状。最后是给出答案，通常医生会根据患者症状特点进行确诊，如果符合风寒感冒的症状比风热感冒多那么患者就有极大的概率患有风寒感冒。下面，我们将医生诊断的过程通过代码的形式表现出来，核心代码如下所示：

```
doctor. html
……
<form>
  <label> <input id ="发热" type =" checkbox"> 发热 </label>
  <label> <input id ="寒气重" type =" checkbox"> 寒气重 </label>
  <label> <input id ="头痛" type =" checkbox"> 头痛 </label>
  <label> <input id ="鼻塞" type =" checkbox"> 鼻塞 </label>
  <label> <input id ="流黄鼻涕" type =" checkbox"> 流黄鼻涕 </label>
  <label> <input id ="流清鼻涕" type =" checkbox"> 流清鼻涕 </label>
  <input type =" button" value ="诊断" onclick =" send()">
</form>


<script>
// 风寒感冒症状
flu1 ={'发热':'0','寒气重':'1','头痛':'1','鼻塞':'1','流黄鼻涕':'0','流清鼻涕':'1'};
// 风热感冒症状
flu2 ={'发热':'1','寒气重':'0','头痛':'0','鼻塞':'1','流黄鼻涕':'1','流清鼻涕':'0'};
d = function(s){
  return document. getElementById(s);
}
function send(){
  // 先判断风寒感冒
  sum1 = 0; //命中数
  for(k in flu1){
    let is = 0; //默认未选中
    if(d(k). checked){
      // 选中,表示有症状
      is = 1;
    }
```

```
  if(is == flu1[k]){
     // 命中
     sum1 ++ ;
  }
}
// 再判断风热感冒
sum2 = 0;
for(i in flu2){
  let is = 0;//默认未选中
  if(d(i).checked){
     // 选中,表示有症状
     is = 1;
  }
  if(is == flu2[i]){
     // 命中
     sum2 ++ ;
  }
}
// 命中概率
if(sum1/Object.keys(flu1).length > = sum2/Object.keys(flu2).length){
     alert('您大概得了风寒感冒!');
}else{
     alert('您大概得了风热感冒!');
  }
}
</script >
```

具体诊断界面如图 1.13 所示。

流感诊断机器人

☐发热 ☐寒气重 ☐头痛 ☐鼻塞 ☐流黄鼻涕 ☐流清鼻涕 [诊断]

图 1.13　流感诊断机器人界面

1.3.2　中医诊断机器人

同样的道理,我们可以制作一个功能更加强大的中医诊断机器人,要知道,中医的诊断过程主要分为望、闻、问、切四个部分。

（1）望是指医生通过观察患者的头发、皮肤、面色、舌苔等外部表现，来判断患者的病情和体质。如观察面色是否红润、舌苔的颜色和厚薄程度等。

（2）闻是指医生通过闻患者的气味、呼吸声、咳嗽声等，来了解患者的病情。如闻患者是否有口臭、呼吸声是否正常、咳嗽是否有杂音等。

（3）问是指医生通过询问患者的病史、症状、生活习惯等，来了解患者的病情。如询问患者的病程、疼痛部位、饮食习惯和睡眠情况等。

（4）切是指医生通过触摸患者的脉搏，来了解患者的脏腑功能和气血状况。如摸诊患者的脉搏速度、力度和深浅等。

假设我们已经知道了心脏病、糖尿病和消化不良三种疾病的中医诊断数据，就可以用这些数据制作一个中医诊断的机器人。已知三种疾病的中医诊断数据如表1.2所示。

表1.2　病症表

疾病	望	闻	问	切
心脏病	面色苍白、发紫	心脏杂音	乏力、头晕	弦细、沉迟
糖尿病	面色黄褐、舌苔淡白	口臭、体味	乏力、犯困	滑数、弦细
消化不良	面色黄白、舌苔淡白	口臭、体味	腹胀	滑数、弦细

由于这里给出了两种以上的疾病，因此我们就不能简单地以病症数量的多少来判断疾病，这时最好把患者每种疾病的症状覆盖率都告诉患者，从而让患者知道自己可能患有哪些疾病。比如患者的症状完全符合心脏病的症状，我们就说患者大概率得了心脏病，如果只符合部分心脏病的症状，我们就说患者有可能得了心脏病。这样一个中医诊断机器人就做出来了，核心代码如下所示：

```
doctor2. html
<h2>中医诊断机器人</h2>
<div id="box"></div>
<input type="button" value="诊断" onclick="send()">

<script>
  // 数据越多越好
  data = {
    '望':{'面色':['苍白','红润','发紫','黄褐','黄白','水肿'],'舌苔':['淡白','红绛']},
    '闻':{'气味':['口臭','体味'],'声音':['心脏杂音','声音浑浊','呼吸困难']},
    '问':{'病历':['高血压','高血脂','高血糖'],'感受':['气短','胸痛','乏力','犯困','头晕','腹胀']},
    '切':{'脉搏':['弦细','沉迟','滑数']},
  }
```

```
// 病症数组
tabs = [ ];
// 心脏病症状
tabs[0] = {'面色':['苍白','发紫'],'舌苔':[ ],'气味':[ ],'声音':['心脏杂音','呼吸困
难'],'病历':['高血压'],'感受':['乏力','头晕'],'脉搏':['弦细','沉迟']};
// 糖尿病症状
tabs[1] = {'面色':['黄褐','红润'],'舌苔':['淡白'],'气味':['口臭','体味'],'声音':
[ ],'病历':['高血糖'],'感受':['乏力','犯困'],'脉搏':['弦细','滑数']};
// 消化不良症状
tabs[2] = {'面色':['黄白'],'舌苔':['淡白'],'气味':['口臭','体味'],'声音':[ ],'病
历':[ ],'感受':['腹胀'],'脉搏':['弦细','滑数']};


// 渲染表格
select = [ ]; // 病症选项,方便以后调用
html = '<form>';
for (title in data) {
    html += '<fieldset><legend>' + title + '</legend>';
    let tag = data[title];
    for (name in tag) {
        select.push(name);// 增加选项
        html += '<select name="' + name + '">';
        // 选项
        let options = tag[name];
        html += '<option value="">' + name + '</option>';
        for (i in options) {
            let value = options[i]
            html += '<option value="' + value + '">' + value + '</option>';
        }
        html += '</select>';
    }
    html += '</fieldset>';
}
html += '</form>';
document.getElementById('box').innerHTML = html;


// 开始诊断
function send() {
    // 病症检测数组
    let arr = [0, 0, 0];
```

```
    let len = select. length;
    // 返回表单数据
    for (l = 0; l < len; l++) {
      let name = select[l];
      let val = document. getElementsByName(name)[0]. value;
      if (val != ") {
        // 开始匹配
        for(t in tabs) {
          let tab = tabs[t];
          // 符合此病症
          if(tab[name]. includes(val)) {
            arr[t] ++;
          }
        }
      }
    }
    console. log(arr);
    // 显示诊断报告(四舍五入后的百分比)
    let str = '您患有心脏病的概率是:' + Math. round(arr[0] * 100 / len) + '%';
    str += '\r\n 您患有糖尿病的概率是:' + Math. round(arr[1] * 100 / len) + '%';
    str += '\r\n 您患有消化不良的概率是:' + Math. round(arr[2] * 100 / len) + '%';
    alert(str);
  }
</script>
```

1.3.3 术后康复机器人

前面我们只是做了诊断, 通常在患者确诊之后就会进行治疗。西医的治疗一般为手术或者吃药, 而中医的治疗不仅需要吃药还要注意呼吸、饮食、温度、湿度、空气、锻炼和休息, 甚至心态都起到至关重要的作用。其实, 不论是中医还是西医在术后都需要一段长时间的康复才能出院。这个过程称为术后康复。

术后康复是指手术后帮助患者恢复健康和功能的过程。一般来讲, 术后康复的内容可以包括以下方面: 首先是休息和活动, 术后患者需要适当的休息来促进身体的恢复。通常医生会根据手术类型和患者情况来制订相应的康复计划。其次是饮食和营养, 术后患者需要适当的饮食和营养来促进身体的恢复。通常医生会根据手术类型和患者情况来制订相应的饮食计划。然后是疼痛管理, 术后患者可能会出现疼痛不适, 这时就需要医生根据患者情况制订相应的疼痛管理计划, 包括伤口护理、药物治疗和非药物治疗等。最后是康复训练, 通常医生会根据手术类型和患者情况，要求术后患者进行一些康复训练，包括肌肉力量训练、平衡训练、日常生活技能训练等，以帮助患者恢复功能和独立生活的能力。

这里，我们以风湿性心脏病的术后康复为例。风湿性心脏病是由于风湿热引起心脏瓣膜损害而导致的疾病，通常伴有心悸乏力、呼吸困难、咳嗽发热等症状。轻症患者一般可以采用手术治疗，而重度患者则只能通过中药来进行调理。由于中药的禁忌非常多，因此需要时刻注意患者的饮食和周围环境。比如必须空腹吃中药；不能吃羊肉、海鲜以及辛辣食物；需要适度锻炼等。

综上所述，如果我们想要针对风湿性心脏病患者制作一个术后康复机器人，那么就可以先从患者的忌口开始制订一系列康复计划，核心代码如下所示：

```
doctor3. html
< h2 > 术后康复机器人 </h2 >
< div >
  < h3 > 患者饮食记录 </h3 >
  < select name = " myfood " onchange = " add_food( this. value)" >
    < option value = "" > 开始吃饭 </option >
    < option value = "中药" > 中药 </option >
    < option value = "米粥" > 米粥 </option >
    < option value = "馒头" > 馒头 </option >
    < option value = "羊肉" > 羊肉 </option >
    < option value = "猪肉" > 猪肉 </option >
    < option value = "辣椒" > 辣椒 </option >
    < option value = "水果" > 水果 </option >
    < option value = "海鲜" > 海鲜 </option >
    < option value = "烧烤" > 烧烤 </option >
    < option value = "丹参丸" > 丹参丸 </option >
    < option value = "地高辛" > 地高辛 </option >
  </select >
</div >
< div >
  < h3 > 患者 500 米体测结果 </h3 >
  步行: < input name = " step " type = " text " size = " 1 " value = " 200 " > 米,
  心跳: < input name = " heart " type = " text " size = " 1 " value = " 100 " > 每分钟,
  力量: < input name = " heart " type = " text " size = " 1 " value = " 5 " > 千克
</div >
< div >
  < button onclick = " reset( )" > 新的一天 </button >
  < button onclick = " send( )" > 诊断 </button >
```

```
</div>
<script>
  // 返回当前时间戳,默认为0
  last = 0;
  // 食物忌口(每天最多可以吃几次)
  food = { '羊肉': 0, '辣椒': 0, '海鲜': 0, '猪肉': 1, '烧烤': 1, '丹参丸': 1, '地高辛': 1, '米
粥': 2 };
  today = {};
  // 更新饮食次数
  function add_food(name) {
    if (name == '中药') {
      // 两小时 = 7200 秒
      let end = new Date().getTime();
      let sub = last + 7200 - end;
      if (sub > 0) {
        alert(sub + '秒钟之后再吃中药吧!')
      }
    } else if (name != "") {
      // 其他食物包括西药
      if (food[name] >= 0) {
        today[name]++;
        if (today[name] > food[name]) {
          alert('不能再吃' + name + '了');
        } else {
          // 无忌口
        }
      } else {
        return;
      }
    }
    console.log('正在吃' + name);
    // 记录最后一次饮食的时间
    last = new Date().getTime();
  }
  // 开始检测
  function send() {
    // 路程
    let v1 = parseInt(document.getElementsByName('step')[0].value);
    // 心跳
```

```
let v2 = parseInt(document.getElementsByName('heart')[0].value);
// 举重
let v3 = parseInt(document.getElementsByName('heart')[0].value);
// 康复条件:步行>500 米、心跳<80 次/每分钟、举重>10 千克(20 斤)
if (v1 > 500 && v2 < 80 && v3 > 10) {
    alert('恭喜您已经康复了!');
} else {
    alert('你还要继续努力哦!');
}
}
// 重置数据
function reset() {
    for (d in food) {
        today[d] = 0;
    }
}
reset();
</script>
```

1.3.4 心理康复机器人

　　其实一个完整的术后康复机器人是包含心理康复过程的,只不过这个过程往往需要家人或者心理医生指导,比较麻烦。虽然比较麻烦,但是我们却可以只通过模拟心理治疗的过程来实现一个心理康复机器人。目前,心理治疗法有很多,包括精神分析疗法、认知行为疗法、咨询中心疗法、个体治疗法、家庭治疗法、心理剧治疗法、舞蹈治疗法、音乐治疗法等。虽然每种治疗方法过程不同,但大体上按来访者对治疗的要求可分为以下几个阶段。

　　(1)情绪表达。患者通过情绪表达来达到自己的目的,为了让患者表达得更加充分,治疗师需要给患者以积极的肯定,比如在患者语言停顿的时候,治疗师通常会表达理解、赞同、是这样、然后呢?一般这个阶段需要 1~3 个小时。

　　(2)解决症状。这个阶段通常需要 3~15 个疗程,一般不会超过 30 个。比如对于一个抑郁症患者,治疗师会用 10 次左右的治疗使患者不再抑郁甚至打消自杀的念头。具体治疗方法可以依课程而定。

　　(3)发展阶段。通常进入这个阶段的患者虽然不多但是症状会很严重,比如人格障碍、治疗型抑郁症等。在这一阶段,患者主要是通过治疗师来激发自己的潜能。主要课程是心理分析法,通过一步步的提问来达到治疗的目标。

通用的心理康复机器人的核心代码如下所示：

```
doctor4. html
< body >
< form >
  < div id = " talk " >
    < !--此处声明用于取得患者的信任!-- >
    < div class = " robot " >我很擅长和有焦虑症的朋友聊天。你可以向我说说你的情况吗?
你放心这是我们的 < a href = "#" >保密合同! </a > </div >
  </div >
  < input type = " text " id = " string " > < input type = " button " value = "治疗" onclick = " send( )" >
</form >
< script >
var timer = 0;
// 关键词
query = {
  '痛苦':['痛苦','难过','悲伤','伤心'],
  '失忆':['不记得','忘记了','忘了','不知道'],
};
robot = {
  '理解':{'理解':100,'我也很难过':90,'嗯':80,'说出来就好了':70,'不怕有我在呢':60},
  '放松':{'放松下':100,'不着急':90,'慢慢来':80},
  '询问':{'还有吗?':100,'然后呢?':120,'什么问题能说说吗?':90,'能否讲一讲?':100,'说说吧':
100}
}
QA = {'痛苦':robot. 理解,'失忆':robot. 放松}
// 机器人开始工作

send = function( ){
  timer = 0;
  let div = document. getElementById(' talk ');
  let val = document. getElementById(' string '). value;
  div. innerHTML += ' < div class = " people ">' + val + ' < div >';
  hd:for(let k in QA){
    for(let kk in query[ k ]){
      // 以最后一个为准
      if( val. lastIndexOf(query[ k ][ kk ]) > -1){
        div. innerHTML += ' < div class = " robot ">' + rand_key(QA[ k ]) + ' < div >';
```

```
            // 直接跳出双循环
        break hd;
      }
    }
  }
}
// 计时器
add_time = function() {
  timer ++ ;
  // 如果患者长时间沉默,机器人则主动提问
  if( timer > 10) {
    timer = 0;
    let div = document. getElementById('talk');
    div. innerHTML += '< div class = "robot" >' + rand_key( robot. 询问) + '< div >';
  }
}
// 按照权重随机返回值
rand_key = function( js) {
  let a = [];
  let sum = 0, p = 0;
  // 累计权重值
  for( let k in js) {
    sum += parseInt( js[k]);
  }
  let rand = Math. round( Math. random() * sum);
  // 匹配概率范围
  for( let key in js) {
    p += parseInt( js[key]);
    if( rand < = p) {
      return key;
    }
  }
}
window. setInterval('add_time()',1000);
</script >
```

心理康复机器人聊天界面如图 1.14 所示。

心理康复机器人

我很擅长和有焦虑症的朋友聊天。你可以向我说说你的情况吗？你放心这是我们的保密合同！
能否讲一讲？

我很痛苦

说出来就好了
什么问题能说说吗？

我很痛苦 　　　　　[治疗]

图 1.14　心理康复机器人界面

1.4　数据存储

1.4.1　知识图谱

总的来说，专家系统非常依赖专家的知识库，为了更好地使用知识库，我们可以把不同的知识点通过联想的方式关联起来。比如一说学校就能想到教室、老师、学生和操场等。如果将这种关系通过图形的方式表现出来，就生成了知识图谱，如图 1.15 所示。

这种用图表示数据关系的数据库称为知识图谱。知识图谱和关系型数据库有很多相似的地方。两者之间可以通过关系型数据库的主键（外键）进行转化，这也是为什么许多知识图谱软件能够和关系型数据库相互兼容的原因。两者之间的转化关系如表 1.3 所示。

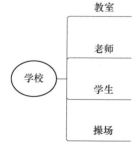

图 1.15　学校知识图谱

表 1.3　关系型数据库与知识图谱对比

关系型数据库	知识图谱
表	图
行	节点
列	属性
约束	关系

下面我们就来尝试绘制一个简单的家庭成员关系知识图谱，如图 1.16 所示。

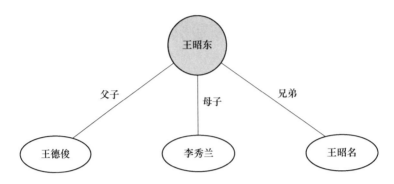

图 1.16　家庭成员关系知识图谱

首先生成一个基本数据列表，如家庭成员表，如表 1.4 所示。

然后生成一个家庭成员关系表，如表 1.5 所示。

表 1.4　家庭成员表

ID	name（姓名）
1	王昭东
2	王德俊
3	李秀兰
4	王昭名

表 1.5　庭成员关系表

source（主成员 ID）	target（其他成员 ID）	relation（关系）
1	2	父子
1	3	母子
1	4	兄弟
……		

最后将家庭成员关系表绘制到页面中，核心代码如下：

```
kg. html
< body style = " text-align:center;" >
  < form >
    主节点 ID < input type = " text " id = " node-id " value = " 1 " > < input type = " button " value =
"生成图谱" onclick = " run( )">
    < textarea id = " ls " oninput = " autoHeight( this )" placeholder = "节点列表" >
[ {' id ':1,' name ':'王昭东'},
{' id ':2,' name ':'王德俊'},
{' id ':3,' name ':'李秀兰'},
{' id ':4,' name ':'王昭名'} ]
</textarea >
    关系
    < textarea id = " kg " style = " width:100% ;" oninput = " autoHeight( this )" placeholder = "节
点关系" >
[ {' source ':1,' target ':2,' relation ':'父子'},
```

```
{'source':1,'target':3,'relation':'母子'},
{'source':1,'target':4,'relation':'兄弟'},
{'source':2,'target':1,'relation':'父子'},
{'source':2,'target':3,'relation':'夫妻'},
{'source':2,'target':4,'relation':'父子'},
{'source':3,'target':1,'relation':'母子'},
{'source':3,'target':2,'relation':'夫妻'},
{'source':3,'target':4,'relation':'母子'},
{'source':4,'target':1,'relation':'兄弟'},
{'source':4,'target':2,'relation':'父子'},
{'source':4,'target':3,'relation':'母子'}]
</textarea>
  </form>
  <canvas id="img" width="600" height="300" style="border:1px solid #CCC;">
</canvas>
  <script>
    d = function(s){
      return document.getElementById(s);
    }
    // 初始化数据
    window.onload = function(){
      autoHeight(d('ls'));
      autoHeight(d('kg'));
    }
    obj = document.getElementById('img');
    ctx = obj.getContext("2d");
    ctx.font = '20px 幼圆';
    let r = 50, w = 600, h = 300, l = 10;
    function run(){
      ctx.fillStyle = "#FFF";
      ctx.fillRect(0, 0, w, h);
      ctx.fillStyle = "#000";
      let id = d('node-id').value;
      eval('ls = ' + d('ls').value);
      eval('kg = ' + d('kg').value);
      let js = get_json(kg, id);
      let size = js.length;
      // 绘制关系节点
      for (let i = 0; i < size; i++){
```

```
        ctx. beginPath();
        let x = w / size * (i + 1) - w / size / 2;
        let y = 4 * r + 1;
        // 绘制椭圆形
        ctx. ellipse(x, y, r, r / 2, 0, 0, Math. PI * 2);
        // 绘制圆形
        //ctx. arc(x,y,r,0,2 * Math. PI);
        ctx. textAlign = 'center'; // 水平居中
        // 绘制文字
        ctx. fillText(get_name(ls, js[i]. target), x, y + 1);
        // 绘制线条
        ctx. moveTo(x, y);
        ctx. lineTo(w / 2, r + 1);
        // 绘制关系
        let xx = x + (w / 2 - x) / 2;
        let yy = r + 1 + (y - r - 1) / 2;
        ctx. fillText(js[i]. relation, xx, yy + 1);
        ctx. stroke();
    }
    // 绘制主节点
    ctx. beginPath();
    // 椭圆形
    // ctx. ellipse(w/2,r+10,r/2,0,0,Math. PI*2);
    ctx. arc(w / 2, r + 10, r, 0, 2 * Math. PI);
    ctx. fill();
    ctx. fillStyle = "#FFF";
    ctx. textAlign = 'center'; // 水平居中
    ctx. fillText(get_name(ls, id), w / 2, r + 2 * 1);
    ctx. stroke();
}
// 返回 name 值
function get_name(ls, key) {
    for (let i in ls) {
        if (ls[i]. id == key) {
            return ls[i]. name;
        }
    }
}
// 返回 json
```

```
function get_json(kg, key) {
    let js = [];
    for (let k in kg) {
        if (kg[k].source == key) {
            js.push(kg[k]);
        }
    }
    return js;
}

// 自动行高
function autoHeight(obj) {
    obj.style.height = 'auto';
    obj.style.height = obj.scrollHeight + 'px';
}
</script>
</body>
```

1.4.2　关系型数据库

除了知识图谱之外，大家最常用的数据存储方式是像表格一样的关系型数据库。关系型数据库行列清晰、座次分明，很适合数据分析和整理。比较有名的关系型数据库有 Oracle、SQL Server、MySQL、Access、SQLite 等。别看它们都是关系型数据库，但是彼此之间也是各有千秋。

Oracle 数据库和 SQL Server 数据库都是商用数据库，强大、稳定、安全、性能好是它们的共同特点。如果你经常使用 Windows Server 操作系统做项目就选 SQL Server 数据库，因为二者都是微软公司的产品，兼容性很好；反之则建议使用 Oracle 数据库，因为 Oracle 数据库对 Linux 操作系统更加友好。

用过 Oracle 和 SQL Server 数据库的人都知道其价格不菲，因此中小型项目经常能见到 MySQL 数据库的身影。虽然 MySQL 数据库现在和 Oracle 数据库同属于甲骨文公司，但是两者之间的定位不同，MySQL 数据库主要面向个人和中小企业，因此它一直走的是开源免费的道路。

和 MySQL 数据库类似，Access 数据库也面向个人和中小企业，在 Windows 操作系统里是免费的。由于 Access 数据库也是微软公司的产品，所以它很适合我们在 Windows 操作系统开发一些小应用。

如果你的数据不用存放于云端，只做本地应用的，那么可以使用 SQLite 数据库。SQLite 数据库不仅非常小巧而且免费免安装，更重要的是省去了每次验证账户密码的麻烦，因此它很适合我们做本地化部署，这也是很多嵌入式系统喜欢它的主要原因。

虽然这些数据库名称看着五花八门，但是其使用方法大致相同，那就是它们都支持 SQL 语句。SQL 是英文 Structured Query Language（结构化查询语言）的缩写。它可以让我们忽略不同版本的关系型数据库之间的差异，专注于数据表格的增、删、改、查。

下面我们就来看看 SQL 语句在关系型数据库中的具体应用。为了方便演示，这里使用了谷歌浏览器自带的 Web SQL 数据库。

首先，我们要建一张名为 user 的用户表，用于记录客户的基本信息，其结构如表 1.6 所示。

表 1.6　（user）用户表

字　段	类　型	说　明
ID	长整型	ID 主键，自动编号
name	短文本	用户名
sex	数字	性别 0：女，1：男
age	日期	出生日期

然后，我们创建一张名为 user_data 的用户扩展表，用于记录与用户有关的具体内容，比如病历、成绩或文章等，其中，user_id（用户 ID）就是 user 表中的 ID，其结构如表 1.7 所示。

表 1.7　（user_data）用户扩展表

字　段	类　型	说　明
ID	长整型	ID 主键，自动编号
user_id	长整型	用户 ID（表 user. ID）
day	日期	聊天日期
data	长文本	聊天内容

接着，我们给 user 表中增加一条用户记录，并返回这条记录的自增长 ID，再将这个 ID 与具体内容一起记录到 user_data 表中，上述操作过程的代码实现过程如下：

```
websql. html
< body >
  < h2 align = " center " > Web SQL 请在谷歌浏览器的【控制台】→【应用】 中进行查看 </h2 >
  < script >
```

```
// 初始化用户基本信息
let user = {};
let data = [{ robot: '你好' }, { user: '你好!' }];


// 打开或建立数据库(数据库名称,版本,描述,数据大小)
let db = openDatabase('ai', '1.0', '测试用', 1 * 1024 * 1024);
// 创建表,SQL 语句是 CREATE TABLE 表名(字段1 字段1类型,字段2 字段2类型,……)
// 这里的 SQL 语句全部大写是为了方便维护
db.transaction(function (tx) {
    // 创建 user 表与字段:name(字符串类型)、sex(短整型)、age(日期类型)
    tx.executeSql("CREATE TABLE user(name CHAR,sex TINYINT,age DATE)");
});


// 添加数据,SQL 语句是 INSERT INTO 表名(字段值,字段值,……)
db.transaction(function (tx) {
    // 给 user 表增加一条关于王昭东的记录,此处需要注意数据类型不能错了
    tx.executeSql("INSERT INTO user VALUES ('王昭东',1,'2000/06/18')");
});


// 查询数据,SQL 语句是 SELECT 字段名 FROM 表名
db.transaction(function (tx) {
    // 执行 SQL 语句(SQL 语句,参数数组,回调函数) 查询所有记录
    tx.executeSql("SELECT * FROM user", [], function (tx, result) {
    // result 返回的数据集
    for (let i = 0; i < result.rows.length; i++) {
        // 显示结果
        console.log(result.rows.item(i).name);
    }
    }
    );
});
// 修改数据,SQL 语句是 UPDATE 表名 SET 字段名 = 字段值 WHERE 条件
db.transaction(function (tx) {
    // 不需要执行回调函数 修改王昭东出生日期,这里 rowid 是默认就有自增字段,可以
当 ID 使用
```

```
     tx. executeSql(" UPDATE user SET age = '2000/06/06' WHERE name = '王昭东' AND
rowid = 1 ");
   });
   // user_data 操作过程同上
   // 删除数据,SQL 语句是 DELETE FROM 表名 WHERE 条件
   // db. transaction(function(tx){
   // tx. executeSql(" DELETE FROM user WHERE name = 王昭东");
   // });
   // 删除表,SQL 语句是 DROP TABLE 表名,轻易不要删除表
   // db. transaction(function(tx){
   // tx. executeSql(" DROP TABLE user");
   // });
 </script>
</body>
```

由于大多数浏览器都不太支持 Web SQL 数据库,所以我们通常使用 SQLite 数据库来代替。在使用 SQLite 数据库时还可以结合 sql. js 这个插件一起使用。

1.4.3　索引型数据库

前面我们使用了谷歌浏览器自带的 Web SQL 数据库,由于新版的浏览器已经不再支持 Web SQL,因此我们只好把 Web SQL 中的数据转移到其他指定的关系型数据库中,比如 SQLite 或者 MySQL。如果还是希望通过浏览器直接处理数据,那么就不得不提到广大浏览器都支持的 indexedDB。和 Web SQL 不同,indexedDB 是一种典型的非关系型数据库(NO SQL),因为它只有索引(键)与值两个部分,这一点和词典很像。通常我们会将这种只有索引(键)与值的数据库称为索引型数据库。索引型数据库最大的特点就是插入和检索数据的速度非常快,非常适合管理碎片化数据。

索引型数据库也称为哈希数据库,之所以称为哈希数据库是因为很多索引型数据库都会通过哈希算法来保证键名的唯一性。说起索引型数据库,我们就不得不提到大家常用的 localStorage 对象。localStorage 对象用起来非常简单,一个 setItem('索引名', '索引值') 用于设置索引值,一个 getItem('索引名') 用于获取索引值。有了 localStorage 对象,我们为什么还要介绍 indexedDB 对象呢?因为 indexedDB 十分强大,非常适合对边缘计算需求较高的人工智能程序。相比于 localStorage,indexedDB 不仅空间更大而且支持二进制存储和异步修改数据结构,更重要的是它支持事务机制。

下面我们就看看 indexedDB 在人工智能项目中是如何运用的吧。为了更好地说明 indexedDB 对象的增、删、改、查,我们以一个患者病历登记表的小程序进

行分步讲解，项目中我们仍然可以使用上一节中的 user 表和 user_data 表。小程序界面如图 1.17 所示。

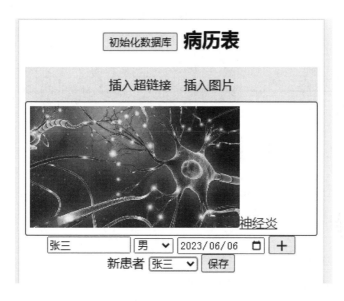

图 1.17　病历表界面

下面我们来分析代码的实现过程，具体代码如下：

```
indexed_db. html
< body class = " c " >
    < h2 > < button onclick = " creat( )" >初始化数据库 </button > 病历表 </h2 >
    <!--富文本编辑器-->
    < div class = " menu " >
        < label onclick = " add_a( )" >插入超链接 </label >
        < label >插入图片 < input type = " file " accept = " . png,. jpg,. jpeg " class = " none "
onchange = " add_img( event )" > </label >
    </ div >
    < div id = " talk-box " contenteditable = " true " > </ div >
    <!--新用户表单-->
    < div id = " new-box " class = " none " >
        < input type = " text " id = " new-name " placeholder = "新用户" size = " 10 " >
        < select id = " new-sex " >
            < option value = "2 " >性别 </option >
            < option value = "1 " >男 </option >
            < option value = "0 " >女 </option >
```

```html
</select>
<input id="new-age" type="date">
<input type="button" value="+" onclick="add_user()">
</div>
<!--患者名单-->
<div>
<span onclick="show_box()">新患者</span> <select id="users">
  <option value="0">请选择</option>
</select>
<button onclick="add_data()">保存</button>
</div>

<script>
// AI数据库版本
var v = 4;
// 当前数据库
var edit = document.getElementById('talk-box');
// 显示患者列表
window.onload = function() {
  select_user('ai', v, 'user');
}

// 连接数据库(数据库名,版本号,表名)
function select_user(name, v, table) {
  let request = indexedDB.open(name, v);
  // 连接失败
  request.onerror = function(event) {
    console.log(name, '连接错误!');
  };
  // 连接成功
  request.onsuccess = function(event) {
    // 返回数据库对象
    let db = event.target.result;
    // 读写模式
    let tran = db.transaction(table, 'readwrite');
    let store = tran.objectStore(table);
    let query = store.getAll();
    // 遍历记录
```

```javascript
query. onsuccess = function () {
    let html = '';
    let rs = query. result;
    let json;
    for (let i = 0; i < rs. length; i ++) {
        json = rs[i];
        console. log(json);
        html += '<option value="' + json. ID + '">' + json. name + '</option>';
    }
    document. getElementById('users'). innerHTML += html;
    }
  }
}


// 添加新用户
function add_user() {
  // 字段数据
  let name = document. getElementById('new-name'). value;
  let sex = document. getElementById('new-sex'). value;
  let age = document. getElementById('new-age'). value;
  let json = { name: name, sex: sex, age: age };
  // 打开数据库
  let request = indexedDB. open('ai', v);
  request. onsuccess = function (event) {
    let db = event. target. result;
    let tran = db. transaction('user', 'readwrite');
    lct store = tran. objectStore('user');
    // 添加 JSON 格式的新记录
    // store. add(json);
    let re = store. put(json);
    re. onsuccess = function () {
      // 成功后刷新 user 表
      select_user('ai', v, 'user');
    }
  }
}


// 初始化数据库
function creat() {
```

```
let user = 'user';// user 表名
let user_data = 'user_data';// user_data 表名
let autoID = 'ID';
// 创建或者打开名为 ai 的数据库(数据库名,版本号)
let open_db = indexedDB. open('ai', v);
// 成功
open_db. onsuccess = function (event) {
  console. log('数据库已经存在!');
}
// 创建或者修改表结构必须使用 onupgradeneeded 事件
open_db. onupgradeneeded = function (event) {
  let db = event. target. result;
  if (db. objectStoreNames. contains(user)) {
    // 如果表 user 存在就先删除
    db. deleteObjectStore(user);
  }
  if (db. objectStoreNames. contains(user_data)) {
    // 如果表 user_data 存在就先删除
    db. deleteObjectStore(user_data);
  }
  // 创建 user 表
  // autoIncrement 自增主键
  store_db = db. createObjectStore(user, { keyPath: autoID, autoIncrement: true });
  // // keyPath 主键字段名
  // store_db = db. createObjectStore(store, { keyPath: unique });
  // // 普通表
  // store_db = db. createObjectStore(store);
  // 创建 user_data 表 自增主键
  store_db = db. createObjectStore(user_data, { keyPath: autoID, autoIncrement: true });
}
}


// 添加病历记录
function add_data() {
  // 获得数据
  let u_id = document. getElementById('users'). value;//用户 ID
  if (u_id <= 0) { return; }
  let day = new Date(). toLocaleString();//本地日期
```

```
        let data = edit.innerHTML;//富文本
        let json = { user_id: u_id, day: day, data: data };
        console.log(json);
        let request = indexedDB.open('ai', v);
        request.onsuccess = function (event) {
            let db = event.target.result;
            let tran = db.transaction('user_data', 'readwrite');
            let store = tran.objectStore('user_data');
            store.put(json);
        }
    }
    // 修改记录 使用 put()方法
    function update_row(json, table) {
        let request = indexedDB.open('ai', v);
        request.onsuccess = function (event) {
            let db = event.target.result;
            let tran = db.transaction(table, 'readwrite');
            let store = tran.objectStore(table);
            store.put(json);
        }
    }
    // 删除记录
    function del_row(table, key) {
        let request = indexedDB.open('ai', v);
        request.onsuccess = function (event) {
            let db = event.target.result;
            let tran = db.transaction(table, 'readwrite');
            let store = tran.objectStore(table);
            store.delete(key);
        }
    }
    // 删除 user 表中主键为 1 的记录
    // del_row('user',1);
    // 删除数据库
    function del_db(name) {
        indexedDB.deleteDatabase(name);
    }
    // del_db('ai');
    // 插入超链接
```

```
function add_a() {
    let html = prompt('请输入链接地址', '<a href="#">超链接</a>');
    edit.innerHTML += html;
}
// 插入图片
function add_img(event) {
    let fs = event.target.files;
    let read = new FileReader();
    read.readAsDataURL(fs[0]);
    read.onload = function (event) {
        // 创建 img 对象并转化为 html 字符串
        let img = document.createElement('img');
        img.src = event.target.result;
        edit.innerHTML += img.outerHTML;
    };
}
// 显示用户添加表单
function show_box() {
    document.getElementById('new-box').style.display = 'block';
}
</script>
    </body>
```

1.4.4 节点型数据库

我们在做专家系统的时候，遇到不懂的知识通常会上网搜索。这时，搜索引擎会根据我们输入的关键词找到相关的网页。那么搜索引擎是如何知道这个页面介绍的是什么呢？其实原理很简单，每个页面都是一个 HTML 文档，HTML 是 HyperText Markup Language（超文本标记语言）的简写，有着比较严格数据结构。比如 <html> 是根目录标签，<html> 标签又包括 <head> 标签和 <body> 标签，而 <head> 标签又包括 <link> 标签、<base> 标签、<title> 标签和 <meta> 标签，<body> 标签则包括各种各样的子标签，它们之间的关系就像一棵树一样，如图 1.18 所示。

这种结构清晰、上下级关系明确的 HTML 文档让我们理解起来更加容易。大量使用 HTML 文档的网络被称为语义网络。那么搜索引擎是如何读懂这些 HTML 文档的呢？实际上它只是做了一些关键词匹配的工作。比如匹配 <tilte> 标签中的标题就是一个很好的主意，当然，如果我们再匹配一下 <meta> 标签中的关键字和描述那就更好了。下面我们就来看一篇很适合搜索引擎"理解"的 HTML 文档。

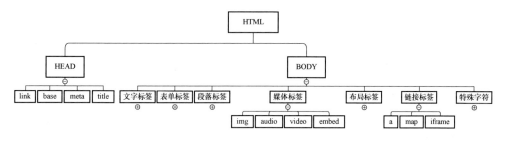

图 1.18 HTML 标签树形关系图

```
data/test. html
< html lang = " zh-CN " >
< head >
   < meta charset = " UTF-8 " >
   < title > 专家系统 </title >
   < meta name = " keywords " content ="人工智能 专家系统 知识库 推理机">
   < meta name = " description " content ="专家系统的基本原理">
</head >
< body >
   < h2 > 专家系统 </h2 >
</body >
</html >
```

通过上面的文档，我们发现作者已经把文章的标题和关键词提炼出来了，这时我们的搜索引擎只要匹配这些关键词就可以了。

匹配的问题解决了，那么搜索引擎是怎么发现这些文章的呢？原理也很简单，因为每一篇文章都是有链接的，每一个链接都是有网站的，每一个网站都是有域名的，而每个域名都是从域名服务商那里租借过来的。因此只要我们定期从域名服务商那里知道域名的启用情况就可以顺藤摸瓜找到这些文章了。比如，我们得知一个网站被启用了，我们找到这个网站，顺着网站首页的超链接一个个地找下去。这样我们就能找到这个网站上链接的所有文章了。以上工作通常会由专门的爬虫软件来实现，当然你也可以尝试使用 NODE. js，因为出于安全考虑，很多浏览器是不允许跨域的。

下面我们要讨论的是光能找到文章和关键词也是不行的，万一有人乱写文章怎么办？

关于这个问题，其实我也不知道答案。虽然我不知道但是可以问专家呀，那么专家是怎么识别一篇文章的好坏的呢？他们通常从三点入手：第一，原创的文章基本上都是好文章；第二，被引用次数越多的文章质量越好；第三，专家说好的文章就是好文章。

有了上述三点，我们基本上就能通过关键字匹配到对应的文章了。下面我们重点来介绍算法实现部分，假设我们已经有了 5 个 HTML 页面。我们需要对这些页面进行关键字提取和权重计算，其核心代码如下所示：

```
node_db. html
<body>
  <div class="c">
    <h2>搜索引擎</h2>
    <input type="text" id="so" value="人工智能"> <button onclick="search()">搜索
</button>
  </div>
  <!--搜索结果列表-->
  <dl id="data_box"></dl>
</body>
<script>
  // 页面数据
  var pages = [];
  // 正文数据
  var bodys = {};
  var box = document. getElementById('data_box');
  // 初始化数据
  window. onload = function () {
    // test. html 与 test1. html 内容一致,因为我们优先收录了 test. html,所以 test. html 才是
原创
    let urls = ['data/test. html', 'data/test1. html', 'data/test2. html', 'data/test3. html',
'data/test4. html', 'data/index. html'];
    data(urls);
  }
  // 数据获取
  function data(urls) {
    pages = [];//重新装载数据
    // 利用 fetch API 循环请求 html 文件
    for (let i = 0; i < urls. length; i++) {
      let url = urls[i];
      fetch(url, {
        // 具体的请求参数(略)。出于安全考虑,浏览器默认启用同源策略(即协议、端口
和域名必须相同)。
```

```
// 如果你想放心使用跨域请求,可以使用或者 PhantomJS 插件或者 NODE. js 进行
编程。
    }
). then( res  = >  {
    // 返回文本格式
    return res. text( ) ;
} ). then( html  = >  {
    let page  =  { } ;
    // 使用 DOMParser 进行解析
    let parser  =  new DOMParser( ) ;
    let doc  =  parser. parseFromString( html, " text/html ") ;
    let body  =  doc. body ;
    if ( Object. values( bodys). indexOf( body)  >  - 1) {
        // 已经存在
        page. new  =  0 ;
    } else {
        page. new  =  1 ;
    }
    // 正文通常会存入另一个数据库中留作备用,比如判断文章是否是原创,当然原创
也可以用关键词进行判断。
    bodys[ url]  =  doc. body. innerHTML ;
    // 提取标题
    let title  =  doc. title ;
    // 提取关键词,格式: < meta name = " keywords " content ="关键词">
    let keywords  =  doc. querySelector(" meta[ name ='keywords ']"). getAttribute(' content ') ;
    // 提取描述,格式: < meta name = " description " content ="网页描述">
    let description  =  doc. querySelector (" meta [ name = ' description '] ") . getAttribute
(' content ') ;
    console. log( description) ;
    // 提取超链接
    let as  =  doc. querySelectorAll(" a ") ;
    let href  =  [ ] ;
    for ( i  =  0 ; i  <  as. length ; i ++ ) {
        href. push( as[ i]. href) ;
    }
    // 生成 JSON 数据
    page. url  =  url ;
    page. title  =  title ;
    page. keywords  =  keywords ;
```

```
                page. description = description;
                page. href = href;// 这个超链接数组也可以放到 bodys 数据库中
                // 追加到数组中
                pages. push( page);
                console. log( page);
            }). catch( error = > {
                //访问失败,可以删除这个 URL
                //urls. splice( i,1);
                console. log( error);
            })
        }
    }
    // 数据分析与查找
    function search() {
        let so = document. getElementById('so'). value. trim();
        // 权重设置,采用加分制
        let w_new = 30;// 原创
        let w_title = 80;// 标题命中
        let w_keys = 50;// 关键词命中
        // 连接到数据库
        console. log( pages);
        let ls = [];
        for ( key in pages) {
            let json = {};
            let score = 0;
            let page = pages[ key];
            // 命中原创
            if ( page. new == 1) {
                score += w_new;
            }
            // 命中标题
            if ( page. title == so) {
                score += w_title;
            };
            // 先将字符分割成数组再判断
            let keys = page. keywords. split(/[ ,,]/);
            // 命中关键字
            if ( keys. indexOf( so) > -1) {
```

```
      score += w_keys;
    }
    // 被引用的次数
    score += hrefs(page. url);
    // 生成计算好的数据方便排序
    json. url = page. url;
    json. des = page. description;
    json. title = page. title;
    json. score = score;
    ls. push(json);
  }
  console. log(ls);
  // 开始排序
  ls. sort(function (a, b) { return b. score - a. score });
  // 按照排序给出结果列表和链接
  let html = '';
  for (i in ls) {
    html += '<dt><a href="' + ls[i]. url + '">' + ls[i]. title + '</a> <span
onclick="save(\"' + ls[i]. url + '\')">[下载]</span></dt>';
    html += '<dd>' + ls[i]. des + '</dd>'
  }
  document. getElementById('data_box'). innerHTML = html;
}
// 命中超链接
function hrefs(url) {
  let w_index = 10;// 被 index. html 收录加 10 分
  let score = 0;
  // 此处注意路径的完整性
  url = location. href. replace('node_db. html', '') + url;
  console. log(url);
  for (k in pages) {
    let as = pages[k]. href;
    if (as. length < 1) {
      continue;
    }
    console. log(as);
    if (as. indexOf(url)) {
      if (pages[k]. url == 'data/index. html') {
        score += w_index;
```

```
        console. log( url + '被 index. html 收录');
      } else {
      // 其他加 1 分
      score += 1;
      console. log( url + '被其他页面收录');
      }
    }
  }
  return score;
}


// 利用超链接自动下载 HTML 文本
function save( name, type = 'html') {
  let html = bodys[ name];
  let url = window. URL || window. webkitURL || window;
  let a = document. createElement("a");
  let blob = new Blob([ html]);
  a. download = name + '. ' + type;
  a. href = url. createObjectURL( blob);
  a. click();
};
</script>
```

本章小结

回过头来再看专家系统，我们会发现，既然是专家系统就离不开专家，否则我们就无法获得专家的经验。在专家系统的眼里，任何决策都是通过专家进行判断的，没有专家解决不了的问题，如果有那就不是专家。所以我们认为人工智能的终极目标是将自己打造成一个无所不能的百科全书。

目前来看，要想成为一个全能的专家还有很长一段路要走，毕竟现在的专家都属于盲人摸象阶段，只见其一而不见全貌。比如农业专家系统就可能有多个专家，并且每个专家在水稻种植领域都是高手，但是它们具体的经验却可能有所不同。例如：专家甲认为今年应该种植 100 亩水稻；专家乙认为今年应该种植 50 亩水稻；专家丙认为今年应该种植 10 亩水稻。

甲、乙、丙三个专家的意见不统一怎么办？我们没有一个全能的水稻种植专家。针对这种情况，专家系统给出了一种解决方案，那就是通过给每个专家打分的方式来设置权重（根据专家的专业水平）。总分 100 分，其中，甲 50 分、乙

30 分、丙 20 分。综合考量之后，水稻的种植面积为 67 亩。即：

$$100 \times 50\% + 50 \times 30\% + 10 \times 20\%$$
$$= 50 + 15 + 2$$
$$= 67$$

专家系统出现后，大家认为所有的问题都可以得到解决了，人们似乎找到了一扇进入人工智能世界的万能钥匙——只要知识库足够庞大、专家足够强就没有解决不了的问题。但事实上专家系统既有优点也有不足，总结起来如图 1.19 所示。

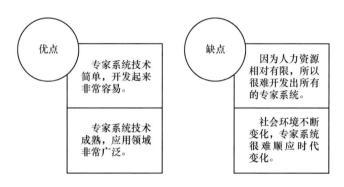

图 1.19　专家系统优缺点

2　统 计 分 析

很多时候、很多事情并不是非黑即白的。我们经常听别人说：可能、大概、也许这些不确定的词。比如明天可能会下雨；大概不会再出现了；也许我还能更进一步。甚至有时候我们还会听到很多关于百分之几这样有些绝对的词。比如我有 100% 的把握能成功，天才是 1% 灵感加 99% 的汗水。

其实，不论是可能、大概、也许还是百分之几，都是一种概率。能够准确说出这些词语的人看似随意，其实都是经过深思熟虑的结果。概率其实很简单，简单到它就是一个小于 1 的分数。比如在猜硬币正反面的游戏中，一共猜了 100 次，其中正面朝上次数为 48 次，背面朝上的次数为 52 次。那么我们就说硬币正面朝上的概率是 48/100、背面朝上的概率是 52/100。计算公式就是：

$$概率 = 某种事件发生的次数 ÷ 事件总数$$

在数学中经常用 P 来代替概率，P 是概率英文（probability）的首字母。比如 $P(A)$ 就表示 A 的概率。别看概率本身就是简单的除法，但是它的用途十分广泛，尤其对不确定的事情描述与预判非常有用。比如明天会不会下雨、蔬菜会不会涨价、我会不会长高，以及他是不是一个计算机高手等。下面我们就来通过简单的统计学知识一点点了解概率问题吧。

统计学中有很多大家非常熟悉的算法，别看这些算法简单却大有用处，下面我们就来介绍一下人工智能中常用的简单统计算法，看看它们的具体应用，它们分别是求和、平均数、众数、中位数和方差。

2.1　简 单 统 计

2.1.1　预测命中率

下面以射击运动为例，在射击运动中，射手每次打靶的位置都可能不同，那么我们就可以用平均数的方法来判断他下次打靶大概的分数，平均数的算法为：

$$平均数 = 总数 ÷ 数量$$

预测射击运动员下一次得分的示例代码如下：

shoot. html

```
<body style = "text-align:center;">
    <h2>预测射击运动员下一次得分</h2>
    <input type = "text" id = "data" value = "8 9 10 8 6 7"><input type = "button" value = "预测"
onclick = "predict()">
    <script>
// 字符串转数组
toArray = function(str){
    // 将空格或者,分割成数组
    var A = str.split(/\s + |\s * ,\s * /g);
    return A;
}
// 数组的和
m_sum = function(a){
    var n = 0;
    for(i = 0;i < a.length;i + + ){
        n = n + Number(a[i]);
    }
    return n;
}
// 平均数
m_averaged = function(a){
    var n1 = m_sum(a);
    var n2 = a.length;
    return n1/n2;
}
// 开始预测
function predict(){
    var str = document.getElementById("data").value;
    var as = toArray(str);
    alert('预计下次得:' + m_averaged(as) + "分");
}
    </script>
</body>
```

2.1.2 预测打哪里

同样的道理,我们还可以用众数直接判断这名射手下次打靶,可能打中的环数,众数的算法为:

众数 = 数列中出现次数最多的数

预测射击运动员下一次能命中几环的示例代码如下：

```
shoot. html
< body style = "text-align:center;" >
    <h2 >预测射击运动员下一次能命中几环 </h2 >
    < input type = "text " id = "data " value = "8 9 10 9 7 " > < input type = "button " value = "预测"
onclick = "predict()" >
< script >
// 字符串转数组
toArray = function(str){
    // 将空格或者,分割成数组
    var A = str. split(/\s + |\s * ,\s */g);
    return A;
}
// 众数
m_mode = function(a){
    var js = {};
    var max = 1;
    // 计算相同数字出现的数量
    for(var i = 0;i < a. length;i ++){
        var s = a[i];
        if(js[s]){
            var n = js[s] +1;
            js[s] = n;
            if(n > max){max ++ ;}
        }else{
            js[s] =1;
        }
    }
    // 寻找出现次数最多的数字
    for(var val in js){
        if(js[val] == max){
            return val;
            break;
        }
    }
}
// 开始预测
function predict(){
```

```
var str = document. getElementById("data"). value;
var as = toArray(str);
alert('预计下次可以命中:' + m_mode(as) + "环");
}
</script>
```

2.1.3 自动分等级

以上都是预测,我们其实还可以进行分类。比如根据运动员的积分多少,然后利用中位数来动态将与会运动员们划分甲、乙、丙、丁四个等级。中位数算法为:先将数列从小到大排序,然后找到最中间的那个数。

动态判断与会运动员等级的示例代码如下:

```
shoot3. html
< body style =" text-align:center;" >
  <h2 >动态判断与会运动员等级 </h2 >
  < input type =" text " id =" name " value ="张三" > < input type =" button " value ="等级"
onclick =" level()" >
< script >
// 运动员对应的积分
var DATA = {'张一':100,'张二':99,'张三':95,'张四':94,'张五':90,'张六':90,'张七':89,'张八':
88,'张九':85,'张十':80,'张十一':80,'张十二':78,'张十三':77,'张十四':70,'张十五':60};
// 开始划分,如果你想划分出更多的等级可以使用迭代
function levels(js){
  var i = 1;
  var len = Object. values(js). length;
  var mid = Math. ceil(len/2) +1;
  var as = [];
  var up = {};
  var down = {};
  for(a in js){
    i ++;
    if(i < mid){
      // 上等 JSON 数据
      up[a] = js[a];
    }else if(i == mid){
      // 中位数
      as. push(js[a]);
    }else if(i > mid){
```

```
      // 下等 JSON 数据
      down[a] = js[a];
    }
  }
  // 继续划分 上等
  var ii = 1;
  var len = Object. values(up). length;
  var mid = Math. ceil(len/2);
  for(aa in up){
    ii ++;
    if(ii > mid){
      as. unshift(up[aa]);
      break;
    }
  }
  // 继续划分 下等
  var iii = 1;
  var len = Object. values(down). length;
  var mid = Math. ceil(len/2);
  for(aaa in down){
    iii ++;
    if(iii >= mid){
      as. push(down[aaa]);
      break;
    }
  }
  return as;
}
// 等级判断
function level(){
  var nm = document. getElementById("name"). value;
  var a = levels(DATA);
  var n = eval('DATA. ' + nm);
  var s = '';
  if(n >= a[0]){
    s = '甲等';
  }else if(n < a[0] && n >= a[1]){
    s = '乙等';
  }else if(n < a[1] && n >= a[2]){
```

```
        s = '丙等';
    } else if( n < a[2]){
        s = '丁等';
    }
    alert( nm + '积分' + n + ',属于' + s);
}
</script>
```

2.1.4 计算稳定性

除了动态判断运动员的等级外,我们还可以利用方差来判断这名射手的稳定性。方差的算法为:方差＝所有数与平均数的差的平方和÷数量。

比如有三个数 [1、2、3],首先计算平均数:总数是 $1+2+3=6$,数量是 3,所以平均数是 $6÷3=2$;其次计算所有数与平均数的差:[1-2、2-2、3-2] 即 [-1、0、1];然后通过自平方的方法返回一个正整数的平方和:$(-1)^2+0^2+1^2=2$;最后用平方和除以数量即可:$2÷3≈0.666$。

运动员发挥的稳定性的示例代码如下:

```
shoot4. html
<body style ="text-align:center;">
    <h2>运动员发挥的稳定性</h2>
    <input type ="text" id ="data" value ="8 9 10 8 6 7"> <input type ="button" value ="预测"
onclick =" predict()">
<script>
// 字符串转数组
toArray = function( str){
    var A = str. split( /\s + |\s * ,\s */g);
    return A;
}
// 数组之和
m_sum = function( a){
    var n = 0;
    for( i =0;i < a. length;i ++ ){
        n = n + Number( a[i]);
    }
    return n;
}
// 平均数
m_averaged = function( a){
```

```
    var n1 = m_sum(a);
    var n2 = a.length;
    return n1/n2;
}
// 方差
m_variance = function(a){
    var av = m_averaged(a);
    var n = 0;
    for(var i = 0;i < a.length;i++){
        n = n + (Number(a[i]) - av) * (Number(a[i]) - av);
    }
    return n/a.length;
}
// 分析稳定性
function predict(){
    var str = document.getElementById("data").value;
    var as = toArray(str);
    alert('运动员:' + m_variance(as) + '%,发挥不稳定!');
}
</script>
```

如果你关注体育的话，就可以在观看体育比赛的时候根据运动员们的数据＋简单统计的办法做出大概的判断。

2.2　推　荐　算　法

2.2.1　统计分词

如果我们想让计算机读懂一本书或者理解我们所说的话，那么最开始要做的就是理解书中的词语。由于词语有长有短，因此我们需要一种算法让计算机可以自动整理出词汇来，这种自动整理词汇的技术称为分词。

我们先来看一个简单的分词算法。这个分词方法就是统计几个汉字经常在一起出现的次数。比如我们将一整段文字从短（第一个字符）到长（所有字符），从左到右依次查找，如果遇到重复的字符串就累加一次，再将这些字符串重复出现的次数（词频）从高到低进行排序，示例代码如下：

```
words. html
< body style = " text-align:center;" >
  < h2 > 统计分词 </h2 >
  < textarea style = " width:100% ;" id = " txt " > </textarea >
  < br > < input type = " button " value = "开始分词" onclick = " words()" >
  < script >
    var AS = [];
    var JS = {};
    var doc = '道可道,非常道;名可名,非常名';
    function words() {
      var str = document. getElementById(' txt '). value. trim();
      if ( str ! = ") { doc = str; }
      // 从左到右
      var max = doc. length;
      for ( var i = 0; i < = max; i ++ ) {
        // 从短到长
        var as = doc. substring(i, max);
        // console. log( as);
        var len = as. length;
        for ( var ii = 1; ii < = len; ii ++ ) {
          var word = as. substring(0, ii);
          AS. push( word);
        }
      }

      // 词频统计
      for ( var k in AS) {
        key = AS[ k]. toString();
        // 如果存在就 +1
        if ( JS. hasOwnProperty( key)) {
          eval(' JS. ' + key + '+= 1');
        } else {
          // 否则 = 1
          eval(' JS. ' + key + '= 1');
        }
      }
      var data = Object. entries( JS);
      data. sort( asc);
      // 词频排序
```

```
        console. log( data) ;
    }
    // 排序算法
    function asc( a, b) {
        return Number( a[ 1] )  >  Number( b[ 1] ) ?  - 1 : 1;
    }
    </script >
</body >
```

2.2.2　语法分词

上面的分词虽然揭示了分词的基本原理，但是随着文字数量的增加，无用的单词也会增加，然而实际上汉语单词一般都不会超过 10 个字，尤其以四个字和两个字的单词居多。所以很多超过 10 个字组成的单词一般都不是单词。

那么，我们怎样才能将这些汉字合理地拆分成 10 个字以下的字符串呢？最简单的方法就是先利用标点符号进行分隔。要想利用标点符号进行字符串分隔，我们就要先了解一下这些标点符号，如表 2.1 所示。

表 2.1　标点符号表

符　　号	标点符号	示　　例
句末符号	句号	我在听音乐。
	问号	你喜欢看书吗？
	叹号	这花真美！
句内符号	逗号	他想了想，然后走了过去。
	冒号	他说："我想开车去兜风"
	分号	算法有一定的目的性；
	顿号	苹果、香蕉、西瓜
引用符号	引号	"这点非常重要"
	括号	中国（中华人民共和国）
	书名号	《山海经》
连接符号	省略号	绘画、小说……
	破折号	卖——扇子了
	连接号	2020—2024 年

有了标点符号我们就可以进行大概分词了。首先是段落符号，其次是引用符号，再次是句末符号，接着是句内符号，最后是连接符号。这里需要注意的是，由于引用符号（尤其是引号）是一对前后呼应的符号，符号中间还包括字符串，

因此我们需要先把引用符号中间的字符串截取出来，再用句末符号、句内符号、连接符号进行分割即可。我们将上述代码稍作改进后，示例代码如下所示：

```
words2.html
<body style="text-align:center;">
    <textarea cols="50" id="txt"></textarea>
    <br><input type="button" value="开始分词" onclick="words()">
<script>
var AS = [];
var JS = {};
var doc = '《道德经》——作者(老子):"道可道,非常道;名可名,非常名。""无名,天地之始;
有名,万物之母……"';
function words(){
  var a = [];
  var s = "";
  var str = document.getElementById('txt').value.trim();
  if(str != ''){doc = str;}
  // 剔除空白字符,包括段落符号
  doc = doc.replace(/\s+/,'');
  // 引号分词:引号、书名号、括号
  var preg = /["「(|《].*?["」)|》]/g;
  // var preg = /((.*))|([.*])|(".*")|(《.*》)/g;
  // 为了防止误判,做成数组效果更好
  var as = doc.match(preg);
  for(var k in as){
    s = as[k].substring(1,(as[k].length-1));
    a.push(s);
  }
  var as = doc.split(preg);
  // 拼接数组
  a = a.concat(as);
  // 句末分词、句内分词、连接分词
  var cut = /[。!?,、;:——……\-]/;
  var aa = [];
  for(var k in a){
    var txt = a[k];
    if(txt != ''){ // 剔除空白项目
      var ss = txt.split(cut);
      for(var kk in ss){
```

```
            if( ss[ kk ] ! = " ) {
                aa. push( ss[ kk ]) ;
            }
        }
    }
}
console. log( aa) ;
// 从左到右
for( var index in aa) {
    var txt = aa[ index] ;
    var max = txt. length;
    for( var i = 0 ;i < = max ;i ++ ) {
        // 从短到长
        var as = txt. substring( i ,max) ;
        var len = as. length;
        for( var ii = 1 ;ii < = len ;ii ++ ) {
            var word = as. substring( 0 ,ii) ;
            AS. push( word) ;
        }
    }
}
// 词频统计
for( var k in AS) {
    key = AS[ k]. toString() ;
    // 如果存在就 + 1
    if( JS. hasOwnProperty( key) ) {
        eval( 'JS. ' + key + '+= 1 ') ;
    } else {
        // 否则 = 1
        eval( 'JS. ' + key + '= 1 ') ;
    }
}
// 词频排序
var data = Object. entries( JS) ;
data. sort( asc) ;
console. log( data) ;
}
// 排序算法
function asc( a ,b) {
return Number( a[ 1] ) > Number( b[ 1] ) ? - 1 : 1 ;
```

```
    }
  </script>
  </body>
```

如果觉得按照语法分词比较麻烦，可以将所有的标点符号当作字符串的分隔符，这种方法也是非常有效的。

2.2.3　相似推荐

简单统计也可以用于相似性判断，比如通过统计两个句子之间的相似字符数判断彼此间的相似性，相似字符数越多，两者越相似。这种相似性判断可以用于预判当前输入字符的后续内容，联想词就是根据这个原理来实现的。

一般在使用联想词的时候，我们首先要有一个词库，通常这个词库还有对应的汉字拼音。之所以使用拼音是因为中国人习惯用拼音输入法打字，而由于拼音输入法容易输入错误的同音字，因此我们可以先将汉字转为拼音，然后将这个拼音与词库中的汉字拼音进行对比，从而预判所输入汉字，示例代码如下所示：

```
similar. html
< body style = " text-align: center;">
  < input id = " text " type = " text " value = "中国" oninput = " similar( this) ">
  < br >
  < input id = " name " type = " text " value = "" readonly onclick = " input( this) ">
<!--引用:中文转汉字拼音的字典-->
< script src = " Convert_Pinyin. js "> </script >
< script >
// 国家名词库
var DATA = {'俄罗斯':' ELuoSi ','加拿大':' JiaNaDa ','中国':' ZhongGuo ','美国 ':' MeiGuo ','巴
西':' BaXi ','澳大利亚':' AoDaLiYa ','印度':' YinDu ','阿根廷':' AGenTing ','哈萨克斯坦':
' HaSaKeSiTan ','阿尔及利亚':' AErJiLiYa '};
// 相似推荐
function similar( o) {
  var is_max = 0;
  var is_name = ";
  // 返回字符串
  var str = o. value;
  // 返回字符串的全写拼音,首字母大写
  var PinYin = pinyin. getFullChars( str);
  // 返回字符串的简写字母
  // var PY = pinyin. getCamelChars( str);
  console. log( PinYin);
  var len = PinYin. length;
```

```
for( var k in DATA){
    var nation = DATA[k];
    // 遍历国家名词库拼音
    if(nation. length >= len){
        // 计算匹配数
        var is = 0;
        for( var i = 0;i < PinYin. length;i++ ){
            if(PinYin[i] === nation[i]){
                is++;
            }
        }
        // 返回最大匹配的国家名
        if( is >is_max){
            is_max = is;
            is_name = k;
        }
    };
}
    document. getElementById('name'). value = is_name;
}
// 引用推荐词
function input( obj) {
    document. getElementById("text"). value = obj. value;
}
</script >
```

2.2.4 协同推荐

上述算法本质上是一种协同推荐算法，常用于为用户推荐文章、视频、商品和广告等。协同推荐算法的基本原理是首先确定一个用户类别，然后判断新用户的类别，并根据用户类别为新用户推荐该类用户喜欢的事物。简单来说就是读书人都喜欢读书，我看你像读书人，所以向你推荐图书。

计算两个字符串之间相同位置、相同字符出现的次数，是一种最简单的匹配算法。除此之外，我们还可以用两者的重叠数与总数之比进行计算，具体算法如下：

相似度 =（集合 A 与集合 B 的交集）÷（集合 A 数量与集合 B 数量乘积的平方根）

比如通过计算用户购买的商品重叠率来给顾客进行分类。用户 A 购买了一组商品（苹果、西瓜、葡萄、梨），用户 B 购买了一组商品（西瓜、苹果、梨），则这两个用户相似度计算方法如下所示：

```
similar2. html
< script >
// 根据商品计算用户相似性
var GOODS = [
  ['苹果','梨','西瓜','葡萄'],
  ['苹果','西瓜','葡萄','梨'],
  ['西瓜','梨','苹果'],
  ['芒果','香蕉','龙眼','荔枝'],
  ['香蕉','龙眼','木瓜','芒果']
];
var USERS = ['甲','乙','丙','丁','戊'];
for( var i = 0; i < GOODS. length - 1; i ++ ) {
  var as1 = GOODS[i];
  var as2 = GOODS[i + 1];
  var as = as1. filter( function( num) {
    return as2. indexOf( num) ! == - 1;
  });
  // 集合 A 与集合 B 的交集/集合 A 数量与集合 B 数量乘积的平方根
  var num = as. length/Math. pow( as1. length * as2. length,1/2) * 100;
  var ratio = num. toFixed( 2);
  console. log('用户' + USERS[i] + '与用户' + USERS[i + 1] + '的相似率≈' + ratio +
'%');
}
// 将 GOODS(用户订单)转换成商品购买者清单
var JS = {};
for( var k in GOODS) {
  var user = USERS[k];
  for( var kk in GOODS[k]) {
    var key = GOODS[k][kk];
    if( JS. hasOwnProperty( key)) {
      // 返回数组
      eval('var a = JS. ' + key);
      a. push( user);
      eval('JS. ' + key + ' = a');
    } else {
      eval('JS. ' + key + ' = ["' + user + '"]');
    }
  }
}
```

```
// 根据用户计算商品相似性
console. log(JS);
var as = Object. keys(JS);
var ii = 0;
for(var k in JS){
  ii ++;
  if(ii > = as. length){break;}
  var as1 = JS[k];
  var key = as[ii];
  var as2 = eval('JS. '+ key);
  // 都喜欢某种商品的人
  var ass = as1. filter(function(num){
    return as2. indexOf(num)! == -1;
  });
  // 集合 A 与集合 B 的交集/集合 A 数量与集合 B 数量乘积的平方根
  var num = ass. length/Math. pow(as1. length * as2. length,1/2) *100;
  var ratio = num. toFixed(2);
  console. log(k + ' 与 '+ key + ' 的相似率≈' + ratio + '%');
}
</script>
```

上述代码带给我们另一种思路，那就是用同样的算法计算物品的相似性，比如苹果与梨就有很强的相似性，因为喜欢苹果的人也喜欢梨。

2.3 先 验 概 率

2.3.1 贝叶斯定理

我们先来讲一个有趣的小故事，300 年前，有一个叫贝叶斯的英国牧师发现，"如果一个人总是做好事，那么他多半是个好人！"也就是说，虽然我们无法直接证明谁是好人，但是结果表明，总做好事的人大部分是好人。然后，他就顺着这个思路创造了一个分辨好人的公式：

做好事就是好人的概率 = 好人的概率×好人做好事的概率÷好事的概率

比如贝叶斯发现：好人的概率是 10% ，好人做好事的概率是 80% ，好事的概率是 20% ，然后他就得出

$$做好事就是好人的概率 = 10\% \times 80\% \div 20\%$$
$$= 0.1 \times 0.8 \div 0.2$$
$$= 0.4$$
$$= 40\%$$

这里好人做好事的概率是指好人中做好事的概率，是一个非常重要的因素，必须事先统计。像这样必须事先统计的概率称为先验概率，换句话说，贝叶斯将上次的验证结果代入新的统计当中，有点先入为主的意思。有趣的是，这个算法虽然是贝叶斯提出来的，但是真正让它发扬光大的却是拉普拉斯，拉普拉斯首先以贝叶斯命名这个算法并推广开来。因此我们现在学习到的贝叶斯定理实际上是拉普拉斯编著后的内容。贝叶斯定理十分有趣，我们不妨先通过一个小案例来讲讲贝叶斯定理的推导过程：

张医生开了一家诊所，他发现上个月有 100 名患者，其中 15 名患者得了流行性感冒，20 名患者有发烧症状，10 名患者既感冒又发烧。因此，他推断感冒中发烧病人的概率为 10/15 = 2/3，同样我们还能推断出：

（1）既感冒又发烧概率（10/100）= 感冒概率（15/100）× 感冒中发烧概率（10/15）。

（2）既感冒又发烧概率（10/100）= 发烧概率（20/100）× 发烧中感冒概率（10/20）。

（3）发烧概率（20/100）× 发烧中感冒概率（10/20）= 感冒概率（15/100）× 感冒中发烧概率（10/15）。

（4）等式两边同时除以发烧概率（20/100）得：

发烧中感冒概率（10/20）= 感冒概率（15/100）× 感冒中发烧概率（10/15）÷ 发烧概率（20/100）。

（5）如果用 P 表示概率，A 表示感冒，B 表示发烧，那么我们可以看到下面这个公式。

$$P(A|B) = P(A) \times P(B|A) \div P(B)$$

这个公式就是经典的贝叶斯定理，它告诉我们 B 事件发生时 A 事件发生的概率 = A 事件发生的概率 × A 事件中 B 事件发生的概率，再除以 B 事件发生的概率。通过贝叶斯定理，我们计算得出

$$发烧可能感冒的概率 = (15/100) \times (10/15) \div (20/100)$$
$$= (3/20) \times (2/3) \div (1/5)$$
$$= (1/10) \div (1/5)$$
$$= 1/2$$

下面我们通过一个小程序来看下贝叶斯定理的计算过程，注意两种算法的结果是否相等，核心代码如下所示：

```
bayes. html
 < body style = " text-align:center;" >
   < h2 > 发烧可能感冒的概率: < span id = " title " > </ span > </ h2 >
   <!--病历表显示区-- >
```

```
< table border ="1 " width ="100%" >
  < caption >病历表</caption >
  < thead >
    < tr > < th >姓名</th > < th >感冒</th > < th >发烧</th > </tr >
  </thead >
  < tbody id ="td" >
  </tbody >
</table >
<!--表单区-->
< p >
  姓名< input id =" name " type =" text " >
  < label >感冒< input id =" flu " type =" checkbox " ></label >
  < label >发烧< input id =" hot " type =" checkbox " ></label >
  < button onclick =" add() ">增加</button >
</p >
< script >
  // 病历数据集
  var data = [{ name：'张三', flu：'1', hot：'0' }];
  // 贝叶斯定理
  bayes = function () {
    // 患者总数
    let size = data. length;
    // 感冒患者数量
    let flu = data. filter(function (res) {
      return res. flu == 1;
    }). length;
    // 发烧患者数量
    let hot = data. filter(function (res) {
      return res. hot == 1;
    }). length;
    // 既感冒又发烧患者数量
    let flu_hot = data. filter(function (res) {
      return res. flu == 1 && res. hot == 1;
    }). length;
    // 算法 1：发烧可能感冒的概率 = 既感冒又发烧患者数量 / 发烧患者数量
    // 算法 2：发烧可能感冒的概率 = ( 感冒患者数量/患者总数 × 既感冒又发烧患者
数量/感冒患者数量) / ( 发烧患者数量/患者总数)
    let p1 = flu_hot / hot;
```

```javascript
    let p2 = ((flu / size) * (flu_hot / flu)) / (hot / size);
    // 显示结果
    document.getElementById('title').innerText = p1 + ',' + p2;
    console.log('总数' + size, '感冒' + flu, '发烧' + hot, '感冒又发烧' + flu_hot);
}


// 增加病历
function add() {
    // 获得患者数据
    let name = document.getElementById('name').value;
    let flu = document.getElementById('flu').checked ? 1 : 0;
    let hot = document.getElementById('hot').checked ? 1 : 0;
    // 添加到数据集
    let json = { name: name, flu: flu, hot: hot };
    data.push(json);
    // 重新显示数据
    show();
    // 重新计算
    bayes();
}
// 显示数据到表格
function show() {
    let tr = '';
    for (k in data) {
        let v = data[k];
        tr += '<tr><td>' + v.name + '</td><td>' + v.flu + '</td><td>' +
v.hot + '</td></tr>';
    }
    document.getElementById('td').innerHTML = tr;
}
    show();
</script>
</body>
```

代码运行效果如图 2.1 所示。

2.3.2 朴素贝叶斯

同样还是举张医生的例子, 张医生这次又通过病历表查看了一下患者的职业, 病历表如表 2.2 所示。

发烧可能感冒的概率:0.875,0.875

病历表

姓名	感冒	发烧
张三	1	0
	0	1
	1	1
	1	0
	1	1
	1	0
	1	1
	1	1
	1	1
	1	1
	1	1

姓名 [_____] 感冒 ☑ 发烧 ☑ [增加]

图 2.1　流感诊断界面

表 2.2　病历表

病历号	发烧	感冒	职业
1	1	1	农民
2	0	0	工人
……	……	……	……
100	1	0	工人
100 人（小计）	20 人	15 人	工人、农民

张医生查后发现：100 名患者中，其中 15 名患者得了感冒，20 名患者有发烧症状，10 名患者既感冒又发烧，其中农民 50 位中有 9 位患感冒，工人 50 位中有 6 位患感冒。

接着，诊所又来了第 101 名患者，是一位发烧的农民。请问他患上感冒的概率有多大？

根据贝叶斯定理 $P(A|B) = P(A) \times P(B|A) \div P(B)$ 可得：

$P($感冒|发烧、农民$) = P($感冒$) \times P($发烧、农民|感冒$) \div P($发烧、农民$)$

现在我们假设"发烧"和"农民"这两个特征是彼此独立的，这样我们就可以通过概率相乘的办法求得发烧的农民概率了，即：

$P($发烧、农民$) = P($发烧$) \times P($农民$)$

同理，发烧的农民感冒的概率 = 感冒中发烧的概率 × 感冒中农民的概率，即：

$$P(发烧、农民|感冒) = P(发烧|感冒) × P(农民|感冒)$$

因此，上面的等式就变成了：

$$P(感冒|发烧、农民) = P(感冒) × P(发烧|感冒) × P(农民|感冒) ÷$$
$$[P(发烧) × P(农民)]$$
$$= (15/100 × 10/15 × 9/15) ÷ (20/100 × 50/100)$$
$$= (0.1 × 0.6) ÷ (0.2 × 0.5)$$
$$= 0.6$$

因此，这个发烧的农民有 60% 的概率得了感冒。这种方法非常有趣，因为我们可以把看似不相关的职业纳入预测当中，感兴趣的同学还可以加入更多条件，比如年龄、性别、地域等。不管它的特征有多少，其计算方法都是一样的。那就是通过多个特征概率相乘计算出原贝叶斯定理中 B 的概率。

如果用 P 表示概率，A 表示问题，F_n 表示特征，那么我们可以看到下面这个公式。

$$P(A|F_1、F_2、\cdots、F_n) = P(A) × P(F_1|A) × P(F_2|A) × \cdots × P(F_n|A) ÷$$
$$[P(F_1) × P(F_2) × \cdots × P(F_n)]$$

这里需要注意的是，我们在计算特征的时候是假设所有的特征事件完全独立，那么为什么这么假设呢？因为不这么假设就不能计算了，所以我们把这种贝叶斯算法称为朴素贝叶斯。假设的方法虽然很幼稚但是也很朴素，因为它确实好用。朴素贝叶斯核心代码如下所示：

```
bayes_naive. html
<!--病历表-->
<h2>不同职业感冒的概率:<span id="title"></span></h2>
<table border="1" width="100%">
  <caption>病历表</caption>
  <thead>
    <tr>
      <th>姓名</th>
      <th>感冒</th>
      <th>发烧</th>
      <th>职业</th>
    </tr>
  </thead>
  <tbody id="td">
  </tbody>
```

```
</table>
<!--表单区-->
<p>
  姓名<input id="name" type="text">
  <label>感冒<input id="flu" type="checkbox"></label>
  <label>发烧<input id="hot" type="checkbox"></label>
  职业<select id="job">
  </select>
  <button onclick="add()">增加</button>
</p>
<!--核心代码区-->
<script>
  var jobs = {'农民': 0, '工人': 0, '教师': 0, '学生': 0};
  // 病历数据集
  var data = [{name: '张三', flu: '1', hot: '0', job: '农民'}];
  // 动态生成下拉菜单
  var obj = document.getElementById('job');
  obj.options.length = 0;
  for (key in jobs) {
    obj.add(new Option(key, key));
  }
  // 朴素贝叶斯
  bayes_naive = function () {
    // 患者总数
    let size = data.length;
    // 感冒患者数量
    let flu = data.filter(function (res) {
      return res.flu == 1;
    }).length;
    // 发烧患者数量
    let hot = data.filter(function (res) {
      return res.hot == 1;
    }).length;
    // 既感冒又发烧患者数量
    let flu_hot = data.filter(function (res) {
      return res.flu == 1 && res.hot == 1;
    }).length;

    // 遍历所有职业
```

```
    let html = '';
    for (key in jobs) {
        // 职业概率
        let job = data. filter(function (res) {
            return res. job == key;
        }). length;
        // 该职业患感冒的概率
        let flu_job = data. filter(function (res) {
            return res. job == key && res. flu == 1;
        }). length;

        // 朴素贝叶斯公式
        // P(感冒|发烧、农民) = [P(感冒) × P(发烧|感冒) × P(农民|感冒)] / [P(发烧) ×
P(农民)]
        let p = ((flu / size) * (flu_hot / flu) * (flu_job / flu)) / ((hot / size) * (job /
size));

        html += '发烧的概率' + key + '感冒的概率' + 1;
    }
    // 显示结果
    document. getElementById('title'). innerText = html;
    console. log('总数' + size, '感冒' + flu, '发烧' + hot, '发烧又感冒' + flu_hot);
}


// 增加病历
function add() {
    // 获得患者数据
    let name = document. getElementById('name'). value;
    let flu = document. getElementById('flu'). checked ? 1 : 0;
    let hot = document. getElementById('hot'). checked ? 1 : 0;
    let job = document. getElementById('job'). value;
    // 添加到数据集
    let json = { name: name, flu: flu, hot: hot, job: job };
    data. push(json);
    // 重新显示数据
    show();
    // 使用朴素贝叶斯计算:不同职业发烧感冒的概率
    bayes_naive();
}
// 显示数据到表格
```

```
function show() {
    let tr = ";
    for (k in data) {
        let v = data[k];
        tr += '<tr><td>' + v. name + '</td><td>' + v. flu + '</td><td>' + v. hot +
'</td><td>' + v. job + '</td></tr>';
    }
    document. getElementById('td'). innerHTML = tr;
}
show();
</script>
```

2.3.3　预测股票走势

　　朴素贝叶斯的应用领域非常广泛,稍微变通一下就会成为某个行业的分析利器。比如我们可以通过朴素贝叶斯来分析股票市场中究竟哪些因素(影响因子)影响了一只股票的价格。我们这里可以做一个简单小的测试,只计算今日股票开盘价格(单因子)与股票收盘价格涨跌之间的关系。当然,也可以计算市盈率以及其他多个因子之间与股票未来一段时间的涨跌关系。这里为了方便演示,只计算了开盘价格,核心代码如下所示:

```
quant. html
今日股票开盘价: <input name = "stock-price" type = "text" value = "10"> 元, <button onclick
= "send()"> 开始预测 </button>
<script>
    // 股票历史数据:今日开盘价格和今日收盘涨跌情况
    // 想要获得更多真实的交易数据需要到券商等相关网站申请接口才可以
    const stock = [
        { price: 10, up: true },
        { price: 15, up: true },
        { price: 11, up: false },
        { price: 19, up: true },
        { price: 12, up: false },
        { price: 12. 5, up: true },
        { price: 13, up: false },
        { price: 11. 5, up: true }
    ];

    // 计算概率(先验概率)
```

```
function probability(data) {
  // 样本数量
  let count = data.length;
  let up_count = 0;// 上涨股票的数量
  let up_sum = 0;// 上涨股票的总价
  let down_count = 0;// 下跌股票的数量
  let down_sum = 0;// 下跌股票的总价
  for (i = 0; i < count; i++) {
    let item = data[i];//单一数据
    if (item.up) {
      up_count++;//上涨+1
      up_sum += item.price;
    } else {
      down_count++;
      down_sum += item.price;
    }
  }
  // 上涨股票的比例
  let p_up = up_count / count;
  // 下跌股票的比例
  let p_down = down_count / count;
  // 计算涨幅均值
  let up_ave = up_sum / up_count;
  // 计算下跌均值
  let down_ave = down_sum / down_count;
  // 计算方差的均值
  let up_var = 0;//上涨
  let down_var = 0;//下跌
  for (i = 0; i < count; i++) {
    let item = data[i];
    if (item.up) {
      // 上涨股票差的平方和
      up_var += Math.pow(item.price - up_ave, 2);
    } else {
      // 下跌股票差的平方和
      down_var += Math.pow(item.price - down_ave, 2);
    }
  }
}
```

```
    up_var = up_var / up_count;
    down_var = down_var / down_count;
    // 返回值:上涨和下跌股票的比例、均值、方差
    return { p_up, p_down, up_ave, down_ave, up_var, down_var };
}


// 预测今天收盘时股票的涨跌情况
function bayes( data, PR, open_price ) {
    // 这里是核心算法
    let up_pr = PR. p_up * ( 1 / Math. sqrt( 2 * Math. PI * PR. up_var ) ) * Math. exp
( - Math. pow( open_price - PR. up_ave, 2 ) / ( 2 * PR. up_var ) );
    let down_pr = PR. p_down * ( 1 / Math. sqrt( 2 * Math. PI * PR. down_var ) ) *
Math. exp( - Math. pow( open_price - PR. down_ave, 2 ) / ( 2 * PR. down_var ) );
    // 返回涨跌对比结果
    return up_pr > down_pr;
}
// 开始预测
function send() {
    let obj = document. getElementsByName( 'stock-price' )[0];
    // 转成浮点数值方便计算
    let price = parseFloat( obj. value );
    console. log( price );
    let PR = probability( stock );
    let close_price = bayes( stock, PR, parseFloat( price ) );
    alert( "今天收盘价格可能" + ( close_price ? "上涨!" : "下跌!" ) );
}
</script>
```

由于股票交易中会有很多连续的数据,如时间、价格和交易量,因此我们可以根据经验将其划分为若干份,比如我们将股票上涨的幅度按照小于1%(小幅上涨)、1%~4%(中幅上涨)和大于4%(大幅上涨)划分为三个区间。在刚才的股票分析案例中,我们既可以预测不同区间的上涨幅度,又可以预测不同区间的下跌幅度。

不过,有时在选择影响因子的时候会出现一个有趣的问题,那就是我们所选择的因子出现了概率为0的情况,而一旦其中一个因子的概率为0,那么所有与之相乘的概率结果就都变成0了。避免这种情况发生最简单的方法就是在所有因子出现频率的基础上都加上一个大于0的数,比如1。这种办法称为拉普拉斯平滑。

2.4 排 序 方 法

统计在人工智能中占有很大市场，但是不论何种统计，最后都需要进行排序之后才能进行最终决策，也就是说，统计是前提、排序是结果。因为我们通常会将那些排名最高或者最低的结果作为我们优先决策的依据。如果有一种算法能够快速给出排序结果，那么我们就可以省略这个相对复杂的统计过程。其实人们常说的最大、最小、最长、最短、最高、最低、最多、最少、最快、最慢、最像、最平均、最合适、误差最小、回报率最高等都是一种排序方法。

说到排序方法，我们最常用的就是 JavaScript 自带的排序函数 sort()，sort() 函数默认方法是按照字母排序，如果想按数字排序就需要写一个简单的排序函数，比如下面这段代码就实现了一个简单的数组排序：

```
sort. html
< script >
  // 数字数组
  var arr = [7, 3, 11];
  //数组中的 JSON 对象
  var json = [{name:'甲', num：7}, {name:'乙',num：3}, {name:'丙',num：11}];
  // 数字数组升序
  function up(a, b) {
    //如果为真返回 a 否则返回 b
    return a - b;
  }
  // 数字数组降序
  function down(a, b) {
    return b - a;
  }
  // JSON 升序
  function json_up(a, b) {
    return a. num - b. num;
  }
  //JSON 降序
  function json_down(a, b) {
    return b. num - a. num;
  }
  // 重新复制一个数组，方便显示排序后的结果
  var arr1 = []. concat(arr);
```

```
var arr2 = [].concat(arr);
var json1 = [].concat(json);
// 开始排序:
console.log(arr.sort());//默认字母升序
console.log(arr1.sort(up));
console.log(arr2.sort(down));
console.log(json.sort(json_up));
console.log(json1.sort(json_down));
</script>
```

sort()函数本质上仍然是一种通过比较进行排序的方法。比如在上述代码中，如果 a 大于 b 就返回 a 否则返回 b。在现代计算机中还有一种不用比较就能排序的算法，甚至速度更快。不过这并不是说比较排序就一定比非比较排序效果差。因为每一种算法都有它的优劣：有的算法空间复杂度低（空间小），但是时间复杂度高（时间长）比如冒泡排序；而有的算法时间复杂度低（时间短），但是空间复杂度却很高（空间大）比如桶排序。简单来说就是有的算法浪费时间，有的算法浪费空间，至于如何使用要根据实际情况决策。常见的排序算法包括冒泡排序、选择排序、快速排序、归并排序、希尔排序、堆排序、桶排序、树排序等。

下面我们就通过这些算法的实现过程来了解它们各自的特点以及在人工智能项目中的具体运用。

2.4.1　普通排序

2.4.1.1　冒泡排序

说到排序，就不得不提大家耳熟能详的冒泡排序。冒泡排序很好理解，就像水中的气泡一样，密度越小的物体越往上浮。举一个例子，如果我们想将队伍按照身高从低到高进行排序，那么就可以先从队伍的最后一位开始依次向前比较，如果他的身高低于前一个人的身高两者就交换位置，否则不动。当所有位置的人都这样对比过一轮后，我们就得到一个身高有序的队列了。下面我们就来看看一段简单的冒泡排序算法是如何实现的吧，示例代码如下：

```
bubble.html
<body style="text-align:center;">
  <input type="text" id="arr" value="1 3 2 5 61 17 9" placeholder="请用 分割数组">
  <button onclick="sort_bubble()">冒泡排序</button>
  <p id="box"></p>
  <script>
```

```
// 算法复杂度 O(n²)
var O = 0;
// 开始排序
function sort_bubble() {
    let arr = document.getElementById('arr').value.split("");
    // 强制转整数方便对比,否则容易出错
    // arr.forEach((item,index) => {arr[index] = parseInt(item);});
    // 强制转浮点数
    arr.forEach((item,index) => {arr[index] = parseFloat(item);});
    // 使用冒泡排序
    let sort_arr = bubble(arr);
    document.getElementById('box').innerText = sort_arr.toString();
}
// 冒泡排序:依次比较两个相邻的数组元素,如果顺序(比如大小)错误就将它们交换
过来
bubble = function(arr) {
    // 返回数组元素的长度
    let len = arr.length;
    // 外循环,从头遍历,如果从后往前遍历就是鸡尾酒排序
    for (let i = 0; i < len; i++) {
        // 内循环,依次递减一个元素
        for (let ii = i + 1; ii < len; ii++) {
            // 升序
            O++;
            if (arr[i] > arr[ii]) {
                // 如果符合判断标准就先缓存这个元素,然后把两个数据的下标进行更换,从
而达到排序的效果
                let tem = arr[i];
                arr[i] = arr[ii];
                arr[ii] = tem;
            }
        }
    }
    console.log('算法复杂度:' + O);
    return arr;
}
    </script>
</body>
```

2.4.1.2 欲望的提升

冒泡排序在人工智能中非常有用。下面我们试着把上面数组中的数字元素想象成人的心情。由于人的心情都是随着时间变化而变化的，因此我们需要不停地统计才能找到当前心情最好或者最坏的人。更由于这个世界很可能会有两个以上的人心情在同时发生变化。这就让我们的排序变得很不准确。比如明明刚才心情很好的人却在对比之后变得很糟糕，或者心情原本很糟糕的人在对比之后变得很好。那么，为了解决这个问题我们的大脑中的细胞（神经细胞）是如何做的呢？它其实不需要考虑那么复杂的环境，它一生只管两件事：一件事是明确知道自己现在的心情好不好，另一件事情就是要不要和前面的那个细胞对比一下。这样，当所有的神经细胞都只专注于当下而不考虑复杂的并行世界时，我们的大脑就可以做出不可思议的决策了。

其实，神经细胞（又称神经元）的运行原理概括起来就是这样：每个神经细胞虽然只关注自己心情（如离子浓度）和对比结果（是否传递信号），但是由于每个神经细胞的工作职责都是不一样的（比如有负责视觉的、有负责听觉的，还有负责味觉的等）。这些细胞组合在一起就能形成一个丰富的大脑，而大脑在接收到这些信号后也只会优先执行排在最前面的请求，执行过后便会清空这个任务。

为了方便编程，我们还可以把这些神经细胞想象成一个个较大的人体器官组织，比如有的组织负责吃饭、有的组织负责跑步，还有的组织负责睡觉。那么现在到底是该吃饭还是该跑步还是该睡觉呢？其实，我们只要计算机找到当前时间点排在第一位的任务即可。

由于 JavaScript 本身并不支持并行编程，因此我们这里用 window. setTimeout() 函数进行模拟，核心代码如下：

```
bubble_need. html
< body style =" text-align;center;" >
  <h2 >欲望的提升 </h2>
  < div >吃饭：< input type =" text" id ="吃饭" value =" 10" > </div >
  < div >跑步：< input type =" text" id ="跑步" value =" 1" > </div >
  < div >睡觉：< input type =" text" id ="睡觉" value =" 10" > </div >
  < p > < button idr =" run" onclick =" need_run()" >满足欲望 </button > </p >
  < p id =" box" > </p >
  < script >
    // 欲望初始化和顺序
    var plans = [
      {'欲望':'跑步','强度':'1'},
      {'欲望':'睡觉','强度':'10'},
```

```
    {'欲望':'吃饭','强度':' 10 '}
];
window. onload  =  function( ) {
    eat_sort( ) ;
    move_sort( ) ;
    sleep_sort( )
}


// 吃饭的欲望
function eat_sort( ) {
    let name  =  '吃饭';
    let eat  =  document. getElementById( name) ;
    // 欲望的增减默认 ±1,也可根据实际需要随机一个数值
    let num  =  Math. ceil( Math. random( ) * 5) ;
    if( Math. random( )  >  0. 75) {//容易饿
        // 增加满足感
        eat. value  =  parseInt( eat. value)  +  num;
    } else {
        // 减少满足感(增加欲望)
        eat. value  =  parseInt( eat. value)  -  num;;
        // 冒泡排序
        bubble_need( name) ;
    }
    console. log( name) ;
    // 下次随机时间:0 ~ 10 秒
    let rand  =  Math. round( Math. random( ) * 10000) ;
    window. setTimeout( 'eat_sort( )',rand) ;
}
// 跑步的欲望
function move_sort( ) {
    let name  =  '跑步';
    let move  =  document. getElementById( name) ;
    let num  =  Math. ceil( Math. random( ) * 5) ;
    if( Math. random( )  >  0. 6) {//不太喜欢跑步
        move. value  =  parseInt( move. value)  +  num;
    } else {
        move. value  =  parseInt( move. value)  -  num;;
        bubble_need( name) ;
    }
```

```javascript
    console. log( name) ;
    // 跑步时间间隔 0 ~ 50 秒
    let rand = Math. round( Math. random( ) * 50000) ;
    window. setTimeout( 'move_sort( )' ,rand) ;
}


// 睡觉的欲望
function sleep_sort( ) {
    let name = '睡觉';
    let sleep = document. getElementById( name) ;
    let num = Math. ceil( Math. random( ) * 5) ;
    if( Math. random( ) > 0. 5) {
        sleep. value = parseInt( sleep. value) + num;
    } else {
        sleep. value = parseInt( sleep. value) - num; ;
        bubble_need( name) ;
    }
    console. log( name) ;
    // 睡眠时间间隔 0 ~ 24 秒
    let rand = Math. round( Math. random( ) * 24000) ;
    window. setTimeout( 'sleep_sort( )' ,rand) ;
}
// 执行的效率
function bubble_need( name) {
    // 开始冒泡排序
    let index = - 1;
    for( i = plans. length - 1; i > = 0; i--) {
        if( plans[ i]. 欲望 == name) {
            // 找到索引位并且重新赋值
            index = i;
            plans[ i]. 强度 = document. getElementById( name). value;
        }
        // 开始向前对比, 必须转成数字类型
        if( index > 0 && i > 0) {
            if( parseInt( plans[ i]. 强度) < parseInt( plans[ i - 1]. 强度) ) {
                // 显示对比项
                console. log( plans[ i] ,plans[ i - 1] ) ;
                // 交换位置
                let tem = plans[ i - 1] ;
```

```
                plans[ i - 1 ]  =  plans[ i ];
                plans[ i ]  =  tem;
            }
        }
    }
    // 显示最新排序
    let html = '';
    for( ii = 0;ii < plans. length;ii + + ){
        html += '[' + plans[ ii ]. 欲望 + ']进度:' + plans[ ii ]. 强度 + '';
    }
    document. getElementById(' box '). innerHTML = html;
}
// 手动模拟最需要满足的欲望,此处也可通过随机数进行模拟
function need_run(){
    // 找到最小值
    let min = plans[ 0 ];
    let val = prompt('满足' + plans[ 0 ]. 欲望,' 1 ');
    let obj = document. getElementById( plans[ 0 ]. 欲望);
    let num = parseInt( obj. value ) + parseInt( val );
    plans[ 0 ]. 强度 = num;
    obj. value = num;
}
</script >
</body >
```

在上面的代码中,我们仅仅模拟了吃饭、跑步和睡觉三种欲望,在这里每一种欲望都有自己的时间线,而我们的大脑则只需满足排在第一的欲望即可,代码运行界面如图 2.2 所示。

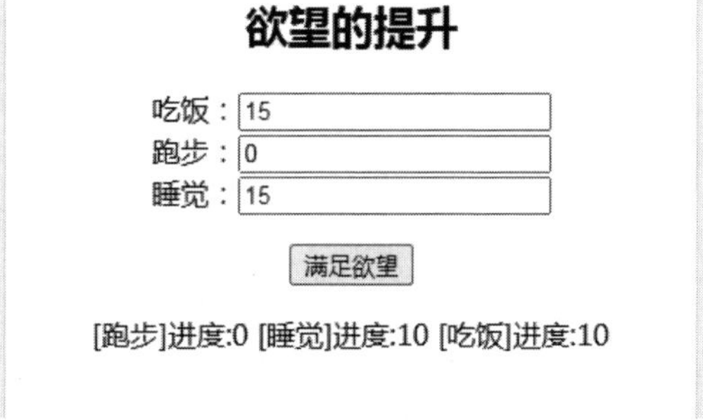

图 2.2　欲望的提升界面

2.4.1.3　插入排序

和冒泡排序比较相近的就是插入排序，插入排序是将第一位元素看作已经排序好的数组，这里不免会产生疑问，只有一个元素当然是有序的。是啊，插入排序就是以这个显而易见的常识为前提的，然后依次取下一个元素与前面已经排序好的元素进行比较，也就是往前比较，遇到比它大的元素就插入前面（升序），如果遇到比它小的元素就插入前面那就是降序。

插入排序和冒泡排序在代码实现上基本相似，同样是由两个 for 循环组成。因此，插入排序同样可以实现"欲望的提升"的小程序，核心代码如下所示：

```
insertion. html
……
  // 插入排序:先定义第一个元素为排序好的元素,然后依次取下一个元素与前排序好的元素比较,也就是往前比较,遇到小于的就插入前面
  insertion = function (arr) {
    let temp;
    for (let i = 0; i < arr. length - 1; i ++) {
      // 从后开始循环
      for (let j = i + 1; j > 0; j--) {
        O ++;
        if (arr[j] < arr[j - 1]) {
          temp = arr[j - 1];
          arr[j - 1] = arr[j];
          arr[j] = temp;
        } else {
          //不需要交换
          break;
        }
      }
    }
    console. log('算法复杂度:' + O);
    return arr;
  }
……
```

2.4.1.4　选择排序

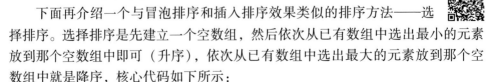

下面再介绍一个与冒泡排序和插入排序效果类似的排序方法——选择排序。选择排序是先建立一个空数组，然后依次从已有数组中选出最小的元素放到那个空数组中即可（升序），依次从已有数组中选出最大的元素放到那个空数组中就是降序，核心代码如下所示：

selection. html

```
<body style="text-align:center;">
  <input type="text" id="arr" value="1 3 2 5 61 17 9" placeholder="请用 分割数组">
  <button onclick="sort_selection()">选择排序</button>
  <p id="box"></p>
  <script>
  // 选择排序:从数组中先找到最小的元素放到起始位,然后找到第二小的依次放到最小
的后面
  // 算法复杂度 O(n²)
  var O = 0;
  function sort_selection() {
    let arr = document.getElementById('arr').value.split(" ");
    // 强制转浮点数
    arr.forEach((item, index) => { arr[index] = parseFloat(item); });
    // 使用快速排序
    let sort_arr = selection(arr);
    document.getElementById('box').innerText = sort_arr.toString();
    console.log('算法复杂度:' + O);
  }


  // 找到最小值
  function smallest(arr) {
    let small = arr[0];//最小值
    let small_index = 0;//最小值索引位
    for (let i = 1; i < arr.length; i++) {
      O++;
      if (arr[i] < small) {
        small = arr[i]; // 当前最小值
        small_index = i;// 当前最小值索引位
      }
    }
    // 返回索引位
    return small_index;
  }


  // 选择排序
  selection = function (arr) {
    // 定义一个空数组
    const newArr = [];
```

```
    let len = arr. length;
    for (i = 0; i < len; i ++) {
      O ++;
      // 找到最小值索引位
      let small = smallest(arr);
      // 复制到新数组
      newArr. push(arr. splice(small, 1)[0]);
    }
    console. log('算法复杂度:' + O);
    return newArr;
  }
 </script >
</body >
```

如果上面的数组换成人群，假设叫平民群，我们就可以轻松实现一个统计历届首领的小程序。先建立一个名为首领群的空群，然后从平民群中选出缺点最少或者贡献最多的人，并将他从平民群移动到首领群中，当这个首领卸任之后再选一次。虽然具体怎么选不在我们考虑的范围之内，但是大体上还是所有人都需要比一比的，哪怕是最原始的比拼武力值也是可以的。

我们再举一个关于餐厅的订单系统的例子。在订单系统中，服务员只负责帮助客户下单，下单后把订单交给厨师。由于订单较多，后来的订单大多被放在靠后的位置。这时，如果客户催得急，服务员就会把这个订单和前面的订单进行对比一下，如果前面的订单没那么着急那么他就会插个队。而厨师则只关注最靠前的菜单是什么照着做就可以了。

2.4.2 二分排序

2.4.2.1 快速排序

通过对比，我们发现冒泡排序、插入排序和选择排序的算法复杂度都是 $O(n^2)$，也就是说如果对 10 个元素进行排序就要比较 100 次，而 1 万个元素就是 1 亿次。这样一来，普通排序就很难为大数组进行排序，比如给全国人口按照身高进行排序就显得比较麻烦。那么有没有一种办法比这普通排序更快呢？答案就是二分法。比如快速排序就是一种算法复杂度介于 $O(n\log_2 n)$ 和 $O(n^2)$ 之间的二分法排序。

快速排序需要我们先选择一个数作为判断的标准，为了简单起见，通常会将数组中的第一个元素作为判断标准。有了这个标准后，我们分别将小于、等于这个标准的数放在一堆，再将大于这个标准的数放在一堆。然后就是采用相同的方法不断地递归这两个新数组，直至不可分为止。最后将所有已经分割好的数组拼接起来。下面我们看看代码的实现过程，示例代码如下：

```
quick. html
<body style="text-align:center;">
  <input type="text" id="arr" value="1 3 2 5 61 17 9" placeholder="请用 分割数组">
  <button onclick="sort_quick()">快速排序</button>
  <p id="box"></p>
  <script>
    // 算法复杂度 O(n log₂ n)
    var O = 0;
    // 开始排序
    function sort_quick() {
      let arr = document. getElementById('arr'). value. split(");
      // 强制转浮点数
      arr. forEach((item, index) => { arr[index] = parseFloat(item); });
      // 使用快速排序
      let sort_arr = quick(arr);
      document. getElementById('box'). innerText = sort_arr. toString();
      console. log('算法复杂度:' + O);
    }

    // 快速排序:先定义一个标准,大于标准的放一边,小于、等于标准的放另一边,再递归。
  // 这个标准可以随便定,通常用第一个元素值。
    quick = function (arr, mode = 1) {
      if (arr. length < 2) {
        // 如果一个数组元素就不用排序了
        return arr;
      } else {
        // 选择第一个数组元素作为判断标准
        let pivot = arr[0];
        // 小于、等于标准的数组
        let less = arr. slice(1). filter(
          function (el) {
            O++;
            return el <= pivot;
          });
        // 大于标准的数组
        let greater = arr. slice(1). filter(
          function (el) {
```

```
        0 ++ ;
        return el > pivot;
    } );
  // 递归这两个数组
  let l_sort = quick( less );
  let g_sort = quick( greater );
  // 组合成一个有序数组
  if ( mode == 1 ) {
    // 升序
    return l_sort. concat( [ pivot ], g_sort );
  } else {
    // 降序
    return g_sort. concat( [ pivot ], l_sort );
  }
    }
  }
  </script >
</body >
```

2.4.2.2 细胞的分裂

在快速排序中，以数组中某个元素的大小作为新分组的判断标准，这个标准的选择是影响时间复杂度的主要因素，选得好会事半功倍。下面我们看看快速排序在人工智能项目中的应用。比如我们将数组看作一群等待分配工作的职业工人，假设这群工人数量有 40 万亿那么多。那么如何让他们每个人都可以尽快地找到自己本职工作呢？如果采用快速排序方法，我们首先会就近找一个工人，然后问问他是否着急找工作，接着以着急程度作为对所有工人进行分组的依据，着急的站左边，不着急的站右边，最后再对左、右分组使用同样的方法进行更详细的分组。

也许有人会说，如果大家都着急找工作或者都不着急找工作怎么办？首先这种事情是不太可能发生的，因为每个职业工人都是不一样的。其次就算是一个比一个着急那么我们也可以采用就近的原则优先安排那个离你最近的工人。当然，由于这里假定的是一群有着明确职业规划的工人，他们找工作的着急程度还是很客观的。之所以做这样的假定，是因为他们本来就是一群做过大型建筑工程的职业工人，他们每个人手里都有一张施工图纸，虽然不清楚自己在整个工程中的位置，但是能找到挨着自己的人就够了。

现在我们把建筑工程的管理方法拿到生命工程中来。一个有待成长的卵细胞就代表所有工人，细胞核中的基因序列就是施工图纸。下面我们通过一个鸡蛋孵化的小程序来模拟卵细胞分裂的过程，核心代码如下所示：

```
quick_cell. html
< body style = "text-align:center;" >
  < h2 >初代基因编码 </h2 >
  < !--编码 {'尾巴':21}是{'基因':'尾巴','优先级':21,'权重':80}的简写 -- >
  < textarea id = "dna" style = "width: 100% ;" rows = "10" >
{'心脏':5},
{'心脏':10},
{'眼睛':6},
{'鼻子':10},
{'鸟嘴':13},
{'脚':15},
{'翅膀':19},
{'尾巴':21}
  </textarea >
  < button onclick = "quick_cell()">开始孵化 </button >
  < p id = "box" > </p >
  < p id = "cell" > </p >
  < script >
    // 初代
    let start = 1;
    let box = document. getElementById('box');
    let cell = document. getElementById('cell');
    let new_a = [];
    // 开始孵化
    function quick_cell() {
      try {
        let DNA = eval('([' + document. getElementById('dna'). value + '])');
        quick(DNA);
        console. log(DNA);

      } catch (err) {
        alert('请检查一下您的编码格式!');
      }
      // 返回基因编码数组


    }
    // 快速排序变种,优先降序
```

```
// 异步函数为了方便演示
async function quick( arr) {
  if ( arr. length < 2) {
    // 如果一个数组元素就不用排序了,直接返回即可
    console. log('不用对比的数组',arr) ;
    return arr;
  } else {
    // 选择第一个数组元素作为判断标准
    let pivot = parseInt( Object. values( arr[ 0 ] ) [ 0 ] ) ;
    // 小于、等于标准的数组
    let less = arr. slice( 1 ) . filter(
      function ( el ) {
        let num = parseInt( Object. values( el ) [ 0 ] ) ;
        return num < = pivot;
      } ) ;
    // 大于标准的数组
    let greater = arr. slice( 1 ) . filter(
      function ( el ) {
        let num = parseInt( Object. values( el ) [ 0 ] ) ;
        return num > pivot;
      } ) ;

    // 既可以同时递归这两个数组,又可以出于性能考虑优先递归数值较小的群组
    let l_sort = await sleep( less,500) ;
    // 再隔一秒钟
    let g_sort = await sleep( greater,1000) ;
    // 组合成一个有序的新数组
    new_a = l_sort. concat( [ pivot ] ,g_sort) ;
    let html = '最终排序:';
    for( k in new_a) {
      let val = new_a[ k ]
      if( typeof( val ) ==' object') {
        html += Object. values( val ) [ 0 ] + ',';
      } else {
        html += val + ',';
      }
    }
    box. innerHTML = html;
```

```
      return new_a;
    }
  };

  // 异步休眠函数
  function sleep(arr,ms) {
    let as = Object.values(arr);
    if(as.length==0){return [];}
    cell.innerHTML += '<div>' + JSON.stringify(as) + '</div>';
    return new Promise(function(resolve,reject){
      setTimeout(function(){
        // 开始递归
        let data = quick(arr);
        // 返回结果
        resolve(data);
      },ms);
    });
  }
  </script>
</body>
```

在鸡蛋孵化的小程序中，我们虽然只是简单地模拟了优先级，其实从鸡蛋孵化出小鸡，只是一个生命的开始。因为小鸡还可以长大，直到所有的端粒体都变成一个个不可分裂的终端为止。当然，在这之前，甚至已经长大成年的小鸡会将那些有功的基因通过鸡蛋传给下一代。因此，细胞的分裂是一个庞大的生命工程，只要生命存在，细胞的分裂就不会停止，反之亦然。

2.4.2.3 归并排序

和快速排序先分组（分成2个组）再合并的方法类似，还有一种先分组（仍然是2个组）再合并的排序方法称为归并排序。两者主要不同的地方是分组标准的确定，快速排序是用数组中的某个元素值作为分组标准并在分组的时候已经比较过了，而归并排序则是直接按数组元素的长度依次折半到无法折半后再比较。

归并排序比较常见的一种做法是，先将数组进行逐层折半分组，然后从数值最小的分组开始比较，最终合并成大的分组，核心代码如下：

```
merge.html
<body style="text-align:center;">
  <input type="text" id="arr" value="1 3 2 5 61 17 9" placeholder="请用 分割数组">
```

```
< button onclick = " sort_merge( ) " > 归并排序 </ button >
< p id = " box " > </ p >
< script >
    // 算法复杂度
    var O = 0;
    function sort_merge( ) {
        let arr = document. getElementById( ' arr '). value. split( " );
        // 强制转浮点数
        arr. forEach( ( item, index ) = > { arr[ index ] = parseFloat( item) ; } );
        // 使用归并排序
        let sort_arr = merge( arr) ;
        console. log('算法复杂度:'+ O);
        document. getElementById( ' box '). innerText = sort_arr. toString( );
    }
    // 归并排序:先将数组进行逐层折半分组,然后从数值最小的分组开始比较,最终合并
成大的分组
    // 递归操作
    function merge_sort( arr, left, right, temp ) {
        if ( left < right ) {
            //确定中间值,将数组分成两部分
            let mid = Math. floor( ( left + right ) / 2 ) ;
            //递归,左侧分组
            merge_sort( arr, left, mid, temp ) ;
            //递归,右侧分组
            merge_sort( arr, mid + 1, right, temp ) ;
            //递归合并并初始化位置
            let l = left;
            let r = mid + 1;
            let k = 0;
            // 循环执行:对比数组的索引
            while ( l < = mid && r < = right ) {
                O ++ ;
                if ( arr[ l ] > = arr[ r ] ) {
                    temp[ k ] = arr[ r ] ;// 缓存
                    r ++ ;
                    k ++ ;
                } else {
                    temp[ k ] = arr[ l ] ;
                    l ++ ;
```

```
                k ++;
            }
        }
        // 计算左侧数组
        while (l < = mid) {
            O ++;
            temp[k] = arr[l];
            l ++;
            k ++;
        }
        // 计算右侧数组
        while (r < = right) {
            O ++;
            temp[k] = arr[r];
            r ++;
            k ++;
        }
        // 从头开始
        k = 0;
        //从此次归并的长度范围将临时数组的排序结果放入原数组
        while (left < = right) {
            O ++;
            arr[left] = temp[k];
            left ++;
            k ++;
        }
    }
    return arr;
}


// 归并排序
merge = function (arr) {
    let len = arr.length; // 数组的长度
    let left = 0; // 数组开始位置
    let right = len - 1; //数组结束位置
    let temp = []; //临时变量
    // 开始递归
    return merge_sort(arr, left, right, temp);
}
</script>
</body>
```

2.4.2.4　希尔排序

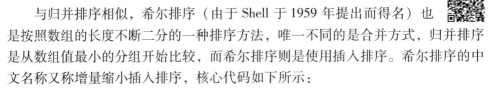

与归并排序相似，希尔排序（由于 Shell 于 1959 年提出而得名）也是按照数组的长度不断二分的一种排序方法，唯一不同的是合并方式，归并排序是从数组值最小的分组开始比较，而希尔排序则是使用插入排序。希尔排序的中文名称又称增量缩小插入排序，核心代码如下所示：

```
shell.html
<body style = "text-align:center;">
  <input type = "text" id = "arr" value = "1 3 2 5 61 17 9" placeholder = "请用 分割数组">
  <button onclick = "sort_shell()">希尔排序 </button>
  <p id = "box"> </p>
  <script >
    // 算法复杂度
    var O = 0;
    function sort_shell() {
      let arr = document.getElementById('arr').value.split("");
      // 强制转浮点数
      arr.forEach((item, index) = > { arr[index] = parseFloat(item); });
      // 使用希尔排序
      let sort_arr = shell(arr);
      document.getElementById('box').innerText = sort_arr.toString();
    }
    // 希尔排序:根据某一增量将数组分为若干小组,并对这些小组进行插入排序,然后逐
渐将增量减至 1
    // 交换
    shell = function (arr) {
      let len = Math.floor(arr.length / 2);
      // 循环
      while (len > 0) {
        for (let i = len; i < arr.length; i ++) {
          let temp = arr[i];
          let j = i - len;
          for (j; j > = 0 && temp < arr[j]; j = j - len) {
            O ++;
            arr[j + len] = arr[j];
          }
          arr[j + len] = temp;
        }
        // 逐渐缩小一半
```

```
        len = Math. floor(len / 2);
      }
    console. log('算法复杂度:' + O);
    return arr;
  }
  </script>
</body>
```

2.4.2.5　堆与二叉树

说起将数组进行二分，我们不禁想起一种称为二叉树的数据结构。
二叉树属于一种树形结构，如果父节点的值总是大于子节点就是最大堆，反之是
最小堆。这种结构的二叉树天生就给我们做好了分组和排序。我们每次只要从大
堆中选择最大值或从小堆中选择最小值就可以了，然后将剩下的数组再变成堆即
可。这种选择方式和选择排序很相似，只不过堆排序是先分组再选择而已。下面
我们就来看看堆排序中的核心堆（完全二叉树）如何实现，核心代码如下：

```
heap. html
<body style = "text-align:center;">
  <input type = "text" id = "arr" value = "1 3 2 5 61 17 9" placeholder = "请用 分割数组">
  <button onclick = "sort_heap()">堆排序</button>
  <p id = "box"></p>
  <script>
    // 算法复杂度
    var O = 0;
    function sort_heap() {
      let arr = document. getElementById('arr'). value. split("");
      // 强制转浮点数
      arr. forEach((item, index) => { arr[index] = parseFloat(item); });
      // 使用堆排序
      let sort_arr = heap(arr);
      document. getElementById('box'). innerText = sort_arr. toString();
    }
    // 堆排序:也称二叉树排序,是利用最大堆或最小堆的特点来完成排序的,先要将数组
元素依次变成堆,再取堆顶的值
    // n 为数组长度
    function tree(arr, n, i) {
      let temp;
      let father = i //父节点
      let l_sub = i * 2 + 1 // 左子节点
      let r_sub = i * 2 + 2 // 右子节点
```

```javascript
    // 移除最大的节点, 强制转浮点类型
    if (l_sub < n && arr[father] < arr[l_sub]) {
      father = l_sub;
    }
    if (r_sub < n && arr[father] < arr[r_sub]) {
      father = r_sub;
    }
    // 交换较大的节点
    if (father != i) {
      temp = arr[i];
      arr[i] = arr[father];
      arr[father] = temp;
      // 递归
      tree(arr, n - 1, father);
    }
  }


  // 堆排序
  function heap(arr) {
    let n = arr.length;
    let temp = null;
    // 生成完美二叉树(堆)
    for (let i = Math.floor(arr.length / 2) - 1; i >= 0; i--) {
      O++;
      tree(arr, n, i);
    }
    // 反向取值
    for (let i = n - 1; i > 0; i--) {
      O++;
      // 最大值与最后面的值交换位置
      temp = arr[0];
      arr[0] = arr[i];
      arr[i] = temp;
      tree(arr, i, 0);
    }
    console.log('算法复杂度:' + O);
    return arr;
  }
</script>
</body>
```

二分排序最大的好处是可以通过一个标准快速将无序的数据进行排序。而人工智能中的所有决策，其实模仿的都是这种分而治之的过程。尽管它们的本质都是求得数据统计后的排序结果，从中选择最大值或最小值。

2.4.3 非比较排序

2.4.3.1 计数排序

前文我们介绍了二分排序，那么二分排序是不是就是最快的排序算法呢？在计算机出现之前，二分排序确实非常快。但是有了计算机之后一切都变得不一样了。最大的不同就是计算机中数组的出现。数组和二分排序有着根本的不同，它天生就是一种有序的数据结构，这里的有序特指数组索引。计算机中所有的数组元素索引都是从 0 开始的。

如果有一种办法可以将数组元素中的每个值都映射成数组索引的话，那么是不是就不用再进行分组也不用再对比了？比如一个数组中有 1、5、3 这三个自然数，我们把它映射成一个长度为 5 的数组索引，新数组结构将是［空，1，空，3，空，5］，最小代码如下所示：

```
<script>
  arr = [1, 5, 3];
  len = 5;
  new_arr = [];
  for (let i = 0; i < arr.length; i++) {
    let key = arr[i];
    new_arr[key] = 1;
  }
  console.log(new_arr);
</script>
```

计数排序就是这样一种无须对比的新兴排序算法。但是计数排序有一个严重的问题，那就是只能对正整数（自然数）进行排序。其他所有非正整数包括浮点数和小数都要想办法转成正整数才行。下面我们通过一个小程序来看看计数排序是如何处理非自然数的，核心代码如下：

```
array_count.html
<body style="text-align:center;">
  <input type="text" id="arr" value="1 3 2 5 61 17 9" placeholder="请用 分割数组">
  <button onclick="array_count()">计数排序</button>
  <p id="box"></p>
  <script>
    //算法复杂度 O(n+k) k 是正数范围
```

```
var O = 0;
// 开始排序
function array_count() {
  let arr = document.getElementById('arr').value.split("");
  // 强制转整数方便对比,否则容易出错
  arr.forEach((item,index) => {arr[index] = parseInt(item);});
  // 强制转浮点数
  //arr.forEach((item, index) => { arr[index] = parseFloat(item); });
  // 使用计数排序
  let sort_arr = count(arr);
  document.getElementById('box').innerText = sort_arr.toString();
}
// 计数排序:先将数组数字转化成自然数,再映射成数组,并将重复的数字进行累计
count = function (arr) {
  // 定义一个两个空数组
  let pos = [];// 自然数
  let minus = [];// 负数
  let end_k = 0;//数组索引的结束位置
  let start_k = 0;//数组索引的开始位置
  let new_arr = [];
  for (let i = 0; i < arr.length; i++) {
    O++;
    // 向上取整
    let num = Math.ceil(arr[i]);
    if (num >= 0) {
      if (num > end_k) {
        // 扩大数组结束位置
        end_k = num;
      }
      // 开始计数
      if (Array.isArray(pos[num])) {
        // 如果数组存在就追加1,或者追加元素
        pos[num][0]++;
      } else {
        // 否则等于1,或者等于数组元素
        pos[num] = [1];
      }
    } else {
      // 负数转正数
```

```
          let n1 = num * -1;
          if (n1 > start_k) {
            start_k = n1;
          }
          if (Array.isArray(minus[n1])) {
            minus[n1][0]++;
          } else {
            minus[n1] = [1];
          }
        }
      }
      console.log(pos,end_k);
      // 转化成一维数组
      // 负数从后向前遍历
      for (let m = start_k; m > 0; m--) {
        if(minus[m]){
          let len = minus[m][0];
          for (mm = 0; mm < len; mm++) {
            new_arr.push(m * -1);
          }
        }
      }

      // 遍历正数
      for (let p = 0; p <= end_k; p++) {
        if(pos[p]){
          let len = pos[p][0];
          for (pp = 0; pp < len; pp++) {
            new_arr.push(p);
          }
        }
      }
      return new_arr;
    }
  </script>
</body>
```

在上面的小程序中，我们实际上是对浮点数做了整数处理的。即便是负整数也是先转成正整数，排序后再转成负整数的。计数排序除了快之外，还有一个经常被人使用的地方就是剔除重复数据。可以说，只要数值是整数的数组，要想剔除重复数据后再排序，就没有比计数排序更快的方法了。

2.4.3.2　模拟感受器

了解计算机的人都知道，计算机有传感器，比如触摸屏、摄像头和麦克风。这与人类的皮肤、眼睛和耳朵很像，只不过医学中会研究得更加详细，比如皮肤中到底哪个细胞在感受压力、冷热和疼痛。像这样专门可以感受外界某种刺激的细胞大家通常会给它们起一个比较形象的名字——感受器。

通常，人对环境的刺激所作出的反应都会从感受器开始，大脑为了更好地了解发生了什么，通常会要求感受器做出精确的汇报。而汇报内容一旦精确就会让感受器变得复杂。为了让这些功能单一的细胞能够胜任这份精确情报的获取工作，我们的身体采取了一种类似计数排序的方法管理感受器。在这套管理方法中，每个感受器都有自己固定的坐标位置，并且只能接收某一种固定的信号。如果一种信号的数值介于两者之间，那么它会将这个信号值四舍五入到那个更接近的感受器中。以听觉为例，人的耳朵中就有多达数万个负责听觉的毛细胞（俗称听毛）从长到短依次排列在一起，就像钢琴的琴键一样，只不过这个"键盘"长度加起来也不过 30 毫米左右。

由于每个听毛都像一根琴弦一样有着固定频率，因此每个听毛都可以感受到一个固定频率段的声音。这样当不同的听毛多了以后人类就能听见各种不同的声音了。当然受"键盘"大小的限制，人类也不是什么声音都能听到。普通人大概也就能听见频率为 20 ~ 20000 赫兹的声音。

和听觉类似，视觉也是由很多位置固定的感光细胞组成。这些细胞数量大概有数百万个之多，它们可以分别感受红、绿、蓝三种颜色的光。医学上更喜欢将这类细胞称为视锥细胞，其原因是除了颜色感光细胞外还有一种头长得像个柱子的感光细胞只对明暗有感觉，为了将两种感光细胞区分开来，才把头像锥子的颜色感受器称为视锥细胞，把头像柱子的明暗感受器称为视杆细胞。有了这两种（其实是 4 种）感光细胞人类就可以看到明暗度不同颜色了。感光细胞（光感受器）如图 2.3 所示。

在人类的眼睛中，视锥细胞大约有 600 万个，大部分位于中央区域；视杆细胞分布在周围，数量多达 1200 万个。视觉和听觉几乎占据了人类大量的信息，但是相较于肤觉、嗅觉和味觉而言两者虽然看似重要，但是并不危及生命。而嗅觉、肤觉和味觉则会与生命息息相关。光肤觉的感受器就有触觉、痛觉、冷觉、温觉、压觉和痒觉六种感觉细胞，嗅觉感受器更是多达上百种细胞，更不要说多达上千种味觉感受器了。

总的来说，与我们生命相关性越高的感受器它的功能越强大，但是同样的它失去了范围上的优势，如图 2.4 所示。

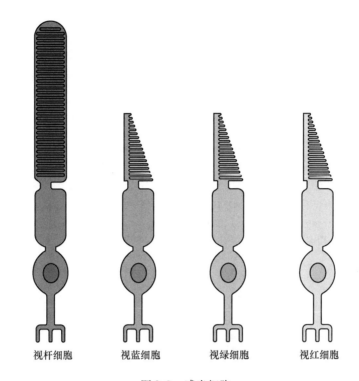

视杆细胞　　　　视蓝细胞　　　　视绿细胞　　　　视红细胞

图 2.3　感光细胞

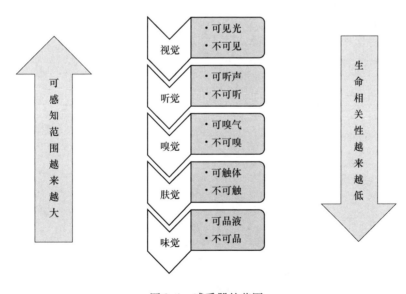

图 2.4　感受器的范围

前面说了这么多的感受器，那么计算机是如何模拟它们的工作呢？其实我们只要关注两点即可，一个是位置另一个是数值。即便遇见视频这样连续的数据我们也会按照时间把它们切分成一瞬间固定的画面。因为人眼就是这样，超过30帧（帧数是指每秒看到的图片数量）就看不清了，甚至还会产生错觉。

下面我们就以图片上传的小程序来模拟视觉感受器的工作原理，核心代码如下所示：

```
array_img. html
< body >
  < h3 > 点击下面的图片查看效果 </h3 >
  < canvas id = " world " onclick = " show_img( event)" > </canvas >
  < h3 style = " background-color: rgb;" > 可感知范围 </h3 >
  < div id = " show " > </div >
  < script >
    // 视觉感受器数组
    var eye;
    var url = ' forest. jpg ';// 图片地址
    var cs = document. getElementById(' world ') ;
    var ctx = cs. getContext('2d ') ;
    window. onload = function ( ) {
      // 初始化感受器
      eye = start( ) ;
      console. log( eye) ;
      // 显示图片
      var img = new Image( ) ;
      img. onload = function ( ) {
        cs. width = img. width;
        cs. height = img. height;
        ctx. drawImage( img, 0, 0) ;
      };
      img. src = url;
    }

    // 看图片
    function show_img( event) {
      // 返回视觉焦点的坐标
      let x = event. offsetX;
      let y = event. offsetY;
```

```javascript
if (Array.isArray(eye)) {
    // 开始聚焦,一般是从中心开始遍历,不过由于这个过程是并行的,所以我们最好
采用并行编程
    // 逐行
    let rows = eye.length;
    // 行偏移量
    let row_y = Math.round(rows / 2);
    // 定义一个表格,用于显示眼睛所看到的图像,可以理解为一束感觉神经元(传入
神经)
    let table = '<table border="1">';
    for (i = 0; i < rows; i++) {
        // 逐列
        table += '<tr>';
        let cols = eye[i].length;
        // 列偏移量
        let col_x = Math.round(cols / 2);
        for (j = 0; j < cols; j++) {
            // 感觉神经元 ID
            let t_id = 't_' + i + '_' + j;
            table += '<td id="' + t_id + '"></td>';
            // 视觉细胞类型
            if (eye[i][j] == '1') {
                // 视锥细胞
                setTimeout('img_rgb("' + (j + x - col_x) + '","' + (j + x - col_x) + '",
"' + t_id + '")', 400);// 40 毫秒一帧,即一秒可以看25 张图片
            } else {
                // 视杆细胞
                setTimeout('img_gray("' + (j + x - col_x) + '","' + (i + y - row_y) +
'","' + t_id + '")', 400);
            }
        }
        table += '</tr>';
    }
    table += '</table>';
    document.getElementById('show').innerHTML = table;
} else {
    alert('你的眼睛不合格!');
}
}
}
```

```
// 三个视锥细胞工作过程,模拟一组 RGB(红色、绿色和蓝色)
function img_rgb(sx, sy, name) {
    // 只读符合当前坐标的图片默认为一个像素,也就是单个细胞感光范围
    let data = ctx.getImageData(sx, sy, 1, 1).data;
    let R = data[0];// 红色感受器
    let G = data[1];// 绿色感受器
    let B = data[2];// 蓝色感受器
    // 开始渲染
    console.log('视锥细胞数据(' + sx + ',' + sy + '):','红色:' + R, '绿色:' + G, '蓝色:' + B);
    document.getElementById(name).style.backgroundColor = 'rgb(' + R + ',' + G + ',' + B + ')';
}

// 单个视杆细胞工作过程
function img_gray(sx, sy, name) {
    let data = ctx.getImageData(sx, sy, 1, 1).data;
    // 暂时使用 RGB 的平均值作为灰度值
    let gray = parseInt((data[0] + data[1] + data[2]) / 3);// 灰度感受器
    // 也可以使用权重值,比如 0.3 × R + 0.6 × G + 0.1 × B
    gray = parseInt((data[0] * 0.3 + data[1] * 0.59 + data[2] * 0.11));
    console.log('视杆细胞数据(' + sx + ',' + sy + '):','灰度:' + gray);
    document.getElementById(name).style.backgroundColor = 'rgb(' + gray + ',' + gray + ',' + gray + ')';
}

// 感受器初始化
function start() {
    // 视觉感受器分布在一个二维平面上,所以是一个二维数组,这里采用的最大细胞数
    是 10×10,中间是视锥细胞为 6×6,其余为视杆细胞
    let eye = [];
    let size = 10;// 视觉范围
    let color = 6;// 视锥细胞范围
    let light = (size - color) / 2;// 视杆细胞范围
    // 开始生成视觉细胞
    for (i = 0; i < size; i++) {
        // 二维数组
        eye[i] = [];
        // 逐行生成
        for (j = 0; j < size; j++) {
            // 逐列生成
```

```
            if (i > = light && i < size - light && j > = light && j < size - light) {
                //RGB 红、绿、蓝视觉细胞的分布
                eye[i][j] = '1';
            } else {
                eye[i][j] = '0';
            }
        }
    }
    return eye;
    }
</script>
</body>
```

2.4.3.3 基数排序

除了数组之外，十进制数字本身也是有顺序的，比如个位、十位、百位等，位数越多数值越大。如果位数相同的两个数则通常先比较高位数的数值大小，如果相同则继续比较次位数的数值大小。由于 100 和 99 是十进制数字，因此可以将它们按照基数分为 0、1、2、3、4、5、6、7、8、9 开头的 10 组数字。理论上有几个基数就可以分成几组，这要比二分法快多了。当然，为了方便对比，我们经常需要把那些字符串长度不同的数字通过补零的方式进行补足，当遇到有小数点的数值时，要先对齐小数点，然后前后都需要补零。比如 100 和99，因为 100 是三位数，所以要把 99 也变成三位数即 099，然后在字符串长度相等的情况下进行判断，因为在分组时 0 排在 1 的前面，所以在合并时 099 就排在了 100 的前面，从而形成有序的数组。下面我们就来看看基数排序的实现过程，代码如下所示：

```
array_radix. html
<body style = "text-align:center;">
  <input type = "text" id = "arr" value = "1 3 2 5 61 17 9" placeholder = "请用 分割数组">
  <button onclick = "array_radix()">基数排序 </button>
  <p id = "box"> </p>
  <script>
    // 算法复杂度
    var O = 0;
    // 开始排序
    function array_radix() {
      let arr = document. getElementById('arr'). value. split(" ");
      // 转成整数
```

```
    arr. forEach((item, index) = > { arr[index] = parseInt(item); });
    // 使用基数排序
    let sort_arr = radix(arr);
    document. getElementById('box'). innerText = sort_arr. toString();
}
```

// 基数排序:属于模糊排序,将数组中的元素看作同样位数长度的数字,位数不足用 0
补足

// 基数排序虽然有很多变种,但是大体上是先按照数字的性质进行分组再排序,比如首
字母或者前两个字母等,分组越多排序效果越好

```
function radix(arr) {
    // 返回数组的长度
    let len = arr. length;
    // 如果数组长度小于 2,直接返回,
    if (len < 2) { return; }
    // 用于分组的数组
    let bucket = [];
    // 字符串长度最大值
    let max = 1;
    for (k in arr) {
        // 如果有小数点,需要先分别计算出小数点左右两端的字符串长度,然后用两边各
自的最大值之和作为字符串最长值
        let len = arr[k]. toString(). length;
        if (len > max) {
            max = len;
        }
    }
    // 初始化分组,十进制就有 10 个分组
    for (let i = 0; i < 10; i++) {
        bucket[i] = [];
    }
    // 循环最长字符串
    for (let i = 0; i < max; i++) {
        // 内循剩余数组
        for (let j = 0; j < len; j++) {
            let str = arr[j]. toString();
            if (str. length > = i + 1) {
                //依次按照基数分组:当前字符串的长度减去轮次再减 1 即为当前索引
                let k = parseInt(str. substr(str. length - i - 1,1));
                bucket[k]. push(arr[j]);
```

```
        } else {
            // 其余全部默认为 0
            bucket[0]. push( arr[j]);
        }
    }
    // 清空旧的数组
    arr. splice(0, len);
    // 装入拼接后的数组
    for (let i = 0; i < 10; i++) {
        let t = bucket[i]. length;
        for (let j = 0; j < t; j++) {
            arr. push(bucket[i][j]);
        }
        bucket[i] = [];
    }
}
    return arr;
}
</script>
</body>
```

基数排序经常用于一种特殊的感受器，比如嗅觉细胞就是一种带着"小手"（嗅纤毛）的感受器，通过捕捉空气中的某种大分子而产生嗅觉。这种分子结合的化学过程就很适合用基数进行表示，尤其不同化学键的破裂与组合。当然，其他基数有限的生化反应也可以用这种办法来捕捉信号。

2.4.3.4 桶排序

基数排序是根据基数的多少进行排序，比如 10 进制就是 10 个基数，16 进制就是 16 个基数。和基数排序相似，还有一种是根据数组中的元素最大值减去最小值的差进行均分的分组方法称为桶排序。比如最大值减去最小值 = 100，将所有元素分成 5 组（0~20，20~40，40~60，60~80，80~100），这样每组组距就是 20。分组时再用（最大值 - 当前值）/组距，按照结果进行分组。接下来，各组如法炮制，直至不可分时再将这些数组合并起来。

桶排序不仅可以进行排序，也可以用来划分等级。比如我们给所有同学的成绩划分为 5 等，分别是优（80~100 分）、良（60~80 分）、中（40~60 分）、可（20~40 分）、差（0~20 分）。但是我们知道，有时候试题出得难一些或者简单一些都可能造成某个分数段的考生很少的情况，这让我们的分等变得没有意义。比如这次考试题出得很难，能够及格（60 分）的一个没有，那么优与良的对比就失去了意义。为了解决这个问题，我们需要动态调整等级区间的分值，这样的分组才有意义，核心代码如下所示：

```
array_bucket.html
<body style = "text-align:center;">
  <h2>优、良、中、可、差</h2>
  <input type = "text" id = "arr" value = "10 30 20 58 61 17 90" placeholder = "请用 分割所有
同学成绩">
  <button onclick = "array_bucket()">开始评估</button>
  <p id = "box"></p>
  <script>
    // 算法复杂度
    var O = 0;
    // 开始排序
    function array_bucket() {
      // 等级数组
      let level = ['优秀', '良好', '一般', '可以', '较差'];
      //等级数量
      let counts = level.length;
      let arr = document.getElementById('arr').value.split("");
      // 转成浮点数
      arr.forEach((item, index) => { arr[index] = parseFloat(item); });
      // 最大值
      let max = Math.max.apply(null, arr);
      // 最小值
      let min = Math.min.apply(null, arr);
      // 初始化木桶为二维数组
      let bucket = [];
      for (let i = 0; i < counts; i++) {
        bucket[i] = [];
      }
      // 桶距 = (最大值-最小值)/桶数
      let size = Math.ceil((max - min) / counts);
      // 开始装通
      for (let i = 0; i < arr.length; i++) {
        // 寻找桶号 =(最大值-当前值)/ 桶距
        let index = Math.floor((max - arr[i]) / size);
        if (index < 1) { index = 0; } else { index--; }
        bucket[index].push(arr[i]);
      }
```

```
    // 显示等级划分结果
    let html = ";
    for (k in bucket) {
      html += level[k] + '(';
      for (kk in bucket[k]) {
        html += '<b>' + bucket[k][kk] + '</b>';
      }
      html += ')';
    }
    document.getElementById('box').innerHTML = html;
  }
</script>
</body>
```

2.4.3.5 休眠排序

非比较类排序性能很好的原因在于它可以一次分成很多个组，但是这也要有一个前提，就是所分的组（桶）必须是有序的。计数排序中数组索引是有先后顺序的，基数排序中基数也是有先后顺序的。因此，要想实现一个非比较类排序通常都需要先确定一个有序的分组。

有人说时间是有序了，那么我们能不能利用时间的有序性来进行排序呢？当然可以，这种排序称为休眠排序，核心代码如下所示：

```
array_sleep.html
<body style="text-align:center;">
  <input type="text" id="arr" value="1 3 2 5 61 17 9" placeholder="请用 分割数组">
  <button onclick="sort_sleep()">休眠排序</button>
  <p id="box"></p>
  <script>
    // 算法复杂度
    var O = 0;
    function sort_sleep() {
      let arr = document.getElementById('arr').value.split(");
      // 强制转浮点数
      arr.forEach((item, index) => { arr[index] = parseFloat(item); });
      // 使用休眠排序
      sleep(arr,function(sort_arr){
        document.getElementById('box').innerText = sort_arr.toString();
      });
    }
```

// 时间排序:也称为休眠排序,利用计算机的调度机制,是通过多线程(多计算机)让每一个数据元素睡眠一定的时间,数值越大休眠时间越长否则越短。最后将返回值按照时间排序。

```javascript
function sleep(arr, fun) {
    let len = arr.length;
    let sum = 0;//计数
    let newArr = [];
    for (let i = 0; i < len; i++) {
        O++;
        let num = arr[i];
        // 使用 setTimeout() 函数代替异步多进程(适合并行计算),如果是多个站点可以使用 AJAX 或者 Worker
        if (num >= 0) {
            setTimeout(function () {
                newArr.push(num);//追加到末尾
                sum++;
                if (sum >= len) {
                    console.log('算法复杂度:' + O);
                    fun(newArr);//成功后回调
                }
            }, num * 100 + 10);// 时间最低为 10 毫秒(防止为 0 的情况)
        } else {
            setTimeout(function () {
                newArr.unshift(num);//追加到第一位
                sum++;
                if (sum >= len) {
                    console.log('算法复杂度:' + O);
                    fun(newArr);// 成功后回调
                }
            }, Math.abs(num * 100) + 10);
        }
    }
}
</script>
</body>
```

本 章 小 结

总的来说，统计分析确实能够帮助我们从已知数据中找到一个最好的办法。而为了让这个方法更加可靠，理论上我们只要能够在第一时间收集到最全面、最真实的数据，就可以做到无所不知、无所不能。

统计学分析可以用概率来解释一切问题，甚至包括公理。在统计分析中，所有的公理都是在一定条件下发生概率为 100% 的独立事件。比如太阳东升西落就是人类在所有观察太阳事件中总结出来的概率。假设有个天文学家观察了太阳 365 天，然后发现太阳东升西落了 365 次。于是他用太阳东升西落的次数（365）/观察天数（365）即 365/365 = 100%。于是得出结论：太阳东升西落的概率为 100%。也许你会说那不对呀？太阳东升西落是和地球自转有关的，因为地球自西向东自转所以才形成了太阳东升西落的现象。但是在统计分析的世界里没有因果，只相信自己的观察结果，一切以数据来说话。

在统计分析中，我们认为世界有太多的不确定性，在这个世界里一切皆有可能，之所以这样是因为我们对世界了解得还不全面也不真实。这个世界既有我们能够看得到的物体也有我们看不见的暗物质；既有我们能够感受到的能量也有我们无法感受到的暗能量。暗物质和暗能量对于人类而言就像盲人看不见颜色，聋人听不见声音一样。我们不能因为我们看不见颜色、听不见声音就说颜色和声音不存在。

那么是不是统计分析就能完美地描述这个世界呢？不是的，因为做统计分析的人都会在给出结论之前告诉你：我是在什么假设条件下得出的结论。如果整个假设条件不成立，那么所有的结论也都将不成立。

总结一下统计分析的优缺点，大概如图 2.5 所示。

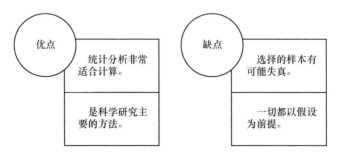

优点：统计分析非常适合计算。是科学研究主要的方法。

缺点：选择的样本有可能失真。一切都以假设为前提。

图 2.5　统计分析优缺点

3　机　器　学　习

　　想要做好统计分析需要大量的数据，然而大量的数据也势必造成计算量的提升。于是我们就开始想办法把这些枯燥的工作交给机器来完成，于是计算机应运而生。计算机不仅可以帮助我们提高计算效率，也可以帮助我们生成大量的数据。随着互联网、物联网和智能设备的普及，数据量开始呈指数级增长。这些数据都是以二进制数字存储于计算机之中的，尽管我们人类很难阅读，但是对计算机来讲却异常轻松。久而久之，人们已习惯了用计算机代替人类做大数据相关的计算工作。

　　有了计算机的帮助，我们不仅可以实现自动化计算，还可以通过一些统计算法做读取、识别、统计、分析和预测。比如我们可以让计算机读取各种类型的文件，也可以让计算机识别人脸，还可以让计算机统计人口数量，甚至可以让计算机分析上市公司的财报以及预测某只股票的未来走势。不过，虽然计算机可以做很多事情，但它还是一台只会计算的机器。那么有没有办法让它可以像人一样思考呢？于是，在很多科学家的努力下，一种模拟人类大脑神经细胞（神经元）的算法开始流行起来。通过模拟人类神经元的结构和运行过程，目前的计算机已经可以达到甚至超越人类的智商了，只不过这种超越是用巨大的计算量换来的。

　　下面我们就来看看机器学习和传统的统计学习有什么不同。

3.1　文　字　识　别

3.1.1　汉字识图

　　在统计分析过程中，我们可以用已知的公式计算出某件事发生的概率，比如用平均数预测得分，用朴素贝叶斯预测股票走势。我们甚至用一些简单的排序算法实现了从细胞的分裂开始到感受器获得环境信号，再从感受器传递信号开始到欲望的逐步提升的传递过程。

　　虽然我们几乎模拟了整个神经细胞的传递过程，但是在实际应用上我们做得还不够，比如在感受器获得环境信号这一环节，我们其实只是做了两件事：一件是获得感受器的位置；另一件是获得感受器的数值。而对于感受器，我们知道的就有十几种之多。除了大家熟悉的味（味道）、温（温度）、疼（疼痛）、触（触感）、压（压力）、声（声音）、光（光线）等之外还有平衡、速度、方向、位置、时间和磁场等感受器。这些感受器位置不同、数值不同、作用也不相同。比如声音感受器可以让我们分辨声音、光感受器可以让我们分辨颜色。那么人类是如何通过这些功能简单的感受器来实现分辨声音和识别颜色的呢?

就拿神奇的光感受器来说,它明明只有位置和数值这两种数据。但是人类却能通过这仅有的两种数据分辨出不同颜色的物体。以识别文字为例,人类究竟是如何做到的呢?在回答这个问题之前,我们不妨先回想下专家系统的经典推理方法,即正向推理和逆向推理(反向推理)。

我们先试一下正向推理。假设我们有一个称为小黑的视觉细胞,它只能感受到 0 ~ 255 种不同亮度的光。经过一段时间的统计后,我们发现每当小黑说 128 的时候就会听见一种称为"人"的声音。于是我们得出一个结论:每当小黑说 128 的时候就会出现"人"的声音。基于这个前提,如果我们又听见小黑说 128 了,那么就一定会出现"人"的声音。我们再试一下逆向推理,假设我们的知识库里分别有小黑、小红、小绿和小蓝四个视觉细胞的统计数据,如表 3.1 所示。

表3.1　视觉细胞表

视觉细胞名称	数值	声音
小黑(视杆细胞)	128	人
小红(红色视锥细胞)	200	花朵
小绿(绿色视锥细胞)	222	小草
小蓝(蓝色视锥细胞)	250	天空

我们想知道这个声音是不是"人"的最简单的方法就是查一下小黑刚才是不是说了128。如果说了就是否则不是。其实无论是正向推理还是逆向推理,我们都要先有一个表 3.1 这样的统计数据。这个统计数据通常会与其他感受器的数值相互关联。有了这种关联,我们就可以很好地进行不同事物之间的联想和区分了。

也许你会好奇,人类难道不是因为了解这个汉字的意思才认识这个汉字的吗?其实不然,小朋友在识字的过程中就是这样死记硬背的。最经典的场面就是老师指着黑板上的字高声念着,然后学生坐在讲台下一边听着、一边看着、一边念着。而老师提问的方式也通常是:"这个字叫什么?"一个"叫"字就已经在提醒学生进行声音方面的联想了。此时,如果老师讲得多、教得多,那么学生自然也就听得多、会得多。比如老师让学生一边写字、一边默念,就是让学生将这个字与身体感受相互关联起来的过程。这种不同感受器数值之间的关联过程其实就是人脑分辨不同事物之间的桥梁,也是我们为达成不同目的而苦苦追求的模式识别算法基础。

　　既然不同感受器之间的数值关联是我们分辨事物（模式识别）的基础，那么我们就可以通过这个原理来统计一张图片是不是某个汉字。之所以把汉字看作一张固定大小的图片，是因为不管远处的景物有多大，能够映入我们眼帘的始终就那么大。为什么？因为我们的眼睛就只有那么多视觉细胞，多了也感觉不到呀。如果我们把这些视觉细胞统统展开不就是一张固定大小的图片吗？图片中的每一个视觉细胞就是一个像素点，而人脑就是根据这些点来识别文字的。

　　我们可以把汉字生成图片的过程通过下面这个小程序模拟出来，不过这里为了简单起见，我们只模拟黑色这一种颜色的文字，核心代码如下所示：

```
font. html
 < body style = " text-align:center;" >
  < h2 > 汉字生成图片 </h2 >
  < div >
    < textarea id = " cn " > 人口手金木水火土阴阳 </textarea >
  </ div >
  <!--菜单-->
  < div >
    < input type = " text " id = " size " size = "2 " value = "16 " > 像素
    < select id = " font " >
      < option value = "宋体" > 宋体 </option >
      < option value = "黑体" selected > 黑体 </option >
      < option value = "隶书" > 隶书 </option >
    </select >
    < input type = " button " value = "开始" onclick = " img() " >
  </ div >
  <!--图片生成区-->
  < div id = " imgs " > </div >
  < script >
    var imgs = document. getElementById(' imgs ');
    // 开始生成图片
    function img() {
      // 返回字体大小
      let size = document. getElementById(' size '). value;
      // 返回字体类型
      let font = document. getElementById(' font '). value;
      // 遍历所有汉字
```

```
    let cn = document. getElementById(' cn'). value. split(");
    for (k in cn) {
      let cs = document. createElement(' canvas');
      // 设置图片大小
      cs. width = size;
      cs. height = size;
      // 添加到显示区
      imgs. appendChild(cs);
      // 平面图模式
      let ctx = cs. getContext('2d');
      // 设置字体与大小
      ctx. font = size + 'px' + font;
      // 设置文字对齐方式
      ctx. textAlign = 'center'; // 水平居中
      ctx. textBaseline = "middle";//垂直居中
      // 当前汉字
      let str = cn[k];
      // 清空画布
      ctx. clearRect(0, 0, size, size);
      // 从中心开始绘制文字
      let xy = size / 2;
      ctx. fillText(str, xy, xy);
    }
  }
  </script>
</body>
```

在上面的小程序中，我们通过像素大小来模拟眼睛的视野范围。假设我们的眼睛都是 $4 \times 4 = 16$ 个像素的，那么每个汉字在我们眼睛上的分布情况就可能有 $2^{16} = 65536$ 种之多。

就拿"人"这个字来说，如果我们也把它映射成一张 4×4 像素的图片，那么你会发现它经常出现在以下这些位置：

第一行第 2 列、第一行第 3 列；

第二行第 2 列、第二行第 3 列；

第三行第 2 列、第三行第 3 列；

第四行第 1 列、第四行第 2 列、第四行第 3 列、第四行第 4 列。

具体如图 3.1 所示。

这种通过对比像素位置上是否有值来识别文字的方法称为像素对比法。

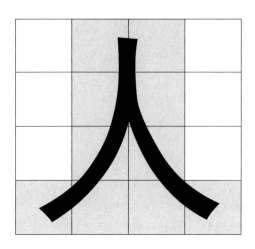

图 3.1 "人"字像素图

3.1.2 像素对比

我们不妨通过实践来验证这个方法是否可行，为了简单起见，可以在刚才的小程序中做一下改进，主要是通过 getImageData() 函数获得当前图片的像素点上是否有值，并将结果添加到一个名为 mode 的对象中，核心代码如下所示：

```
font_1. html
......
< script >
  var imgs = document. getElementById('imgs');
  // 汉字特征库
  var mode = {};
  // 开始生成图片
  function img() {
    let size = document. getElementById('size'). value;
    let font = document. getElementById('font'). value;
    let cn = document. getElementById('cn'). value. split("");
    for (k in cn) {
      // 汉字生成图片
      let cs = document. createElement('canvas');
      cs. width = size;
      cs. height = size;
      imgs. appendChild(cs);
      let ctx = cs. getContext('2d');
```

```
ctx. font = size + 'px' + font;
ctx. textAlign = 'center';
ctx. textBaseline = "middle";
// 当前汉字
let str = cn[k];
ctx. clearRect(0, 0, size, size);
let xy = size / 2;
ctx. fillText(str, xy, xy);
// 核心部分:获得图片信息
let data = ctx. getImageData(0, 0, size, size). data;
// 红色:data[i],绿色:data[i+1],蓝色:data[i+2],透明度:data[i+3],……
// console. log(data);
```

// 由于 getImageData 的返回值是一个由 RGBA 四个数值拼接到一起的一维数组,因此我们需要逐行分割这个数组。每行距离为 4 × 16(像素) = 64

```
let len = 4 * size;
let point = {}; //像素位
for (let i = 0; i < data. length; i += 4) {
    // 行号:Y 轴坐标
    let rows = Math. floor(i/len);
    // 列数:X 轴坐标
    let cols = Math. floor((i - rows * len)/4);
    //坐标名:行号 + 列数即:Y_X;
    let yx_name = rows + '_' + cols;
    // 这里使用透明度即可
    if (data[i + 3] > 0) {
        // 如果有值就记为 1
        point[yx_name] = 1;
    } else {
        // 否则记为 0
        point[yx_name] = 0;
    }
}
    // 追加到特征库中:汉字 = 特征
    mode[str] = point;
}
// 显示数据模型,方便观察
console. log(mode);
// 开始验证
```

```
    test();
}


// 通过像素对比来判断汉字
function test() {
    let str = window.prompt('请输入一个汉字!', '人').substr(0, 1);
    if(!str){return;}
    // 核心代码:重复汉字生成图片中单个汉字的特征提取过程。
    // 像素大小
    let size = document.getElementById('size').value;
    // 字体类型
    let font = document.getElementById('font').value;
    // 汉字生成图片,切记要保证与img()函数中的图片生成过程一致,实在不行就只复制
过来。
    let cs = document.createElement('canvas');
    cs.width = size;
    cs.height = size;
    // 添加到显示区
    imgs.appendChild(cs);
    let ctx = cs.getContext('2d');
    ctx.font = size + 'px' + font;
    ctx.textAlign = 'center';
    ctx.textBaseline = "middle";
    ctx.clearRect(0, 0, size, size);
    let xy = size / 2;
    ctx.fillText(str, xy, xy);
    // 获得当前文字的特征集合
    let data = ctx.getImageData(0, 0, size, size).data;
    let len = 4 * size;
    let point = {};
    for (let i = 0; i < data.length; i += 4) {
        let rows = Math.floor(i/len);
        let cols = Math.floor((i - rows * len)/4);
        let yx_name = rows + '_' + cols;
        if (data[i + 3] > 0) {
            point[yx_name] = 1;
        } else {
            point[yx_name] = 0;
        }
    }
}
```

```
// 算法核心:先与特征库中的所有特征进行匹配,然后计算命中率。
let word = '';//对应的字符
let max = 0;//最大值
for( key in mode ){
    let ps = mode[ key ];
    let sum = 0;//特征总数
    let num = 0;//总命中数
    for( j in ps ){
        // 可以只比对比特征位
        if( ps[ j ] == 1 ){
            sum ++ ;//累计特征总数
            if( ps[ j ] == point[ j ] ){
                // 累计命中数
                num ++ ;
            }
        }
    }
    // 命中率 = 总命中数 ÷ 当前特征总数
    let ps_i = num/sum;
    // 返回最大命中率和它对应的汉字
    if( ps_i > max ){
        max = ps_i;
        word = key;
    }
}
alert('你输入的这个字很可能是:' + word);
}
</script >
……
```

在像素识别的过程中,我们使用了一个命中率的算法。这个算法很简单,就是用总命中数除以当前特征总数。这样做的好处是避免将笔画数少的汉字误识为笔画数多的汉字。比如"丨"字和"工"字中间的竖线都是相同的,如果只计算"丨"字的命中数,那么就很难区分它和"工"字有什么不同。

3.1.3 图案对比

使用像素对比的前提是这些汉字必须位于图片的正中心,如果上下偏离一个像素就会出现串行现象。我们知道,大脑可不会因为文字上、下、左、右移动一下位置就变得不认识了。那么我们的大脑是如何计算这些像素点的呢？其实很简单，因为它只要看文字的结构就行了。这种结构有很多，比如一个像素点周围（四面八方）没有任何像素点和它相连的点结构，再比如一个像素点周围都有像素点和它相连的面结构，当然最多的还是周围至少有一个像素点与它相连的多边形结构，如图 3.2 所示。

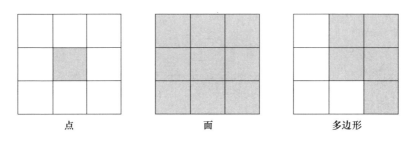

点　　　　　　　　面　　　　　　　　多边形

图 3.2　点、线、面像素结构图

统计之后我们会发现，像这样结构不同的图案一共有 $2^9 = 512$ 种。有了这些图案，我们就可以更好地找到结构对应的文字了。图案本质上也是特征的一种，只不过这种特征是由多个连在一起的像素点构成的矩形而已。矩形中的像素点可多可少、可长可短，既可以是 $2 \times 2 = 4$ 的矩形（正方形）也可以是 $3 \times 5 = 15$ 的矩形。不过我们一般还是使用 $3 \times 3 = 9$ 的正方形来做特征。

为了简单起见，我们还是在刚才的小程序中做一下改进，重点是不同像素图案的组合与对比顺序，核心代码如下所示：

```
font_2. html
……
< script >
……
// 通过图案对比来判断汉字
  function test ( ) {
    let str = window. prompt ('请输入一个汉字!', '人'). substr (0, 1);
    // 文字生成图片
    // 随机放大 1 ~ 10 倍,这样同一个汉字的像素位就不同了。
    let zoom = Math. round (1 + Math. random ( ) * 9);
    let size_old = document. getElementById ('size'). value;
    let size = size_old * zoom;
    let font = document. getElementById ('font'). value;
    let cs = document. createElement ('canvas');
    cs. width = size;
```

```
cs. height = size;
imgs. appendChild(cs);
let ctx = cs. getContext('2d');
ctx. font = size_old + 'px' + font;
ctx. textAlign = 'center';
ctx. textBaseline = "middle";
ctx. clearRect(0, 0, size, size);
let xy = size / 2;
ctx. fillText(str, xy, xy);
// 获得当前文字的特征集合
let data = ctx. getImageData(0, 0, size, size). data;
let len = 4 * size;
let point = {};
for (let i = 0; i < data. length; i += 4) {
    let rows = Math. floor(i / len);
    let cols = Math. floor((i - rows * len) / 4);
    // 函数
    let yx_name = rows + '_' + cols;
    if (data[i + 3] > 0) {
        point[yx_name] = 1;
    } else {
        point[yx_name] = 0;
    }
}
// 显示位移后的文字特征集合
console. log(str, point);
// 开始遍历汉字图案特征库
let mode_3 = mode_rect(mode,3);
console. log(mode_3);
// 当前汉字特征库的特征
let str_mode = {};
str_mode[str] = point;
let point_3 = mode_rect(str_mode,3);
// 最简单的方法就是只比对图案数组所有值是否完全一致,这里是先拼接成字符串再
比较
let p3_val = ";
for(p_i in point_3[str]){
    p3_val += Object. values(point_3[str][p_i]). join(");
}
```

```javascript
      console. log( point_3, p3_val) ;
    for ( key in mode_3) {
      let ps = mode_3[ key] ;
      let m3_val = '';
      for ( j in ps) {
        m3_val += Object. values( ps[ j]). join('') ;
      }
      console. log( m3_val) ;
      if( p3_val == m3_val) {
        alert('你输入的这个字很可能是:' + key) ;
        break ;
      }
    }
  }
}
// 图案特征库, 图案大小: 默认边长为 3 的正方形
function mode_rect( mode, rect = 3) {
  let new_mode = {} ;
  for ( key in mode) {
    // 指定汉字的图案特征
    new_mode[ key] = {} ;
    let ps = mode[ key] ;
    for ( j in ps) {
      // 算法核心是先找到像素点, 然后找到邻近的像素点组成图案
      if ( ps[ j] == 1) {
        new_mode[ key][ j] = {} ;
        // 根据坐标名来寻找周围的坐标, 注意, 我们采用的是先行后列命名法, 即 y_x
        let yx = j. split('_') ;
        let yx_y = parseInt( yx[ 0]) ;//Y 轴坐标
        let yx_x = parseInt( yx[ 1]) ;//X 轴坐标
        // Y 轴起始坐标 = 当前坐标 - ( 当前坐标 - 1)/2
        let y_start = yx_y - Math. floor(( rect - 1) / 2) ;
        let y_end = y_start + rect ;
        // X 轴起始坐标
        let x_start = yx_x - Math. floor(( rect - 1) / 2) ;
        let x_end = x_start + rect ;
        let rect_arr = {} ;//图案特征库
        // 逐行逐列寻找并组成图案
        for ( let y_i = y_start; y_i < y_end; y_i ++) {
```

```
// 逐列寻找
for (let x_i = x_start; x_i < x_end; x_i++) {
    // 图案坐标名
    let rect_yx = y_i + '_' + x_i;
    // 判断该像素点周围的坐标是否存在
    if (ps[rect_yx] == 1) {
        // 如果存在就获取坐标的值
        new_mode[key][j][rect_yx] = 1;
    } else {
        // 否则取0(之所以取0是因为看不见的地方默认为空)
        new_mode[key][j][rect_yx] = 0;
    }
    }
    }
    }
    }
    }
    return new_mode;
    }
</script>
......
```

3.1.4 等比缩放

通过图案对比,我们可以识别不同位置的汉字,而且准确率达到100%。不过这只对固定大小的汉字有效。一旦汉字变大或者变小就不能将所有图案的特征值通过拼接成字符串的方法进行比较了。比如16像素的"人"字和20像素的"人"字都是人,我们不能因为20像素的"人"字大一点就说这个字不是人,如图3.3所示。

图3.3　不同大小的"人"字

不过虽然大一点的汉字所占的像素点较多，但是只要我们想办法把它们变成统一大小的汉字，那么它们的图案是不是又会变成一样的了？这就好比我们的眼前有一个大玩具，由于这个玩具离我们的眼睛太近，因此只能看见玩具的一部分，只有当我们把这个玩具拿远一点时，才能看清这个玩具是什么。这个距离刚刚好，因为当再远一点时玩具的样子就变得模糊不清了。

关于缩放，我们可以使用 JavaScript 自带的 drawImage() 函数或者 scale() 函数来实现。为了简单起见，我们还是在刚才的小程序中做一下改进，这里需要注意的是，由于 drawImage() 函数在图片缩放时会失真，因此我们这里仍然采用命中率作为文字识别的主要方法，核心代码如下所示：

```
font_3. html
……
< script >
……
// 通过图案对比来判断汉字
  function test() {
    let str = window. prompt('请输入一个汉字!', '人'). substr(0, 1);
    // 文字生成图片
    let zoom = Math. round(1 + Math. random() * 9);
    let size_old = document. getElementById('size'). value;
    let size = size_old * zoom;
    let font = document. getElementById('font'). value;
    let cs = document. createElement('canvas');
    cs. width = size ;
    cs. height = size;
    imgs. appendChild(cs);
    let ctx = cs. getContext('2d');
    // 文字也等比放大
    ctx. font = size + 'px' + font;
    ctx. textAlign = 'center';
    ctx. textBaseline = "middle";
    ctx. clearRect(0, 0, size, size);
    let xy = size / 2;
    ctx. fillText(str, xy, xy);
    // 图片缩放至同一大小
    let cs_zoom = document. createElement('canvas');
    cs_zoom. width = size_old;
```

```
cs_zoom. height = size_old;
imgs. appendChild( cs_zoom) ;
let ctx_zoom = cs_zoom. getContext("2d") ;
// 将放大后的图片缩放到新图中
ctx_zoom. drawImage( cs,0,0,size_old,size_old) ;
// 获得缩放后文字的特征集合
let data = ctx_zoom. getImageData( 0, 0, size_old, size_old). data;
let len = 4 * size_old;
let point = {};
for ( let i = 0; i < data. length; i += 4) {
  let rows = Math. floor( i / len) ;
  let cols = Math. floor( ( i - rows * len) / 4) ;
  let yx_name = rows + '_' + cols;
  if ( data[ i + 3] > 0) {
    point[ yx_name] = 1;
  } else {
    point[ yx_name] = 0;
  }
}
// 显示缩放后的文字特征集合
console. log( str, point) ;
// 开始图片特征对比
let word = ";
let max = 0;
// 此处可以直接得出集合总数,由于所有图片都是统一大小,因此像素点总数是一致的
let sum = size_old * size_old;
let rect = 3;// 矩形图片边长
// 所有汉字特征库的特征
let mode_3 = mode_rect( mode,rect) ;
console. log( mode_3) ;
// 当前汉字特征库的特征
let str_mode = {};
str_mode[ str] = point;
let point_3 = mode_rect( str_mode,rect) ;
console. log( point_3) ;
// 由于新的图片特征集包含了每一个像素的图片,再加上图片缩放后有一定比例的失
真,因此需要统计命中率
for ( key in mode_3) {
  let ps = mode_3[ key] ;
```

```
        let num = 0;//所有图片命中率总数
        for (j in ps) {
            // 当前图片
            let rect_yx = ps[j];
            let rect_w = 0;// 当前图片命中率
            let rect_n = 0;// 当前图片命中数
            for(let yx in rect_yx){
                // 命中
                if(rect_yx[yx] == point_3[str][j][yx]){
                    rect_n ++ ;// 累计命中数
                }
            }
            // 当前图片命中率 = 当然图片命中数/(图片边长×边长)
            rect_w = rect_n/(rect * rect);
            num += rect_w;//累计命中率总数
        }
        // 命中率＝所有图片命中率总数÷图片数量
        let ps_i = num/sum;
        console. log(key,ps_i);
        // 返回最大命中率和它对应的汉字
        if(ps_i > max){
            max = ps_i;
            word = key;
        }
    }
    alert('你输入的这个字很可能是:' + word);
}


// 图片特征库,图片大小;默认边长为3的正方形
function mode_rect(mode,rect = 3) {
    let new_mode = {};
    for (key in mode) {
        new_mode[key] = {};
        let ps = mode[key];
        for (j in ps) {
            // 由于计算机自带的缩放技术并不能100%地缩放成相同的图片,因此无论有值无
值均要统计
            if (ps[j] == 1 || ps[j] ==0) {
```

```
            new_mode[key][j] = {};
            let yx = j. split('_');
            let yx_y = parseInt(yx[0]);
            let yx_x = parseInt(yx[1]);
            let y_start = yx_y - Math. floor((rect - 1) / 2);
            let y_end = y_start + rect;
            let x_start = yx_x - Math. floor((rect - 1) / 2);
            let x_end = x_start + rect;
            let rect_arr = {};
            for (let y_i = y_start; y_i < y_end; y_i ++) {
              for (let x_i = x_start; x_i < x_end; x_i ++) {
                let rect_yx = y_i + '_' + x_i;
                if (ps[rect_yx] == 1) {
                  new_mode[key][j][rect_yx] = 1;
                } else {
                  new_mode[key][j][rect_yx] = 0;
                }
              }
            }
          }
        }
      }
    return new_mode;
  }
</script>
......
```

3.1.5 多层缩放

上面的小程序只能识别一种字体的文字，如果字体有很多种，那么人们是怎么识别的呢？其实解决这个问题也不难，那就是求同存异。毕竟每个汉字虽然会因为字体的原因而发生形变，但是万变不离其宗，它的主要特征位置还是没有变化的。

这就像一棵大树，无论它的枝叶部分如何随风摇摆，其主干部分都很少变化，那么是不是说我们只看主干部分就行了？如果真这样做了，我们就无法区分这棵树是不是枯木或其他建筑了。最好的办法是，我们也把枝叶部分的信息统计进去。枝叶的位置不固定也没有关系，其大概率还是会出现在某个位置的。随着我们统计的样本数量足够多，这个概率值也会越来越稳定。这样经过一番求同存异的计算之后，我们就可以大概判断它究竟是不是一棵大树了。

　　说到万变不离其宗，我们还要考虑一件事情，那就是有些字体更纤细一些，而有些字体则更厚重一些，比如楷体、**隶书**、**华文琥珀**和幼圆就是四种风格截然不同的字体，哪怕都是五号字也有明显的大小之分。虽然这些字体外形特征变化很大，但是它们的线条纹路却没有多大变化，如何找到这个纹路就成了关键。在寻找纹路的时候，我们可以结合图案特征和等比缩放的思路，比如我们把一张图片分别缩放成 1×1、2×2、3×3、4×4、5×5……，然后依次对比这些缩放后的图案特征，注意是依次哦。顺着这个思路，我们继续开发一个多种字体文字识别的小程序。首先是缩放，然后是图案特征提取，最后是统计概率。下面我们就试着用自己写的缩放函数将图片文字层层缩小，并以此来达到识别文字的目的。由于这次的代码量比较大，因此只节选核心代码部分，如下所示：

```
font_4. html
< body style = " text-align:center;">
  <h2>多字体汉字识别</h2>
  < div >
    < textarea id =" cn ">人口手金木水火土阴阳</textarea>
  </div>
  <!--菜单-->
  < div id =" fonts ">
    <!--字体区-->
    < label > < input type =" checkbox " value ="宋体" checked >宋体</label>
    < label > < input type =" checkbox " value ="黑体" checked >黑体</label>
    < label > < input type =" checkbox " value ="隶书" checked >隶书</label>
    < label > < input type =" checkbox " value ="幼圆" checked >幼圆</label>
    < label > < input type =" checkbox " value ="楷体" checked >楷体</label>
    < label > < input type =" checkbox " value ="微软雅黑" checked >微软雅黑</label>
    < label > < input type =" checkbox " value ="华文琥珀" checked >华文琥珀</label>
  </div>
  < div >
    < input type =" button " value ="训练" onclick =" ml()">
    < input type =" button " value ="测试" onclick =" test()">
    < input type =" text " id =" size " size =" 2 " value =" 16 ">像素
    < input type =" button " value ="开始" onclick =" img()">
  </div>
  < p id =" show "> </p>
  <!--图片生成区-->
```

```
< div id = " imgs " >
    < h3 >图片生成有点慢请耐心等待! </h3 >
  </div >
< script >
  var imgs = document. getElementById(' imgs ');
  // 汉字特征库
  var mode = {};
  var fonts = [];//样本数,字体类型数组
  // 开始生成图片
  function img( ) {
    imgs. innerHTML = ";
    // 批量生成图片
    let cn = document. getElementById(' cn'). value. split(");
    let inputs = document. getElementById(' fonts'). querySelectorAll(' input ');
    fonts = [];
    for (i = 0; i < inputs. length; i ++ ) {
      let input = inputs[ i ];
      if (input. checked) {
        fonts. push( input. value) ;
      }
    }
    let img_mode = str_font_size( cn,fonts) ;
    //console. log( img_mode) ;
    // 图案累计出现的次数
    mode = ml( img_mode) ;
    console. log( mode) ;
    //test( ) ;
  }
  // 计算概率
  function ml( mode) {
    let new_mode = {};
    for ( str in mode) {
      // 遍历相同字号的不同字体
      let size_arr = [];
      // 遍历字体
      for ( font in mode[ str]) {
        let i = 0;
        // 遍历字号
        for ( let size in mode[ str][ font]) {
```

```
        // 坐标
        let ps = mode[str][font][size];
        // 返回当前图片的图案特征(3×3卷积核)
        let rect_ps = mode_rect({'data': ps}, 3);
        // 追加到数组中
        if (Array.isArray(size_arr[i])) {
            size_arr[i].push(rect_ps['data']);
        } else {
            size_arr[i] = [rect_ps['data']];
        }
        i++;
    }
}
// 从小到大进行统计
let size_mode = {};
for (let size in size_arr) {
    let yx_mode = {};//图案特征
    // 返回第一个数组的坐标
    let yx_keys = Object.keys(size_arr[size][0]);
    // 初始化
    for (let k in yx_keys) {
        yx_mode[yx_keys[k]] = {};
    }
    for (let ii in size_arr[size]) {
        for (let yx_name in size_arr[size][ii]) {
            // 这里只简单统计每种图案出现的次数即可
            let rect_str = Object.values(size_arr[size][ii][yx_name]).join("");
            if (yx_mode[yx_name][rect_str]) {
                yx_mode[yx_name][rect_str] += 1;
            } else {
                yx_mode[yx_name][rect_str] = 1;
            }
        }
    }
    size_mode[size] = yx_mode;
}
new_mode[str] = size_mode;
//console.log(new_mode);
}
```

```
    return new_mode;
}


// 模型验证
function test() {
  //重复训练的过程
  let str = window. prompt('请输入一个汉字!', '人'). substr(0, 1);
  // 随机选一种字体
  let font_name = fonts[Math. floor(Math. random() * fonts. length)];

  let font_len = fonts. length;

  let str_mode = str_font_size([str],font_name);

  let html = '';

  let str_ml = ml(str_mode);

  let is_mode = str_ml[str];

  console. log(str_ml);

  let max = 0;

  let word = '';
  // 与模型中的特征进行匹配
  for (let key in mode) {

    let str_len = 0;
    // 初始权重为0
    let str_weight = 0;

    for (let size in mode[key]) {

      str_len ++;
      // 字号
      let size_len = 0;//不同大小图片的总数

      let size_weight = 0;

      for (let yx in mode[key][size]) {

        size_len ++;
        // 返回第一个 key
        let rect_str = Object. keys(str_ml[str][size][yx])[0];
        // 开始对比图案是否出现
        let yx_len = 0;//图片的像素总数

        let yx_weight = 0;

        for (let rect_key in mode[key][size][yx]) {

          yx_len ++;

          if (rect_key == rect_str) {
            // 如果命中就累积权重,字号越大权重越高,这点很重要
```

```
                yx_weight += str_len * mode[key][size][yx][rect_key] / font_len;
            }
        }
        // 累加命中率
        size_weight += yx_weight/yx_len;
    }
    str_weight += size_weight/size_len
}
// 计算总的命中率
let ps_i = str_weight/;
console.log(key, ps_i);
// 命中率 = 命中数总权重 ÷ 特征位总权重
// 返回最大值和对应的汉字
if (ps_i > max) {
    max = ps_i;
    word = key;
}
}

// 为了方便对比,以 html 方式展示效果最佳
html += font_name + '的 <span style = "font - family:' + font_name + ';">' + str +
'</span>字应该是' + word + '<br>';
document.getElementById('show').innerHTML = html;
}


// 生成不同字体不同大小的图片,并返回各个像素点的坐标值
function str_font_size(cn,fonts) {
    // 略
}


// 图案特征库,图案大小:默认边长为 3 的正方形
function mode_rect(mode, rect = 3) {
    // 略
}
</script>
</body>
```

3.2 监 督 学 习

3.2.1 图片标注

在上面的小程序中，我们都是通过先文生图，再做图像识别的办法来识别汉字的。这个过程很像我们在上幼儿园时，老师在黑板上一个字一个字教我们的过程。但是到了小学后，老师就可以一次写上很多字，通过教鞭或者粉笔画圈让我们认识新字了。其实不论是画圈或者教鞭指示，本质上还是让我们一个字一个字地学习。只不过这种办法学习成本更低而已。在实际工业生产中，就是通过这种方法让计算机通过图片来学习认字的。当然，我们这里一般不是画圈而是画框，因为在计算机眼中图片都是矩形的，即便是画了圆圈它也会将圆圈切成矩形图片。这个切过的图片就是我们所要的单个汉字图片。

如果一张图片上有多个画框，还需要注明每个画框所代表的汉字，否则计算机将无法完成分别统计的任务。有人说，画框怪麻烦的，我可不可以不画框，直接告诉计算机一种切分图片方法？可以是可以，但是效果则因图而异。比如你可以告诉计算机在一篇文章（图片）上，沿着空白区逐行、逐列寻找像素点，找到像素点之后就开始切图，一直切到下一行与列（也可设置一个最小宽度和高度）皆为空白像素为止。总之，不论你采用何种图片生成技术，唯一需要记住的就是统计和测试时采用的方法都必须保持一致，否则没有可比性。

下面我们通过一个识别手写体字的小程序来体验一下数据标注在文字识别过程中所起到的作用，核心代码如下：

```
font_img. html
 < body style = " text-align:center;" >
    <h2 >手写体识别 </h2>
    <!--手写区-->
    < div >
       < canvas id = " img " width = " 200 " height = " 200 " onmousedown = " line_start ( event ) "
onmousemove = " line_move ( event )"
       onmouseup = " line_end ( ) " > </canvas >
    </div >
    <!--菜单区-->
    < div >
       < input type = " button " value = "清空" onclick = " clear_img ( ) " >
       标注: < input id = " font " type = " text " size = " 1 " value = "人" >
       < input type = " button " value = "保存" onclick = " add_imgs ( ) " >
```

```
    </div>
    <div>
      <input type="button" value="全部缩放至统一大小" onclick="img()">
    </div>
    <!--图片生成区-->
    <div id="imgs"></div>
<script>
  var size = 16;//缩放后的文字大小
  var pngs = {};//图片集合
  var imgs = document.getElementById('imgs');
  var cs = document.getElementById('img');
  var ctx = cs.getContext('2d');
  var ready = false;
  var timer = 0;
  //白色画布
  ctx.fillStyle = "#FFF";
  clear_img();
  //黑色文字
  ctx.strokeStyle = "#000";
  //线条粗细
  ctx.lineWidth = 5;
  //准备绘制,设置起始点
  function line_start(event) {
      //略
  }
  //绘制到新点
  function line_move(event) {
      //略
  }
  //结束线条绘制
  function line_end() {
      //略
  }
  //清空画布
  function clear_img() {
    ctx.fillRect(0, 0, cs.width, cs.height);
  }
  //保存图片数据为 base64 字符串
  function add_imgs() {
```

```
    // 略
}
// 开始切图
function img( ) {
    imgs. innerHTML = '';
    for ( str in pngs) {
        for ( i in pngs[ str]) {
            let base64 = pngs[ str][ i];
            let png = new Image( );
            png. src = base64;
            // 载入成功
            png. onload = function ( ) {
                let w = png. width;
                let h = png. height;
                // 重新绘制图片
                let cs_zoom = document. createElement(' canvas ');
                cs_zoom. width = w;
                cs_zoom. height = h;
                imgs. appendChild( cs_zoom);
                // 节省内存
                let ctx_zoom = cs_zoom. getContext("2d ",{ willReadFrequently: true});
                ctx_zoom. drawImage( png, 0, 0);
                // 开始切图,一共有两种方法:
                // 方法 1 是将白色透明化
                // 方法 2 是以黑色线条为主,这里采用方法 2
                let point = new Array( h);
                for ( i = 0; i < w; i ++) {
                    point[ i] = new Array( w);
                }
                let y_top = -1;//Y 轴切割点
                let x_left = -1;//X 轴切割点
                let data = ctx_zoom. getImageData( 0, 0, w, h). data;
                let len = 4 * w;
                // 变成二维数组
                for ( let i = 0; i < data. length; i += 4) {
                    let rows = Math. floor( i / len);
                    let cols = Math. floor(( i - rows * len) / 4);
                    // 是否有黑色像素点
                    if ( data[ i] == 0 && data[ i + 1] == 0 && data[ i + 2] == 0) {
```

```
        point[rows][cols] = 1;
      } else {
        point[rows][cols] = 0;
      }
  }
  console.log(point);
  let is_top = -1;
  let is_down = -1;
  let is_left = -1;
  let is_right = -1;
  // 逐行、逐列寻找起始点
  for (let h_i = 0; h_i < h; h_i++) {
    for (let w_i = 0; w_i < w; w_i++) {
      if (point[h_i][w_i] == 1) {
        // 如果有值就返回
        if (is_top == -1) {
          is_top = h_i;
        }
        // 列的确定
        if (is_left == -1) {
          is_left = w_i;
        } else if (is_left > -1 && w_i < is_left) {
          is_left = w_i;
        }
        // 如果起始位置都找到就跳出循环
        if (is_top > -1 && is_left > -1) {
          break;
        }
      }
    }
  }
  // 逐行、逐列寻找结束点
  for (let h_i = h - 1; h_i > 0; h_i--) {
    for (let w_i = w - 1; w_i > 0; w_i--) {
      if (point[h_i][w_i] == 1) {
        // 如果有值就返回
        if (is_down == -1) {
          is_down = h_i;
        }
```

```
            // 列的确定
            if ( is_right == -1) {
                is_right = w_i;
            } else if ( is_right > -1 && w_i > is_right) {
                is_right = w_i;
            }
            // 如果结束位置都找到就跳出循环
            if ( is_down > -1 && is_right > -1) {
                break;
            }
        }
    }
}
let new_w = is_right - is_left;
let new_h = is_down - is_top;
let cs_new = document. createElement(' canvas ');
// 设置宽度
cs_new. width = size;
cs_new. height = size;
imgs. appendChild( cs_new);
let ctx_new = cs_new. getContext("2d");
// 水平、垂直居中,方便对比
if ( new_w > new_h) {
    // 如果宽大于高
    let t_grp = ( new_w - new_h) * 0.5 * ( size / new_w);
    ctx_new. drawImage( cs_zoom, is_left, is_top, new_w, new_w, 0, t_grp, size,
size);
} else {
    let l_grp = ( new_h - new_w) * 0.5 * ( size / new_h);
    ctx_new. drawImage( cs_zoom, is_left, is_top, new_h, new_h, l_grp, 0, size,
size);
    }
    }
    }
    }
}
</script>
</body>
```

3.2.2　神经元

在文字识别的小程序中，我们从像素点出发，一点一点地统计每个像素点及其周边图案出现的概率来识别文字。比如在多字体识别汇总"人"字就有四个像素点的权重值很高，如图 3.4 所示。

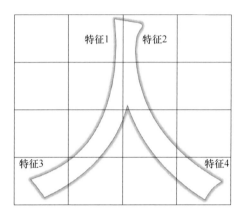

图 3.4　"人"字特征点位图

利用概率来代替权重值的算法的一个特点就是每个像素点所代表的权重值都是一样的。比如有 100 张图片，像素点 A 一共出现了 80 次，那么它的权重值就是 80% =0.8，如果出现 20 次那就是 20% =0.2。

下面我们试着将文字图片换成小动物的图片，比如一只猫。道理也是一样的，因为人们在识别动物图片的时候也会重点关注眼睛、嘴巴和鼻子等五官特征，至于四肢和毛发则关注较少，因此这就让五官位置的像素点的权重值变得很高，如图 3.5 所示，只对比五官就知道它们是同一只猫了。

图 3.5　猫图

所谓的"关注较少"并不是不观察，而是指观察对结果的影响很小。因此，理论上我们只要知道所有像素点的权重值之和就能知道（联想）到它是不是猫了，或者想知道它是不是猫，只要把这些像素点的权重值加起来就可以了。

那么，关于这些像素点的权重值在我们的大脑中是如何存储的呢？经过研究发现，这些像素点的权重值和大脑枕叶（位于后脑勺区域）一个名为视觉神经中枢的区域有关。具体存储过程大概是这样：我们的视觉细胞会把感受器获得的图像信号通过一条很长的传入神经传送给专门负责图像处理的视觉神经中枢。视觉神经中枢就像一个专门处理图像的大型工厂，里面住满了各种各样负责图像处理的神经细胞。这里不仅有刚刚报告消息的视觉细胞，还有负责各种联系的中间细胞，以及等待命令的运动细胞。

人脑中类似的神经中枢还有很多，比如呼吸中枢、睡眠中枢、眼球运动中枢、平衡觉中枢、内脏活动中枢、面部运动中枢、躯体感觉中枢、躯体运动中枢、听觉中枢、语言中枢、嗅觉中枢、味觉中枢等。这些中枢分布在大脑的不同区域，有的在大脑皮层、有的在脑干、还有的在脊髓中。通常进化得越早的神经中枢越靠近大脑中央区域，进化得越晚的神经中枢越靠近大脑皮层。大家熟悉的视觉和听觉等神经中枢就属于进化得较晚的神经中枢，而呼吸中枢和躯体运动中枢则属于进化得较早的神经中枢。

一般我们会把神经中枢中负责感觉的神经细胞称为感觉神经元，每一个感觉神经元都有一个感受器。负责运动的神经细胞称为运动神经元，每一个运动神经元都有一个效应器。而介于两者之间的神经元则称为中间神经元，中间神经元虽然既没有感受器也没有效应器，却能起到连接其他神经元的纽带作用，我们先前所说的权重与记忆就是靠这些神经元实现的。

下面，我们以一个"吃苹果"的小故事来说明三种神经元之间的关系。

有一天，居住在眼睛里的视觉神经细胞"小红"和"小绿"，分别看见了红色和绿色。然后，它们把消息通过自己的通道发送给了一个名为"枕叶"的视觉神经中枢。"枕叶"中有一个叫作"阿中"的中间神经细胞立刻认出了这是一个苹果，因为这和它上次看到的苹果信息简直一模一样。于是它便把自己的分析告诉给了朋友们。

"胃先生"听到了"阿中"的分析后非常高兴，因为它上次吃过一次名叫苹果的东西，很好吃，还想再吃一次，于是它就发布了一个采摘苹果赏金任务。名为"大手"和"大脚"运动神经细胞接到任务后，立刻联系它们的好兄弟们跑去摘苹果了。

大家经过一番配合后，终于让"胃先生"吃到了美味的苹果。"胃先生"很高兴，便分别给了"大手""大脚"和"阿中"一笔不少的赏金。"阿中"得到赏金后也很高兴，也给了"小红"和"小绿"一些赏金，并表示以后有了类似的消息,第一时间通知它。"小红"和"小绿"拿到"阿中"的赏金后,日子也一天天好起来,不仅如此,它们还特意修建了专属情报通道,如图 3.6 所示。

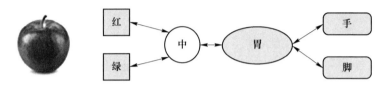

图 3.6 吃苹果的流程图

其实,像故事中的"小红"或者"小绿"这样的感觉神经元在神经中枢中是可以和任何中间神经元相连的,而且中间神经元之间也可能进行多次连接,直至与某个运动神经元连接为止。因此,总的来说,大脑中的神经元之间是一种相互依存的关系。一个完整神经环路应该是从感受器开始途经神经中枢到效应器结束的关联过程。如果某个神经元被另一个神经元证明有用,那么它们之间的关系就会更加紧密。

由于这种关系非常像一张纵横交错的网,因此人们形象地称呼它为神经网络。它们之间的关系大概如图 3.7 所示。

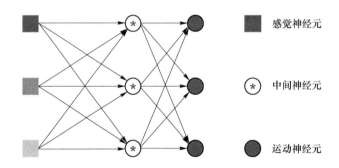

感觉神经元

中间神经元

运动神经元

图 3.7 三种神经元的关系图

通过上图我们知道,感觉神经元是信息的输入端,决定了人类了解环境的程度,一般输入端种类越多,了解环境的能力就越强。中间神经元是信息的处理端,决定了人类处理信息的能力,一般处理端种类越多,处理信息的能力就越强。运动神经元是命令输出端,决定了人类改造环境的能力,一般输出端的种类越多,改造环境的能力也就越强。不过目前来看,运动神经元的功能似乎比较单一,因为运动神经元的效应器似乎就只有肌肉这一种,顶多再加上一些可以控制内分泌激素的效应器,再无其他。

当我们讲述神经系统的时候,经常使用神经元来称呼神经细胞。之所以把神经细胞称为神经元，是因为神经细胞是神经系统的最基本单位。不过，我们还是习惯上称它神经细胞，因为我们并不确定神经细胞就是神经系统的基本单位。

回顾过去，人类对大脑的研究其实也走过不少弯路。从前，人们一直认为心脏才是人类生命的基础，失去心跳就失去生命，我们的灵魂就寄居在心脏深处。但是慢慢地有人发现失去脑袋之后人类也会死亡，一开始大家都不理解为什么会这样。直到有人用金属小刀碰到了青蛙腿部的神经并发出了电火花，人们才知道肌肉的运动受到电信号的控制。顺藤摸瓜，科学家又发现这些电信号原来都来自大脑。那么电信号又是怎么产生的呢？为了方便观察人脑的结构，人们开始使用不同的化学溶液对其进行染色，脑细胞在染色之后果然出现了比较清晰的结构，神经网络就是这样被发现的。

目前，已经有科学家将神经细胞研究到了电子级别。他们发现，神经细胞的结构就像一个有着闸门的电子蓄水池。电子像水流一样从电压高的上游流向电压低的下游。当水越积越多，触发到警戒线时就开始开闸放水俗称"泄洪"，于是整个蓄水池又开始空了起来。这个思想也称为泄洪原理，整个泄洪过程如图3.8所示。

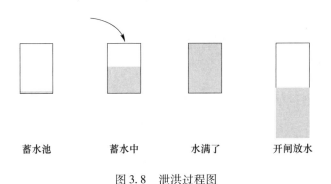

蓄水池　　　　蓄水中　　　　水满了　　　　开闸放水

图 3.8　泄洪过程图

说到这里，也许有人会问：泄洪出来的电子去哪了？一般来说，这种电子通常会有三种不同的结局：第一种是不停地流浪；第二种是找到新家园；当然最多的还是第三种，即跟着前辈找到新家园。这里的新家园就是下一个神经细胞，至此，我们的神经细胞便完成了一次电子信号的传递。大脑中的神经细胞之间就是通过这种所谓的"泄洪"方式来一次次传递信息的。

由于电子需要在不同的蓄水池（神经细胞）之间走走停停，因此即便电流的速度达到30万公里/秒，神经信号之间的传递速度也不过100米/秒，其原因是，电子大部分时间都停留在某个神经细胞里，只有"泄洪"的时候才能进入下一个神经细胞中。

神经细胞之间传递的信号不仅仅有电子，还有其他化学物质，俗称神经递质。由于神经递质是一种质量更大的化学物质，因此它的运行速度通常会很慢。这种物质我们可以把它们看作河流中的泥沙，它不仅可以传递化学信息还会起到巩固新河道的作用。除了把神经细胞比作河流之外，还有人喜欢把它比作一棵正在吸收水分的大树。输入端就是树根，每根突出的根须称为树突；输出端就是枝叶，每棵分出的枝叶称为突触。其实无论是河流还是树木，两者之间都有着高度的相似性，如图3.9所示。

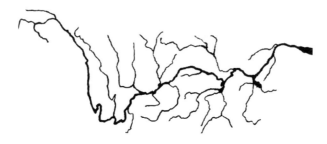

图3.9 河流树形结构图

感兴趣的读者还可以继续研究在神经细胞中电子运行的其他规律，这将有助于我们更好地研究人工智能，尤其是智能机器的实现。这里还可以给大家一个小小的提示：一个神经细胞是否放电取决于细胞膜内外的压力（电势差），当压力达到一定阈值后，神经细胞便开始放电。神经细胞放电之后开始恢复常态，然后继续吸收新电子。至于电子是哪来的，那当然是来自我们的食物啦，比如盐（氯化钠）。

说了半天，我们的神经细胞其实主要做两件事：第一件事就是根据传入电子的数量决定否放电，只要达到阈值就放电；第二件事就是建立和加强与其他神经细胞的连接，只要有一个电子找到了新家（神经细胞），它身边的电子就会跟着进入新家。当两个神经细胞之间经常放电与吸收时，它们之间的联系就变得更加紧密。神经细胞的外形如图3.10所示。我们的大脑就是由大约1000亿个这样的神经细胞组成的。

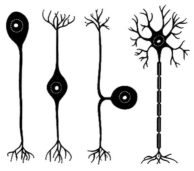

图3.10 神经细胞

3.2.3 感知机

既然我们的大脑由神经细胞构成，那么是不是说，只要我们能够用计算机模拟出这么多的神经细胞（尤其是对中间神经元的模拟）就能做出像人一样的通用人工智能呢？

说到就去做，第一个简单的人工神经细胞——"感知机"就是这样诞生的。感知机的原理非常简单，就是已知图片上所有像素点的权重值，通过加权求和的办法计算出该图片的加权和，最后将这个加权值和与我们事先设定好的阈值进行对比，如果大于这个阈值就输出是，否则就输出否。整个感知机的运算过程如图3.11所示。

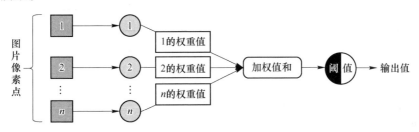

图 3.11　感知机的运算过程

比如，在猫图识别程序中，假设猫耳朵像素点的权重值是0.5、眼睛像素点的权重值是0.8、嘴巴像素点的权重值是0.6、鼻子像素点的权重值是0.9，但是由于这次图片中耳朵像素点的值为0（也就是图片中未出现猫耳朵），所以整个图片的加权值和便是：$0 + 0.8 + 0.6 + 0.9 = 2.3$。

如果我们的期望阈值是2，那么由于2.3大于2，因此我们判断这是一张猫图。

而如果是鼻子像素点的值为0（未发现鼻子），那么整个图片的加权值和便是：$0.5 + 0.8 + 0.6 + 0 = 1.9$。

由于1.9小于2，因此我们判断这不是一张猫图。

感知机的这种判断方法在日常决策中非常有用。比如在朋友邀请你踢足球时，你的大脑会进行计算，如表3.2所示。

表 3.2　任务与权重表 1

项目	输入值	权重值
健身	1	+0.5
乐趣	1	+0.8
朋友	1	+0.3
看书	1	−0.5

0.5 + 0.8 + 0.3 − 0.5 = 1.1（加权值和），假设你的阈值是 1，由于 1.1 大于 1，因此你决定去。

踢了一会儿足球后，你的疲劳值增加，此时你的大脑又会进行一次计算，如表 3.3 所示。

表 3.3　任务与权重表 2

项目	输入值	权重值
健身	1	+0.5
乐趣	1	+0.8
朋友	1	+0.3
看书	1	−0.5
疲劳	1	−0.6

0.5 + 0.8 + 0.3 − 0.5 − 0.6 = 0.5（加权值和），由于 0.5 小于 1，因此你决定休息。

一个考虑是否踢足球的小程序核心代码如下所示：

```
nn. html
< body >
  < h3 >考虑是否踢足球 </h3 >
  < div >
    健身 < input type = " text " value = "0. 5 " > < br >
    乐趣 < input type = " text " value = "0. 8 " > < br >
    朋友 < input type = " text " value = "0. 3 " > < br >
    看书 < input type = " text " value = " - 0. 5 " > < br >
    疲劳 < input type = " text " value = " - 0. 6 " > < br >
  </div >
  < div > < button onclick = "nn( )" >判断 </button > </div >
  < script >
  // 感知机模型
  function nn( ) {
    let objs = document. querySelectorAll(' input ');
    let sum = 0;
    for (i = 0; i < objs. length; i ++ ) {
      // 转成浮点数
      let num = parseFloat( objs[ i ]. value);
      sum += num;
    }
    console. log( sum );
```

```
    // 阈值为1
    if ( sum > = 1 ) {
      alert('去踢足球');
    } else {
      alert('不去踢足球');
    }
  }
  </script>
</body>
```

3.2.4　线性函数

感知机不仅用来决策，也可以用来分组，比如在二分排序算法中，我们就把大于或等于阈值的数据分做一组，把小于阈值的数据分做一组。这个阈值不仅可以是一个固定的数值，也可以是一个函数值。比如在一张满是小点的坐标图中，我们就可以将直线下面的点显示成实心矩形，直线上面的点显示成空心圆圈，其效果如图3.12所示。

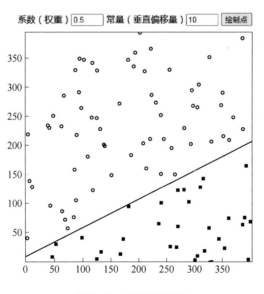

图 3.12　线性函数图

这里的直线就是一个线性函数，比如 $Y = 0.5 \times X + 10$，是我们作判断时用到的函数。这个函数由两个参数组成：第一个参数就是权重参数 0.5，第二个参数就是偏移量 10。权重参数决定了直线的倾斜度，偏移量决定了直线与纵轴相交的距离。由于这个函数起到类似神经细胞决定是否放电（分组）的作用，因此也称为激活函数。下面我们就试着用这个函数给坐标点进行分类：当对应坐标点的 Y 值小于函数值时，绘制黑色矩形否则绘制红色圆圈，核心代码如下所示：

```
nn_line. html
<body>
  <h3>线性函数</h3>
  <div>系数(权重) <input type="text" id="a" size="3" value="0.5">
    常量(垂直偏移量) <input type="text" id="b" size="3" value="10">
    <button onclick="run()">绘制点</button>
  </div>
  <canvas id="img" width="421" height="421"></canvas>
  <script>
    // 绘制点
    var cs = document. getElementById('img');
    var ctx = cs. getContext('2d');
    var w = 400;// 新图宽度
    var h = 400;// 新图高度
    var m = 20;// 边距
    var gap = 50;//间距
    var size = 100;//数量
    var px = 5;//矩形大小
    var xy = [];//坐标数组
    //绘制简单的 X 轴坐标
    for (w_x = m; w_x < w; w_x += gap) {
      ctx. textAlign = "center";
      ctx. fillText(w_x - m, w_x, h + m);
    }

    // 绘制简单的 Y 轴坐标
    for (h_y = h; h_y > 0; h_y -= gap) {
      ctx. textAlign = "right";
      ctx. textBaseline = "middle";
      // 忽略 Y 轴的 0 会好看一些
      if (h - h_y != 0) {
        ctx. fillText(h - h_y, m - 2, h_y);
      }
    }
    // 绘制坐标轴边框
    ctx. rect(m, 1, w, h);
```

```
ctx. stroke();

// 直线函数 x 是变量,a 是系数,b 是常量
function line(x, a, b) {
    return x * a + b;
}
// 绘制线性行数
function run() {
    //必须转成浮点数否则运行错误
    let a = parseFloat(document. getElementById('a'). value);
    let b = parseFloat(document. getElementById('b'). value);
    // 创建新图
    let new_cs = document. createElement('canvas');
    new_cs. width = w;
    new_cs. height = h;
    let new_ctx = new_cs. getContext('2d');
    new_ctx. fillStyle = "#FFF";//白色画布
    new_ctx. fillRect(0, 0, w, h);
    new_ctx. fillStyle = "#00F";//蓝色线条
    // 绘制线性函数
    for (let x = 0; x < w; x ++) {
        let y = line(x, a, b);
        // 翻转 Y 轴坐标,默认 Y 轴底部为 0
        let new_y = h - y;
        // 只显示不超出 Y 轴高度的图像
        if (new_y > 0) {
            new_ctx. fillRect(x, new_y, 1, 1);
        }
    }
    // 生成新的坐标点
    for (let i = 0; i < size; i ++) {
        // 随机坐标点
        let x = Math. random() * w;
        let y = Math. random() * h;
        // 记录
        xy. push([x, y]);
        // 判断颜色,如果小于 Y,红色,否则黑色
        let f_y = line(x, a, b);
```

```
    if (y > f_y) {
        // 红色圆圈
        new_ctx. strokeStyle = "#F00 ";
        // 这里翻转了 Y 轴坐标,模拟 Y 轴
        new_ctx. beginPath();
        new_ctx. arc(x, h − y, px / 2, 0, 2 * Math. PI);
        new_ctx. stroke();
    } else {
        new_ctx. fillStyle = "#000 ";
        // 黑色矩形
        new_ctx. fillRect(x, h − y, px, px);
    }
}

    //渲染到坐标图中
    ctx. drawImage(new_cs, m, 1);
    }
  </script >
</body >
```

在上面的程序中,我们可以把直线当作近年来某个热门专业的录取分数线。虽然随着时间的推移热门专业的录取分数线越来越高,但是总有一部分人能考上也有一部分人考不上。当然我们也可以把直线当作一个人的知识储备量。随着人年龄的增长,知道的知识越来越多,不知道的知识越来越少(在有限的领域内)。

总之,感知机可以很好地反映出一定历史时期任何对立事物之间的分布情况。

3.2.5 线性回归

在上面的程序中,我们使用了 $Y = a \times X + b$ 线性函数。由于函数中的 $a = 0.5$ 和 $b = 10$ 都是我们事先设定好的,因此很好进行分类。现在,假设我们从别人那里拿来一张已经分好类的图片,然而并不知道这张图片的线性函数是多少,那么我们能不能根据这些已经分好类的像素点反向找到这条潜在的直线呢? 也就是说输出值 Y 和输入值 X 都是已知的,只有斜率 a 和截距 b 是未知的。

斜率是指三角形的对边邻边的比值,在坐标中就是两点的纵坐标之差与横坐标之差的比。截距是指直线与纵轴交点的纵坐标,截距是一个固定不变的常数。比如,在图 3.13 中,直线 $Y = 0.5 \times X + 10$ 的截距就是 10,斜率就是 $(110 − 10)/(200 − 0) = 0.5$。

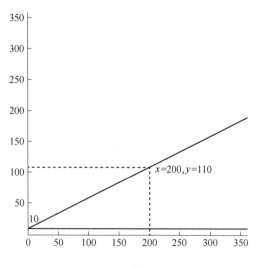

图 3.13 线性回归

由于我们并不知道斜率和截距，因此需要通过有限的数据猜测这个斜率和截距到底是多少。但是，怎么评价我们猜测得对不对呢？最简单的方法就是让每个点都和我们刚刚猜测的线性函数运算一次，如果所有分类都与预期的结果一样，那就说明我们猜对了。由于一次性猜对的概率很低，因此每次猜测的结果都和预期有误差，为了降低这个误差，需要一点点地修正我们的猜测。

3.2.5.1 最小二乘法

因为误差有正有负，所以我们可以使用平方的办法来让它们统一为正数。这样一来，如果我们能够找到一条与这些点之间的误差平方和最小的直线，那么这条直线就可能是我们要找的直线。这种方法就是大名鼎鼎的最小二乘法。最小二乘法的计算过程为：（1）分别计算输入值和输出值的平均数；（2）计算输入值和输出值的均差积之和；（3）计算输入值的均差平方和；（4）用输入值与输出值的均差积之和除以输入值的均差平方和，来计算斜率；（5）用输出值的平均数减去斜率乘以输入值的平均数。

比如，变量 X 的数组是 ［2、4、6］，变量 Y 的数组是 ［11、12、13］。具体计算过程如下。

首先，计算 X 和 Y 的平均数。即：

$$X \text{ 的平均数} = 4$$
$$Y \text{ 的平均数} = 12$$

其次，计算 X 和 Y 的均差积之和。即：

$$(2-4) \times (11-12) + (4-4) \times (12-12) + (6-4) \times (13-12)$$
$$= -2 \times -1 + 0 \times 0 + 2 \times 1$$

$$= 2 + 0 + 2$$
$$= 4$$

接着，计算 X 的均差平方和，即：

$$(2-4)^2 + (4-4)^2 + (6-4)^2$$
$$= (-2)^2 + 0^2 + 2^2$$
$$= 8$$

然后，计算斜率，即：

$$4 \div 8 = 0.5$$

最后，计算截距，即：

$$12 - 0.5 \times 4$$
$$= 12 - 2$$
$$= 10$$

为了方便观察，我们可以先在 $Y = 0.5 \times X + 10$ 上下随机初始化一些简单的坐标点，然后再编写代码，如图 3.14 所示。

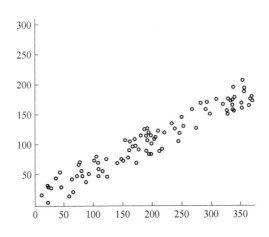

图 3.14 线性分布示意图

最小二乘法拟合直线的核心算法如下所示：

```
nn_linear. html
......
// 数据
var data = [];
var slope = 1;// 斜率
var bias = 0;// 截距
```

```javascript
var size = 100;//样本数量
var max = 1000;// 训练次数
// 线性函数
function line(x) {
    return x * 0.5 + 10;
}
// 生成样本
function set_data() {
    for (let i = 0; i < size; i++) {
        let x = Math.random() * w;
        // 上下随机一下
        let y = line(x) + Math.random() * 50 - 25;
        data.push([x, y]);
    }
}
```

```javascript
// 最小二乘法拟合直线,核心算法1
function sum_zx(arr) {
    // 初始值为0,
    let sum_x = 0;
    let sum_y = 0;
    let sum_xy = 0;
    let sum_xx = 0;
    let count = 0;
    // 计算 X 和 Y 的总数及 X 和 Y 乘积的总数,只有先相乘之后才能相除。
    for (let i = 0; i < arr.length; i++) {
        let x = arr[i][0];
        let y = arr[i][1];
        sum_x += x;//X 的总数
        sum_y += y;//Y 的总数
        sum_xy += x * y;//X 乘以 Y 的总数
        sum_xx += x * x;//X 乘以 X 的总数
        count++;// 样本总数
    }
    // 对边(Y轴距离) = 总数 × X 与 Y 的积 - X 的总数 × Y 的总数
    let dit_y = count * sum_xy - sum_x * sum_y;
    // 邻边(X轴距离) = 总数 × X 与 X 的积 - X 的总数 × X 的总数
```

```
let dit_x = count * sum_xx - sum_x * sum_x;
// 计算斜率 = 对边 ÷ 邻边
slope = dit_y / dit_x;
// Y 轴位置 = Y 的总数 ÷ 总数
let y1 = sum_y / count;
// Y 轴高度 = 斜率 × X 的总数 ÷ 总数
let y0 = (slope * sum_x) / count;
// 计算截距 = 位置 - 高度
console. log( y1,y0);
bias = y1 - y0;
}
......
```

3.2.5.2　梯度下降法

除了最小二乘法外,大家还喜欢用梯度下降法来完成拟合直线的任务。梯度下降法理解起来更加容易,比如你想找到一条可以用最短时间下山的路。这时你就会向四处张望,然后找到一条最陡峭（斜率最大）的路,并且每走一段距离后都会停下来继续寻找下一条最陡峭的路,直至地面不再陡峭（斜率为零）为止。这个陡峭程度实际上就是斜率,当两个点之间的斜率为零的时候就是最低点。梯度下降算法的运算过程为:首先求出上一条直线与当前值的误差;然后利用这个误差分别求出斜率与截距的斜率之和（也称为偏导函数）;最后用上一条直线的斜率减去（本次斜率的平均斜率 × 我们设定好的步长）求出新的斜率,截距也是这样计算的。承接上回核心代码如下所示:

```
nn_linear. html
......
// 梯度下降法拟合直线,核心算法 2
function sum_xj( arr) {
  let len = arr. length;
  let step = 0. 000001;
  for (let j = 0; j < max; j++) {
    let err;
    let w_slope = 0;
    let b_slope = 0;
    for (let i = 0; i < len; i++) {
      let x = arr[ i][ 0];
      let y = arr[ i][ 1];
      // 当前误差 = Y - (斜率 × X + 截距)
      err = y - (slope * x + bias);
```

```
    // 这里求其中一个变量的斜率(偏导数): -2 × 误差 × X, -2 × 误差
    w_slope += -2 * x_w * x;// 斜率的斜率(导数)
    b_slope += -2 * x_w;// 截距的斜率
  }
  // 梯度下降是递减,反之梯度上升就是递加
  slope -= (w_slope / len) * step;
  bias -= (b_slope / len) * step;
}
console.log(slope, bias);// 显示斜率和截距
}
......
```

梯度下降法还有很多变种,比如在下山问题中,虽然大家大多选择最陡峭的道路下山,但是有人喜欢先走到上次见到的山坡之后再停下来看看,所以他和我们走一段距离就停下来不同,他停下来的点是上次能够看到的坡度尽头。一般这个点就是斜率的延长线所能到达的地面。因为牛顿率先使用了这一种梯度下降的方法,所以该方法也称牛顿法,使用牛顿法找极小值还是很快的。

除了牛顿法之外,还有共轭梯度法和随机梯度下降法等算法,共轭梯度法是根据山坡的陡峭来判断下次停留位置的,比如山坡越陡峭步长越长,山坡越平坦步长越短。而随机梯度下降法是利用随机数来判断下次停留位置的,比如心情好步子就大一点,心情不好步子就小一点。

有人说,无论是最小二乘法还是梯度下降法都有误差,甚至会陷入局部最优解。不就是为了求一个最小值吗?我用排序算法难道不是更好吗?这样不仅可以消灭误差还能找到全局最优解。理论上,在一些特殊工作场景这种做法是可行的,比如在些数字化领域中,所有的数字都是 1~256 之间的整数,因此它生成直线的斜率和截距也必定是一个整数。但是我们的生活环境却不是这样的,比如给一个只有一平方米左右的地面进行排序,你怎么确定它是一个有限集合呢?因为地面可以有无数个点,如果将它计算到纳米级别,就可能有上百亿个数值。既然都有误差那还不如用拟合算法更快些。

前文我们通过线性回归找到了一条直线,但是前提是这些点必须在那条虚拟直线的周围,如果是完全随机分布就无法拟合成功,比如下面这些像素点,如图3.15 所示。

请不要忘记,这是两种不同的"小点",一种是圆圈另一种是方块。两者之间就像黄河入海口的海一样泾渭分明。于是有人想,能不能把这些坐标点按照水平方向进行等分,比如每 50 个分为一组,然后选出圆圈中 Y 值最小的几个,以及方块中 Y 值最大的几个。这样是不是就符合我们拟合的要求了,大概如图 3.16 所示。

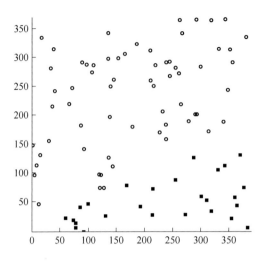

图 3.15　随机分布示意图

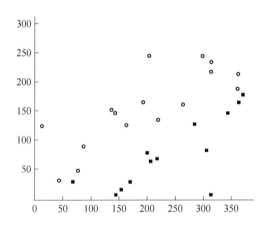

图 3.16　等分截取示意图

针对这种分组的方法我们可以使用桶排序实现。承接上回代码，我们这里只选择符合要求的坐标点，核心代码如下所示：

```
nn_linear. html
……
// 线性分布
function show_line() {
    // 分桶
    let len = w / gap;
    let up = new Array(len);
```

```
let down = new Array(len);
for (let i = 0; i < len; i++) {
  up[i] = [];
  down[i] = [];
}

for (let i = 0; i < data.length; i++) {
  let x = data[i][0];
  let y = data[i][1];
  let c = data[i][2] ? data[i][2] : 0;
  let key = Math.floor(x / gap);
  if (c == 0) {
    up[key].push(data[i]);
  } else {
    down[key].push(data[i]);
  }
}

//截取头部10%或者前几个数组元素
let arr = [];
for (let i = 0; i < len; i++) {
  let up_arr = up[i].sort(function (n1, n2) {
    return n1[1] - n2[1];
  }).slice(0,2);
  let down_arr = down[i].sort(function (n1, n2) {
    return n2[1] - n1[1];
  }).slice(0,2);
  arr = arr.concat(up_arr, down_arr);
}
// 改变了值
data = arr;
show();
}
......
```

局部最优解是指，在下山过程中陷入两座山峰之间而无法走出来的现象。如图 3.17 所示，为了跳出这个局部最优解，我们可以用随机步长代替已知步长的方法。比如在梯度下降的时候，我们默认步长是 1 米，但是当我们心情好的时候，步长却可以随机到 1.5 米，心情不好的时候步长随机到 0.5 米。这种通过概率来确定随机步长的方法称为玻尔兹曼机，它可以在一定概率条件下跳出局部最优解。

　　随机的方法有很多，比如我们可以根据惯性定律来确定随机步长的权重。假设一个篮球和一个石球都从山坡上滚下来，由于石球的质量更大所以惯性就会更大，这样它就很可能跳出局部最优解。当然，我们也可以根据山坡的陡峭程度或者篮球的反弹距离来确定随机步长的大小，即山坡越陡峭随机的步长越大，反之越小。这有点像一个下山的车轮根据惯性、弹性和阻力来突破局部最优解一样。

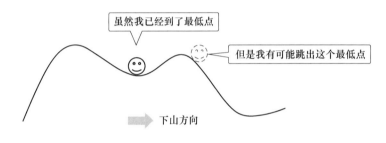

图 3.17　跳出局部最优解

3.2.6　反向传播

　　其实是否拟合出这条直线并不重要，因为神经细胞身体里根本就没有存储这条直线。它有的只是根据阈值判断是否相等。至于神经细胞之间连接的权重则全依赖于结果的反馈，多了就减少、少了就增加，不大不小才刚刚好。

　　回顾一下"小红"和"小绿"获得奖励的过程，我们也可以试着先给出 a 和 b 的大概值，然后根据结果对错来反向修改 a 和 b 的值。如果实际输出值大于期望值就减少一点 a 和 b 的值，反之就增加一点 a 和 b 的值，直至相等为止。

　　在这里，我们把实际输出值与期望值之间的差值称为误差。增加一点或者减少一点我们称为学习步长，这两个公式的计算过程如下：

$$误差 = 期望值 - 实际输出值$$
$$新权重 = 旧权重 + 误差 \times 学习步长$$

　　由于神经细胞的结果只有 0 或者 1，因此为了方便计算，我们先生成一堆 X 值与 Y 值，并且告诉计算机这个 Y 值是在直线的上面还是下面，上面是 0 下面是 1，同时我们要把权重的概率设定在 -1 和 1 之间再进行误差修正，其核心代码如下所示：

nn_bp. html

```html
<h3>反向传播(感知机)</h3>
<div>
    <button onclick="set_data()">样本</button>
    <input type="text" id="size" size="1" value="1000">个
    <button onclick="ml()">开始训练</button>
    其中<input type="text" id="test-size" size="1" value="20">%
    <button onclick="test()">测试</button>
</div>
<canvas id="img" width="421" height="421"></canvas>
<script>
    // 图片设置
    var cs = document.getElementById('img');
    var ctx = cs.getContext('2d');
    var w = 400;// 新图宽度
    var h = 400;// 新图高度
    var m = 20;// 边距
    var gap = 50;//间距
    var px = 5;//矩形大小
    // 训练数据
    var size = 100;//样本数量
    var data = [];//坐标数组
    var xy_w = [];//初始化权重
    var xy_type = [];//期望值
    var bias = 1;//偏差
    var study = 10000;//学习次数
    var step = 0.0001;//学习步长
    //绘制简单的X轴坐标
    window.onload = function () {
        //初始化样本
        set_data();
    }
    // 有待拟合的直线函数
    function line(x) {
        return x * 0.5 + 10;
    }
    // 生成训练样本
    function set_data() {
```

```
// 设置样本数量
size = document. getElementById('size'). value;
for (let i = 0; i < size; i++) {
    // 随机坐标点
    let x = Math. random() * w;
    let y = Math. random() * h;
    data. push([x, y]);
    let f_y = line(x);
    if (y > f_y) {
        // 圆圈类
        xy_type. push(1);
    } else {
        // 方块类
        xy_type. push(0);
    }
}
}

// 机器学习
function ml() {
    // 随机初始化 X、Y、b 等输入值的权重值,该值介于 -1 和 1 之间
    for (let i = 0; i < 3; i++) {
        xy_w[i] = Math. random() * 2 - 1;
    }

    // 开始训练
    // 训练样本的挑选,可以随机抽样、分层抽样或者系统抽样,这里只简单地截取前半
部分
    let test_size = document. getElementById('test - size'). value;
    let len = (100 - parseInt(test_size)) / 100 * xy_type. length;
    for (let i = 0; i <= study; i++) {
        for (let key = 0; key < len; key++) {
            let inputs = [data[key][0], data[key][1]];
            bp(inputs, xy_type[key]);
        }
        break;
    }
    // 三个数的最终权重值
    console. log(xy_w);
}
```

```
// 核心算法:反向传播
function bp(x_i, is) {
    // 在 X 与 Y 之后加入偏差
    x_i.push(1);
    // 运算结果
    let res = activate(x_i);
    // 计算误差 = 预期值 - 当前值
    let err = is - res;
    if (err != 0) {
        for (let ii = 0; ii < x_i.length; ii++) {
            // 一次改进一点权重值累计 X、Y、b = 输入值 × 误差 × 学习步长
            // 如果 err 结果为负数就是减少否则就是增加
            xy_w[ii] += x_i[ii] * err * step;
        }
    }
}

// 激活函数:输入值的加权和是否大于 0,如果大于 0 就输出 1 否则输出 0
function activate(x_n) {
    let sum = 0;
    for (let i = 0; i < x_n.length; i++) {
        // X_i 的权重 + Y_i 权重 + 偏差的权重
        sum += x_n[i] * xy_w[i];
    }
    if (sum > 0) {
        return 1;
    } else {
        return 0;
    }
}

// 测试
function test() {
    if (xy_w.length != 3) {
        alert('请先进行训练!');
        return;
    }
    //截取剩下的样本做测试
    let test_size = document.getElementById('test - size').value;
```

```
let len = (100 - parseInt(test_size)) / 100 * xy_type.length;
let test_arr = data.slice(len);
let new_cs = document.createElement('canvas');
new_cs.width = w;
new_cs.height = h;
let new_ctx = new_cs.getContext('2d');
new_ctx.fillStyle = "#FFF";
new_ctx.fillRect(0, 0, w, h);
// 绘制线性函数
new_ctx.fillStyle = "#00F";
for (let x = 0; x < w; x++) {
  let y = line(x);
  let new_y = h - y;
  if (new_y > 0) {
    new_ctx.fillRect(x, new_y, 1, 1);
  }
}
for (let i = 0; i < test_arr.length; i++) {
  const x = test_arr[i][0];
  const y = test_arr[i][1];
  let res = activate([x, y, bias]);
  new_ctx.fillStyle = "#000";
  if (res != 0) {
    // 圆圈
    new_ctx.strokeStyle = "#F00";
    // 这里翻转了 Y 坐标,模拟 Y 轴
    new_ctx.beginPath();
    new_ctx.arc(x, h - y, px / 2, 0, 2 * Math.PI);
    new_ctx.stroke();
  } else {
    // 方块
    new_ctx.fillRect(x, h - y, px, px);
  }
  // 渲染
}
ctx.drawImage(new_cs, m, 1);
}
</script>
```

3.3　深度学习

3.3.1　卷积神经网络

在监督学习下，输入数据又称为训练数据，每组训练数据有一个明确的标识或结果，如垃圾邮件识别中的"垃圾邮件""非垃圾邮件"，手写数字识别中的"1""2""3""4"等。

在建立预测模型的时候，监督学习建立了一个学习过程。这个过程将预测结果与训练数据的实际结果进行比较，然后不断地调整预测模型中参数的权重，直到模型的预测结果达到我们的要求为止。

在监督学习中有一个非常重要的数据，那就是训练数据。这里的训练数据一般都是由一个较大的数组构成的，这个大数组通常是一个多维数组。比如在图片识别中，像素坐标点的颜色值就是一个二维数组，如表 3.4 所示。

表 3.4　像素坐标点与颜色值

像素坐标点（x_y）	颜色值（黑白颜色）
0_0	白色
0_1	黑色
0_2	白色

[0_0、0]
[0_1、1]
[0_2、0]

再比如在病历表中，病人的属性值就是一个多维数组，如表 3.5 所示。

表 3.5　病历表属性值

姓名	年龄	职业	咳嗽	发烧	头晕
张三	20 岁	学生	是	否	否
李四	18 岁	学生	否	是	否
王五	19 岁	学生	否	否	是

[张三、20、1、1、0、0]
[李四、18、1、0、1、0]
[王五、19、1、0、0、1]

为了让这些输入数据更容易计算，我们经常会将这些数据进行简单的归一化处理。比如先采用平均值的方法将彩色图片处理成黑白图片，再用灰度值除以255 计算出归一化后的值。下面以橘黄色为例：

橘黄色的 RGB 值是（R = 240、G = 120、B = 0）；灰度值是（240 + 120 + 0）/3 = 120；归一化后的值是 120/255 ≈ 0.47。输入数据归一化之后，我们还可以进一步对其进行分组处理。比如我们先将一张大图分成 3 × 3 或者 5 × 5 像素大小的小图，再交给计算机计算每张小图所对应的图案，最后将这些小图案组合成一张完整的大图，从而完成识别过程。这个过程就像黑夜中一束不断移动的探照灯。这种将大图分成小图再计算出对应图案的方法称为卷积神经网络，如图 3.18 所示。

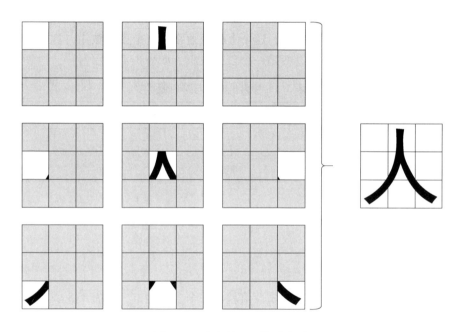

图 3.18　卷积神经网络示意图

卷积神经网络之所以称为卷积的主要原因就是我们将小图（探照灯）上的每个像素点与当前所覆盖的像素点进行相乘，再计算出可能的图案。实际项目中，我们可以有多个探照灯进行并行计算。

由于我们并不知道这个小图的初始值，因此可以先随机生成一些 0 ~ 1 之间的数字作为小图的权重值（斜率）和偏置量（截距）。至于矩阵的计算则非常简单，如图 3.19 所示。

下面我们通过一个简单的图像识别模型小程序来看一下卷积神经网络的计算

1	0.5	0		0.5	0.8	0.4		0.5	0.4	0
0	1	0.5	×	0.1	0.2	0.6	=	0	0.2	0.3
0	0	1		0.9	0.3	0.7		0	0	0.7

输入数据   卷积核   计算结果

图 3.19　矩阵的计算过程

过程，核心代码如下所示：

```
nn_cnn. html
< div > < select onchange =" main( this. value)">
    < option value ="" >请选择你要训练的图片 </option >
        < option value =" img/1. png">蝴蝶 </option >
        < option value =" img/2. png">北极熊 </option >
        < option value =" img/3. png">鲜花 </option >
    </select >
</div >
< canvas id =" png" > </canvas >
< div id =" box">模型为空 </div >
< script >
    // 创建一个卷积神经网络的类
    class CNN {
        // 构造函数(数组大小,卷积核大小,卷积核数量)
        // 通俗理解(原图大小,图大小,探照灯的数量)
        constructor( shape, size, filters) {
            this. shape  = shape;
            this. size  = size;
            this. filters  = filters;
            // 权重量(斜率)
            this. weights  = this. Weights();
            // 偏置量(截距)
            this. biases  = this. Biases();
        }
        // 初始化权重量(斜率)
        Weights() {
            let weights  = [];
            for ( let i = 0; i < this. filters; i ++) {
```

```
// 生成小图片的二维数组
let filter = [ ]
for (let row = 0; row < this. size; row ++ ) {
    filter[ row ] = [ ]
    for (let col = 0; col < this. size; col ++ ) {
        // 随机权重值
        filter[ row ] [ col ] = Math. random( )
    }
}
weights. push( filter ) ;
}
return weights;
}

// 初始化偏置量(截距)
Biases( ) {
    let biases = [ ]
    for (let b = 0; b < this. filters; b ++ ) {
        biases[ b ] = Math. random( )
    }
    return biases;
}

// 前向传播
Forward( input ) {
    // 计算与输出的次数(二维数组)
    let output = new Array( input. length - this. size + 1 );
    for (let i = 0; i < output. length; i ++ ) {
        // 默认值为0
        output[ i ] = new Array( input[ 0 ]. length - this. size + 1 ). fill( 0 )
    }

    // 开始循环计算(在真实项目中可以并行计算)
    for (let i = 0; i < input. length - this. size + 1; i ++ ) {
        for (let j = 0; j < input[ 0 ]. length - this. size + 1; j ++ ) {
            for (let k = 0; k < this. filters; k ++ ) {
                for (let x = 0; x < this. size; x ++ ) {
                    for (let y = 0; y < this. size; y ++ ) {
                        // 矩阵(数组)相乘
                        output[ i ][ j ] += input[ i + x ][ j + y ] * this. weights[ k ][ x ][ y ];
                    }
                }
            }
        }
    }
```

```javascript
            output[i][j] += this.biases[k];
        }
      }
    }
    return output;
  }
}
// 主函数
function main(val) {
  if(val == "") {
    return
  }
  // 图片数据处理
  let img = new Image();
  img.src = val;
  img.onload = function () {
    // 绘制图片
    let cs = document.getElementById("png");
    let w = img.width;
    let h = img.height;
    cs.width = w;
    cs.height = h;
    let ctx = cs.getContext("2d", { willReadFrequently: true });
    ctx.drawImage(img, 0, 0);
    // 获得图片信息
    let inputs = [];
    // 逐行
    for (let row = 0; row < h; row++) {
      inputs[row] = []
      // 逐列
      for (let col = 0; col < h; col++) {
        let datas = ctx.getImageData(row, col, 1, 1).data;
        // 均值
        let clolor = (datas[0] + datas[1] + datas[2]) / 3
        // 归一
        inputs[row][col] = clolor / 255
      }
    }
```

```
    let cnn = new CNN([w, h], 3, 2);
    let my_module = cnn. Forward(inputs);
    // 输出模型
    let obj = document. getElementById("box");
    obj. innerText = JSON. stringify(my_module);
    console. table(inputs, my_module);
  };
}
</script>
```

3.3.2 循环神经网络

与图像识别不同，语言文字的理解通常和上下文有关。比如，我们想要理解下面这个小故事所要表达的感情色彩是高兴还是悲伤，就要在当前文字的基础上把前面的文字也要考虑进来。故事内容如下：

我家有一只小猫，非常活泼可爱，我很喜欢。但是有一天小猫不小心吃了老鼠药，就要死了，看着它难受的样子我非常着急。

这个故事有两个结局，一个是悲剧另一个是喜剧。

悲剧结局：后来我带着小猫去了宠物医院，但是没有抢救过来，我很伤心。

喜剧结局：后来我带着小猫去了宠物医院，小猫终于被救活了，我很高兴。

其实这里有几个关键字，比如高兴代表了喜剧、伤心代表了悲剧，但是我们也不能光看这两个词，我们还要分别看这两个词的上下文。比如高兴前面有一个"不"字，那就是不高兴，高兴后面还有三个字"不起来"那就是高兴不起来。同样的道理，伤心本来是一个悲剧词，但是如果是不伤心或者伤心不起来就是喜剧词。

为了能够让计算机更好地计算每个词上下文之间的关系，我们每次训练时都要把前面的文字考虑进来。这种算法就是循环神经网络（Recurrent Neural Network），又称递归神经网络。循环神经网络不仅可以进行情感分类也可以用于图片识别。它的识别过程就像黑夜中一束不断放大照亮区域的探照灯。循环神经网络的计算过程大概如图 3.20 所示。

因为循环神经网络的代码和卷积神经网络的代码非常像，所以我们可以多借鉴一些卷积神经网络的代码，唯一不同的是参与矩阵乘积的数组会越来越大。一

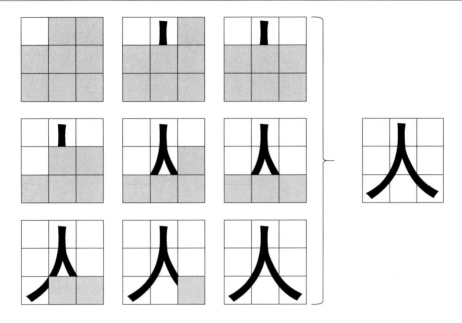

图 3.20 循环神经网络示意图

个简单的循环神经网络的核心代码大概如下所示:

```
nn_rnn. html
< h2 > 循环(递归)神经网络 </h2 >
归一后的输入数据 < input id = "txt" type = "text" value = "0.1,0.5,0.7,0.6,0.3" placeholder
= "请用,分隔" />
< button onclick = "send()" > 识别 </button >
< div id = "box" > 模型为空 </div >
< script >
  // 循环神经网络:输入层大小,隐藏层数量,输出层大小,输入的数据,前置数据
  function rnn(input_size, hidden_size, output_size, input, prev) {
    // 初始化权重
    w_x = array2(hidden_size, input_size);// 输入层
    w_h = array2(hidden_size, hidden_size);// 隐藏层
    w_y = array2(output_size, hidden_size);// 输出层
    // 初始化常量
    b_h = array1(hidden_size);// 隐藏层
    b_y = array1(output_size);// 输出层
    // 返回前向传播后的结果
    return forward(input, prev, input_size, hidden_size, output_size);
  }
```

```javascript
// 生成一维数组
function array1(size, n = '') {
  let arr = [];
  for (s = 0; s < size; s++) {
    let rand = n;
    if (n == '') {
      // rand = Math.random() * 2 - 1);// -1 ~ 1
      rand = Math.random();// 0 ~ 1
    }
    arr[s] = rand;
  }
  return arr;
}
// 生成二维数组
function array2(rows, cols, n = '') {
  let arr = [];
  for (row = 0; row < rows; row++) {
    arr[row] = [];
    for (let col = 0; col < cols; col++) {
      let rand = n;
      if (n != '') {
        // rand = Math.random() * 2 - 1);
        rand = Math.random();
      }
      arr[row][col] = rand;
    }
  }
  return arr;
}
// 激活函数
function sigmoid(x) {
  // 对数
  return 1 / (1 + Math.exp(-x));
}
// 定义前向传播函数:当前输入,上一个输入
function forward(input, prev, input_size, hidden_size, output_size) {
  // 外部隐藏层
  let h = [];
```

```javascript
  for (let i = 0; i < hidden_size; i ++) {
    let sum = 0;
    // 输入层与卷积的乘积之和
    for (let j = 0; j < input_size; j ++) {
      sum += input[j] * w_x[i][j];
    }
    // 隐藏层与上一层的乘积之和
    for (let k = 0; k < hidden_size; k ++) {
      sum += prev[k] * w_h[i][k];
    }
    sum += b_h[i];
    // 将是否激活的状态存于隐藏层
    h[i] = sigmoid(sum);
  }
  // 外部输出层
  let y = [];
  for (let i = 0; i < output_size; i ++) {
    let sum = 0;
    // 隐藏层与输出层的乘积之和
    for (let j = 0; j < hidden_size; j ++) {
      sum += h[j] * w_y[i][j];
    }
    sum += b_y[i];
    // 输出的状态
    y[i] = sigmoid(sum);
  }
  return [h, y];
}


// 开始识别
function send() {
  let str = document.getElementById('txt').value;
  let inputs = str.split(',');
  inputs.forEach(function (val) {
    parseFloat(val);
  });
  let len = inputs.length;// 输入层的大小
  let hidden_size = 5;// 隐藏层的数量
```

```
    let output_size = 2;// 输出层的大小
    let prev = array1(hidden_size, 0);//上一次计算过的数组默认为空
    let arr = rnn(len, hidden_size, output_size, inputs, prev);
    let obj = document.getElementById('box');
    let html = '隐藏值' + arr[0];
    html += '<br>';
    html += '输出值' + arr[1];
    obj.innerHTML = html;
  }
</script>
```

3.3.3 阅读财务报表

循环神经网络虽然可以用于图片识别，但是人们经常把它用在"有前后因果"相关的数据分析上，比如文章理解、企业发展、股票预测等。就以文章理解为例，当我们想通过一篇企业的财务报表来判断公司的未来发展时，我们就可以收集许多的企业财报，然后将其与企业的成长挂钩。这里我们只简单地将数据标注为成长型和衰退型两种即可。

由于算力有限，加之文字的特性，我们需要对其进行一些改进，比如将原本几万字的报表缩短至不到 10 个字的简报，不够 10 个字的用空格补充。整理好的财务简报核心代码大概如下：

```
data.js
// 公司财务简报
衰退型 = [
  '亏损', '收入低于支出', '财务状况不佳', '负债', '企业需要偿还的债务', '资产减值', '企业
  的资产价值下降', …
];
成长型 = [
  '盈利', '净利润为正', '增长', '营收同比增长', '利润同比增长', '归母公司利润同比增长',
  '毛利率提高', '发展强劲', '增加门店数量', …
];
```

依据财务报表，我们可以通过循环遍历字符串的不同组合来进行权重值的计算，这里因为篇幅有限，我们可以采用简单的词频统计，核心代码如下所示：

```
nn_nlp.html
<h1>阅读财务报表</h1>
<input type="text" id="input" value="利润增长"> <button onclick="send()">开始阅读
</button>
<script src="data.js"></script>
```

```
< script >
    // 这里因为算力的原因最多 10 个字, 实际项目很可能是几万字
    size = 10;
    // 遍历成长型的所有文章
    data = 成长型;
    models = {};//模型
    read = {};// 测试数据
    for (d = 0; d < data. length; d ++) {
        let words = data[d]. split(");
        // 开始统计
        count(str_left(words));
        count(str_right(words));
        count(str_one(words));
        // 其他组合
    }
    console. log(models);
    // 关键词组合方式
    // 从左至右
    function str_left(words) {
        let str = ";
        let strs = [];
        for (i = 0; i < words. length; i ++) {
            str += words[i];
            strs. push(str);
        }
        return strs;
    }
    // 从右至左
    function str_right(words) {
        let str = ";
        let strs = [];
        for (i = words. length - 1; i > = 0; i--) {
            str = words[i] + str;
            strs. push(str);
        }
        return strs;
    }
    // 单个字
    function str_one(words) {
```

```
    let strs = [];
    for (i = 0; i < words. length; i ++) {
        strs. push(words[i]);
    }
    return strs;
}
// 简单统计
function count(data) {
    for (l = 0; l < data. length; l ++) {
        let key = data[l];
        // 字符的长度与权重成正比,默认为 1/k 长度(k 是字符),有条件的可以进行监督
学习
        let keys = key. split("");
        let weight = 0;
        for (k = 1; k < = keys. length; k ++) {
            weight += 1 / k;
        }
        if (models[key]) {
            models[key] += weight;
        } else {
            models[key] = weight;
        }
    }
}
// 需要识别的关键词
function my_keys(data) {
    for (l = 0; l < data. length; l ++) {
        let key = data[l];
        read[key] = 0;
    }
}
// 识别文章
function send() {
    let val = document. getElementById('input'). value;
    if (val != "") {
        let words = val. split("");
        let sum = 0; // 加权和
        my_keys(str_left(words));
```

```
    my_keys(str_right(words));
    my_keys(str_one(words));
    for (key in read) {
      sum += models[key] ? models[key] : 0;
    }
    // 假设阈值为30
    if (sum > 30) {
      alert('成长型');
    }
    // 识别结果
    console.log(read, sum);
    }
  }
</script>
```

在实际项目中，我们可以采用监督学习的方式进行训练，为了获得更好的学习效果，甚至还可以将本次的输出作为下一次监督学习的输入，这样就会形成一个输入层、中间层和输出层的多层神经网络，这也是深度学习的精髓。深度学习的神经网络学习路径如图 3.21 所示。

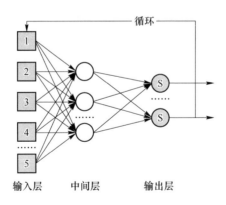

图 3.21　深度学习的神经网络学习路径

通常人们会认为层次越多学习效果越好，尤其是当要识别的图片比较大时，但是实际工作告诉我们，深度学习不是层次越深越好的，有些小的改变甚至会影响学习效果，这时我们发现，所有神经元都参与了计算，它们虽然勤劳但是不管对错。于是，我们就在效果好的时候增加隐藏层的深度；在效果不好的时候增加一些跳点，绕过这些表现不好的隐藏层。这种方法称为残差神经网络。残差神经网络的计算过程为：假设原先的网络输入数据为 x；通过机器学习拟合出一个函

数 $F(x)$；由于我们期望的函数却是 $H(x)$，因此我们就想办法让 $H(x) = F(x) +$ 差值，从而让新拟合的函数 $F(x)$ 更接近我们期望的函数 $H(x)$。

3.3.4　自注意力机制

由于递归神经网络每次计算都要考虑上次计算过的矩阵区域，因此计算量会随着图片的大小而指数级增加，为了解决这个问题，人们参考了大脑记忆的原理，将计算结果与激活函数之间的对比结果作为历史数据保留的依据，即越重要的数据保留的时间越久反之则遗忘。为此，人们设计了一个名为"记忆单元"的特殊构造。记忆单元一共有三个主要组成部分，分别是输入门、遗忘门和输出门。输入门控制着数据的输入，遗忘门控制着数据的遗忘，而输出门控制着数据的输出。

后来人们又进一步研究"记忆单元"发现，记忆时间的长短和人的注意力机制相关。人脑的注意力机制主要分为三类：自注意力机制、通道注意力机制和空间注意力机制。尤其是自注意力机制在自然语言处理中有着举足轻重的地位。它主要计算对话中每个单词对其他单词的影响力权重。这就让我们可以忽略句子中的某些词语，而只考虑关键词之间的影响。比如"多亏了你的帮助我才成功"和"我的成功是因为你的帮助"这两句话说的其实是一个意思。这里你的帮助、我、成功便是三个非常关键的词语。

注意力机制不仅让我们可以忽略不重要的词语，甚至还可以解释人脑记忆错误的情况。而人类的大脑之所以会选择性关注一部分重要信息而忽略另一部分不重要的信息，主要还是因为关键词和语法结构与结果强相关，这种强相关是和我们的经验分不开的。比如在上市公司财报中，我们经常看到信用评级上升、利润率上升，此时我们会联想到股票可能会上涨。反之当我们看到营销费用上升、生产成本上升时我们会联想到股票可能会下跌。同样是"……上升"的语法结构为什么换成不同的关键词结果就大不相同了呢？这是因为关键词的意义不同。因此，我们在理解一篇文章的时候不仅要看语法结构还要看关键词。这里的语法结构可以理解为一个简单的语文填空题或者题型，而关键词就是要填写的答案。

以只有"我、爱、你"这三个字的填空题为例：我__你。我们让机器人进行填空。这里的空应该填写什么字或者词，虽然答案可能有很多种，但是绝大多数人都会选择他熟悉的词库。什么是熟悉？要么是经常见要么是印象深。比如大家常说我爱你，那么机器人的答案就是我爱你，如果大家常说我恨你，那么机器人的答案就是我恨你。如果大家常说我爱你而少说我恨你，那么机器人大概率会说我爱你而少说我恨你。

刚才我们只是讨论了一种填空题，除了我__你之外还有：我爱__、__爱你、我__ __、__爱__、__ __你。这种方法比传统的分词效果更加理想，不过这样一来就比传统的分词多出很多的组合。但是即便将上面的填空题都学会了，我们也只学会了"我、爱、你"这三个字的语法结构。要知道除了"我、爱、你"之外，还有数以千计的汉字组成长达几十万字的文章。如果这些都让计算机来学习的话，那将需要无穷大的算力。

因为每一个位置上都可能有一个汉字，每一个位置上都可能出现空格，哪怕只有三个字的填空题，每个位置上如果都有100个汉字可供选择，那么也有上百万种可能。

为了让这套算法可以轻松运行在智能手机上，我们可以只学习只有几十个句子的小文章或者聊天记录。比如我们这里有一家鞋店的聊天记录，大概内容如下：

```
chat. js
// 鞋店的聊天记录
DATA = [
  ['您准备买什么',
    '皮鞋',
    '是男士的吗',
    '是的',
    '多大码的',
    '42 码',
    '什么价位的',
    '200 元左右的吧'],
    ……
  ['想买双鞋子吗',
    '是的',
    '多大码',
    '42 ']
];
```

在上面的对话中，我们还可以将客户的话当作问题，将销售的话当作答案，这样统计起来更加容易。下面，我们通过简单统计的方法来计算每个关键词可能在语法结构中出现的概率。这里之所以使用简单统计，是因为数据量太小了，如果数据量大还是用监督学习效果更好，核心代码如下所示：

```
nn_chat. html
 <h1 >鞋店通用聊天机器人 </h1 >
 <!--对话框 -->
 <div id = " talk " > </div >
 <button onclick = " good()" >加入购物车 </button >
```

```
< input type = " text " id = " input " value = "皮鞋" >
< button type = " button " onclick = " send( )" > 发送 </button >
< script src = " chat. js " > </script >
< script >
  // 初始化
  box = document. getElementById(' talk ');
  txt = document. getElementById(' input ');
  TALK = [ ];// 当前聊天记录为空,表示新话题(新客户)
  QA = [ ];// 题型数组
  Q = [ ];// 问题数组
  A = [ ];// 答案数组
  // 优先读取本地缓存数据,否则读取默认数据
  if ( localStorage. getItem('鞋店')) {
    DATA = JSON. parse( localStorage. getItem('鞋店'));
  }
  // 转换器模型用于生成题型
  function transformer( data) {
    data. forEach( function ( d) {
      // 组成一个题型,即有序列的语法结构
      let qa = '';// 当前题型(对话过程)
      let q = [ ];// 当前问题(客户)
      let a = [ ];// 当前答案(销售)
      for ( i = 0; i < d. length; i++ ) {
        let key = d[ i];// 关键词
        if ( i % 2 == 0) {
          qa += '_';
          a. push( key);
        } else {
          qa += key;
          q. push( key);
        }
      }
      // 添加到数组中
      QA. push( qa);
      Q. push( q);
      A. push( a);
    });
  }
```

```javascript
// 开始进行转换
transformer(DATA);

// 客户:发送消息
function send() {
    let str = txt.value;
    if (str != "") {
        // 显示并追加聊天记录
        box.innerHTML += '<h4 align="right">' + str + '</h4>';
        TALK.push(str);
        robot();
    }
}

// 机器人:输出权重最高的关键词
function robot() {
    let a_s = count(A);
    // 根据概率选择回答
    let sum = 0;
    let borders = [];
    let robots = [];
    for (a in a_s) {
        sum += a_s[a];
        robots.push(a);
        borders.push(sum);
    }
    let border = Math.random() * sum - 1;
    for (b = 0; b < borders.length; b++) {
        if (border < borders[b]) {
            // 显示并追加聊天记录
            box.innerHTML += '<h3 align="left">' + robots[b] + '</h3>';
            TALK.push(robots[b]);
            break;
        }
    }
}

// 开始新话题
function reset() {
    TALK = [];
```

```
    robot();
  }
  // 客户满意就将本次聊天追加到话术库中
  function good() {
    DATA. push(TALK);
    localStorage. setItem('鞋店', JSON. stringify(DATA));
  }
  /*
  首先,根据聊天记录来判断题型。
  然后,根据题型对应的空格来寻找权重最高的关键词。
  关于题型、问题、答案之间的权重,我们可以通过简单的词频统计进行打分。
  统计时一般都会具体到每一个汉字和位置(其实是一个汉字和位置的二维数组)。
  不过这里为了计算方便只是简单统计了句子而不是字和位置的组合。
  */
  function count(words) {
    let len = TALK. length / 2;// 关键词的坐标位置
    let think = {};
    words. forEach(function (word) {
      let str = word[len] ? word[len] : '好的';
      if (think[str]) {
        think[str]++;
      } else {
        think[str] = 1;
      }
    });
    return think;
  }
  // 先计算两秒再主动询问
  window. setTimeout('robot()', 1000);
</script>
```

　　刚才我们只是做了最简单的统计打分。实际上,如果算力和篇幅允许,我们可以先对每个字符的每个位置都进行编码,再计算题型、问题、答案之间的权重关系。

　　自注意力机制不仅可以用于生成文章和对话,也可以用于生成图片、视频和音乐。只要有大量的题型给它训练,它甚至可以代替卷积神经网络和循环神经网络的工作,比如图像识别和语义理解。现在自注意力机制已经有一统监督学习的趋势了。在机器翻译领域,我们就可以将中文当作问题、英文当作答案,通过中文字符与位置的数组与英文字符和位置的数组通过数组运算做一个关联，这个过程称为编解码。其流程大概如图 3.22 所示。

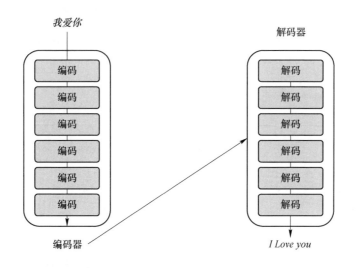

图 3.22　编解码流程图

再比如著名的 GPT 框架也采用了自注意力机制，GPT 是英文 Generative Pre-trained Transformer 的简写，直译过来是生成式预训练-转换器。GPT 框架训练模型的参数目前已经达到五千多亿。

3.4　学 习 框 架

3.4.1　TensorFlow

用 JavaScript 开发一个各项性能优化好的神经网络是一个十分庞大的工程。好在实际工作中，谷歌公司已经为我们开发了这样一个深度学习框架，它就是 TensorFlow. js。

TensorFlow. js 是一个关于张量的计算框架。张量是一个数学概念，我们可以把它理解为一个多维数组，也就是说，TensorFlow. js 是一个关于多维数组的计算框架。我们可以把数组看成一个个小方块，这些小方块再组成直线、平面、立方体和复合体，如图 3.23 所示。

关于超多三维的数据，我们可以用正方体来表示一个三维，正方体再组成线、面、体，如图 3.24 所示。

要想使用 TensorFlow. js，我们首先要到其官方网站上进行下载。下载之后就

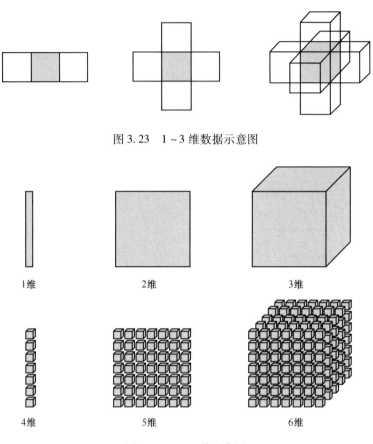

图 3.23　1～3 维数据示意图

图 3.24　1～6 维示意图

可以进行简单的数组之间运算了，核心代码如下所示：

```
tf. html
< div id = " box " > </ div >
<!--使用他人的 TensorFlow. js,必须联网使用-- >
<!-- < script src = " https://cdn. jsdelivr. net/npm/@ tensorflow/tfjs@ 2. 0. 0/dist/tf. min. js " >
</ script > -- >
<!--使用自己的 TensorFlow. js-- >
< script src = " tf/tfjs. js " > </ script >

< script >
    // 返回 TensorFlow 对象 tf 的属性和方法
    console. dir( tf)
    // 用 tf 创建二维数组(张量 A 和张量 B)
```

```
var A = tf. tensor([[1, 2], [3, 4], [5, 6]]);
var B = tf. tensor([[1, -1], [2, -2], [3, -3]]);
console. log(A)
console. log(B)
var html = "张量A:" + A + "与张量B:" + B;
// 张量相加
var add = A. add(B);
html += "<br>相加" + add
// 张量相减
var sub = A. sub(B);
html += "<br>相减" + sub
// 张量相乘
var mul = A. mul(B);
html += "<br>相乘" + mul
// 张量相除
var div = A. div(B);
html += "<br>相除" + div

document. getElementById("box"). innerHTML = html;
</script>
```

3.4.2 数据可视化

TensorFlow. js 不仅可以进行回归训练，还能将整个训练过程以图谱的方式显示出来。关于数据可视化的问题我们可以使用一个名为 tfjs-vis. js 的插件。下面我们就用这个插件做一个简单的线性回归训练，核心代码如下所示：

```
tf_linear. html
<div>输入数据: <input type="text" id="inputs" value="1 2 3 4"></div>
<div>输出数据: <input type="text" id="labels" value="2 4 6 8"></div>
<div>
  测试数据: <input type="text" id="testNum" size="1" value="5">
  <input type="button" value="开始训练" onclick="start()">
</div>

<div id="box"></div>
<script src="tf/tfjs. js"></script>
<!--TF 数据可视化插件-->
<script src="tf/tfjs-vis. js"></script>
```

```
< script >
  // 获取数据
  function val( str) {
    let data = document. getElementById( str). value;
    let arr = data. split(/\s +/);// 空格分隔成数组
    let num = [];
    for (item in arr) {
      num. push( parseInt( arr[ item]));
    };
    return num;
  }
  // 机器学习:输入数组,输出数组,X 轴边界,Y 轴边界,测试数据
  async function ml( xs, ys, xMax, yMax, testX) {
    // 绘制散点图
    tfvis. render. scatterplot(
      { name: '数据' },
      { values: xs. map(( x, i) = > ({ x, y: ys[i] })) },
      { xAxisDomain: [0, xMax], yAxisDomain: [0, yMax] }
    );
    // 加载线性回归模型
    let model = tf. sequential();
    model. add( tf. layers. dense({ units: 1, inputShape: [1] }));
    // 指定损失和优化器
    model. compile({ loss: tf. losses. meanSquaredError, optimizer: tf. train. sgd(0. 1) });


    // 加载张量
    let inputs = tf. tensor( xs);
    let labels = tf. tensor( ys);
    // 训练 10 次
    await model. fit( inputs, labels, {
      batchSize: 4,
      epochs: 10,
      callbacks: tfvis. show. fitCallbacks(
        { name: '训练过程' },
        [' loss ']
      )
    });
    // 使用模型测试输出值
```

```
    let output = model. predict(tf. tensor([testX]));
    let html = "如果输入" + testX + "那么预测结果为:" + output. dataSync()[0];
    document. getElementById("box"). innerHTML = html;
  }
  // 数据处理
  function start() {
    let xs = val('inputs');
    let ys = val('labels');
    let ts = val('testNum');
    // 输入数组要和输出数组一一对应,即以元素最少的数组为主
    if (xs. length < ys. length) {
      ys = ys. slice(0, xs. length)
    } else {
      xs = xs. slice(0, ys. length)
    }
    // 返回散点图的边界值
    let xMax = Math. max(...xs);
    let yMax = Math. max(...ys);
    // 调用机器学习函数
    ml(xs, ys, xMax + 1, yMax + 1, ts[0]);
  }
</script>
```

3.4.3 手写体识别

想用 TensorFlow. js 进行图像识别,我们最好先下载一些别人已经标注好的数据,如 MNIST 数据集。MNIST 数据集是一个计算机视觉数据集,它包含 70000 张手写体数字的灰度图片,其中每一张图片包含 28×28 个像素点。我们可以用一个数组来表示这张图片,每一张图片都有对应的标签,也就是图片对应的数字。整个数据集被分成两部分,一部分是 60000 行的训练数据集(mnist. train),另一部分是 10000 行的测试数据集(mnist. test)。

下面,我们就用这个数据集做一个手写体字的识别训练,由于我们想要读取 MNIST 数据集,因此这里使用了一个名为 mnist. js 插件,这个插件可以将数据集转成对应的数组,核心代码如下所示:

```
tf_mnist. html
<body>
<canvas id = "img" width = "280" height = "280" onmousedown = "line_start(event)"
onmousemove = "line_move(event)"
```

```
  onmouseup = "line_end()" > </canvas >
<P >
  <input type = "button" value = "首先训练" onclick = "train()">
  <input type = "button" value = "然后测试" onclick = "testMNIST()">
  <input type = "button" value = "最后识别" onclick = "testPNG()">
</P >
<div id = "box" > </div >
<script src = "tf/tfjs.js" > </script >
<!--加载读取MNIST数据集的插件-->
<script src = "mnist/mnist.js" > </script >
<script >
  var mnist;
  var model = null;
  var box = document.getElementById("box");
  var name = 'my_model';
  // 获取MNIST数据集
  loadMNIST(function (data) {
    mnist = data;
    box.innerHTML = 'MNIST数据加载完成!'
    console.log(mnist);
  });
  // 训练模型
  function train() {
    // 初始化模型
    model = tf.sequential();
    // 增加一个二维的卷积层
    model.add(tf.layers.conv2d({
      inputShape: [28, 28, 1], // 输入数据为28×28像素的黑白图片
      kernelSize: 5, // 卷积核大小为5
      filters: 16, // 卷积核数量为16
      strides: 1, // 步长为1
      activation: 'relu', // 激活函数为relu
      kernelInitializer: 'varianceScaling' // 初始化卷积核
    }));
    // 开始池化(缩放)
    model.add(tf.layers.maxPooling2d({
      poolSize: [2, 2], // 尺寸
      strides: [2, 2] // 步长
    }));
```

```
// 随机去掉一半
model. add( tf. layers. dropout( {
    rate: 0. 5
} ) );
// 降维
model. add( tf. layers. flatten() );
// 全连接层
model. add( tf. layers. dense( {
    units: 128,
    activation: ' relu '
} ) );
// 数字单元
model. add( tf. layers. dense( {
    units: 10,
} ) );
// 优化器
const OPT = tf. train. adam( 0. 002 );
const config = {
    optimizer: OPT,
    loss: tf. losses. softmaxCrossEntropy,
}
model. compile( config );
// 计划训练 600 条数据,最多 60000 条
let size = 600;
box. innerHTML = '载入' + size + '条训练数据';
let inputs = tf. tensor2d( mnist. train_images. slice( 0, size ) );//输入数据
let outputs_org = tf. tensor1d( mnist. train_labels. slice( 0, size ) );//输出数据
let outputs = tf. oneHot( ( outputs_org ), 10 );//全部映射到 0 ~ 9
box. innerHTML = '数据归一化处理中…'
// 除以 255 进行归一化
inputs = tf. div( inputs, tf. scalar( 255. 0 ) );
inputs = inputs. reshape( [ size, 28, 28, 1 ] );
// 开始训练
async function epoh( len ) {
    for ( let i = 1; i < len; i ++ ) {
        const h = await model. fit( inputs, outputs, {
            atchSize: 200,
            epochs: 1
        } );
```

```
    // 显示当前训练结果
      box. innerHTML. = '第' + i + '次误差: ' + h. history. loss[0];
    }
    const saveResults = await model. save('indexeddb://' + name);
    box. innerHTML = '模型已经训练完成并保存为' + name;
  }
  // 训练 5 次
  epoh(5)
}
// 开始测试模型
function testMNIST() {
  let size = 1000;//测试 1000 条数据,最多 10000 条
  box. innerHTML = '载入' + size + '条测试数据';
  let inputs_test = tf. tensor2d(mnist. test_images. slice(0, size));
  inputs_test = tf. div(inputs_test, tf. scalar(255.0));
  inputs_test = inputs_test. reshape([size, 28, 28, 1]);
  let outputs_test = tf. tensor1d(mnist. test_labels. slice(0, size));
  // 加载模型
  async function test_model() {
    model = await tf. loadLayersModel('indexeddb://' + name);
    box. innerHTML = '载入模型' + name;
    output_tem = model. predict(inputs_test);
    label = tf. argMax(output_tem, 1);
    // 打印测试结果
    tf. div(tf. sum(outputs_test. equal(label)), mnist. test_labels. length). print();
    result = tf. div(tf. sum(outputs_test. equal(label)), mnist. test_labels. length);
    box. innerHTML = '测试结果:' + result;
  }
  test_model()
}


// 手写字小程序
var img = document. getElementById('img');
var ctx = img. getContext('2d');
var ready = false;
var timer = 0;
// 黑底白字是为了保持 MNIST 数据集一致
ctx. fillStyle = "#000";
ctx. strokeStyle = "#FFF";
```

```
ctx. lineWidth = 20;
clear_img()
// 绘制起点
function line_start(event) {
    ready = true;
    timer = new Date(). getTime();
    let x = event. offsetX;
    let y = event. offsetY;
    ctx. moveTo(x, y);
}
// 绘制到新点
function line_move(event) {
    let now = new Date(). getTime();
    if (ready && (now - timer) > 20) {
        timer = now;
        let x = event. offsetX;
        let y = event. offsetY;
        ctx. lineTo(x, y);// 直线
        ctx. stroke();
    }
}
// 结束线条绘制
function line_end() {
    ready = false;
    ctx. beginPath();
}
// 清空画布
function clear_img() {
    ctx. fillRect(0, 0, img. width, img. height);
}

// 测试图片
function testPNG() {
    if (model == null) {
        box. innerHTML = '请先训练模型!';
        return
    }
    // 图像转数据处理过程:先缩放为28×28像素的图片,然后生成浮点数,最后进行归一
```

化处理

```
const input = tf. tidy( ( ) = > {
    return tf. image. resizeBilincar(
        tf. browser. fromPixels( img) ,
        [28, 28],
        true,
    ). slice([0, 0, 0], [28, 28, 1])
        . toFloat( )
        . div(255)
        . reshape([1, 28, 28, 1])
});
// 返回处理结果
const guess = model. predict( input). argMax( 1) ;
box. innerHTML = '您输入的数字可能是:' + guess. dataSync( )[0];
clear_img( ) ;
}
</script >
</body >
```

3.4.4　生成式对抗网络

有了 TensorFlow. js 框架，我们不仅可以进行图像识别，还可以生成图像。这个图像的生成过程与我们小时候临摹画像的过程非常相似。通过不断地修改达到满意为止，如图 3.25 所示。

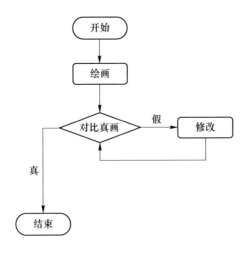

图 3.25　生成式对抗网络流程图

这就是生成式人工智能常用的技术，即生成式对抗网络（Generative Adversarial Networks，GAN）。GAN是一种深度学习模型，整个模型通常只有两个部分，即生成模型和判别模型。生成模型负责生成图像，判别模型负责审核生成的图像是否合格。下面，我们试着用TensorFlow. js做一个简单的生成式对抗网络，核心代码如下所示：

```
tf_gan. html
< script src = " tf/tfjs. js " > </script >
< script type = " module " >
  // 载入 MNIST 数据集
  import ｛ MnistData ｝ from './mnist/data. js';
  let data = new MnistData();
  await data. load();
  let trainData = data. nextTrainBatch(600);
  let trainImages = trainData. xs; // 图像
  console. log(trainImages)
  // let trainLabels = trainData. labels;// 标签
  let batchSize = 100;

  // 定义生成器模型
  function createGenerator() ｛
    let model = tf. sequential();
    model. add(tf. layers. dense(｛ units: 256, inputShape: [100], activation: 'relu'｝));
    model. add(tf. layers. dense(｛ units: 512, activation: 'relu'｝));
    model. add(tf. layers. dense(｛ units: 784, activation: 'tanh'｝));
    return model;
  ｝

  // 定义判别器模型
  function createDiscriminator() ｛
    let model = tf. sequential();
    model. add(tf. layers. dense(｛ units: 1024, inputShape: [784], activation: 'relu'｝));
    model. add(tf. layers. dense(｛ units: 512, activation: 'relu'｝));
    model. add(tf. layers. dense(｛ units: 256, activation: 'relu'｝));
    model. add(tf. layers. dense(｛ units: 1, activation: 'sigmoid'｝));
    return model;
  ｝

  // 定义训练函数
```

```
async function train(generator, discriminator, data, batchSize) {
  for (let i = 0; i < data.length; i += batchSize) {
    let realData = data[i].slice(0, batchSize);
    let noise = tf.randomNormal([batchSize, 100]);
    let fakeData = generator.predict(noise);
    let realLabels = tf.ones([batchSize, 1]);
    let fakeLabels = tf.zeros([batchSize, 1]);
    // 训练判别器
    await discriminator.fit(realData, realLabels).then(() => {
      discriminator.fit(fakeData, fakeLabels);
    });

    // 训练生成器
    let gradients = tf.gradients(discriminator.output, generator.trainableVariables);
    let optimizer = tf.train.adam(0.001);
    await optimizer.applyGradients(zip(gradients, generator.trainableVariables));
  }
}

// 创建生成器和判别器模型
let generator = createGenerator();
let discriminator = createDiscriminator();
// 编译模型
generator.compile({optimizer: 'adam', loss: 'binaryCrossentropy'});
discriminator.compile({optimizer: 'adam', loss: 'binaryCrossentropy'});

// 训练模型
await train(generator, discriminator, trainImages, batchSize);
// 将模型保存为 JSON 文件,方便使用
console.log(generator);
</script>
```

本 章 小 结

　　机器学习通常包括训练和识别两个过程。机器学习的训练过程是先通过样本数据提取数据特征,再根据数据特征进行特征建模。机器学习的识别过程是先通过测试数据提取数据特征,再根据数据测试与已有的模型进行特征匹配。

　　我们知道,人类有70%以上的信息来自视觉,对于视觉的识别,使用机器

学习时效果非常明显甚至超越人脑。除此之外，人类还有 10% 以上的信息来自语言，语言本质上是一种前后关系的因果类问题，利用自注意力机制和残差神经网络，机器学习同样可以做得比人好。理论上，机器学习可以完成人类所有的工作，当然这一切都是靠大量的数据和强大的算力来实现的。除了需要耗费大量的资源之外，机器学习有一个被人诟病的地方，那就是黑箱问题。因为所有的机器学习都无法准确地告诉我们结果是怎么推导出来的。毕竟机器学习中使用了大量的随机数和拟合函数。

那么，我们怎么判断机器学习的结果是好是坏呢？通常可以用拟合度函数进行判断，以线性回归函数为例。

回归平方和 =（输出值 − 输出估计值）的平方之和；

残差平方和 =（输出估计值 − 输出的平均值）的平方之和；

拟合度 = 回归平方和 ÷（回归平方和 + 残差平方和）。

拟合度越大，直线拟合效果越好。

此外，如果我们拟合的是一个多元线性回归函数，那么通常需要假定在其他几个参数不变的情况下误差最小或者残差的平方和最小，即输出值与每一个参数和输入值的差的平方和最小。比如（$y - y'$ 的估计值）的平方和最小，这就是多元线性回归的解法。

总结一下机器学习的优缺点，大概如图 3.26 所示。

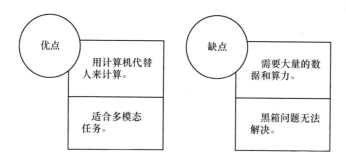

图 3.26　机器学习优缺点

4 智能机器

　　既不同于机器学习的讲概率也不同于专家系统的讲因果，控制论讲结果。一切的一切都以结果为导向。比如在机器人寻找食物的环节中，智力最高的机器人往往会选择最短的路径，而速度最快的机器人则会选择转弯最少的路径，此时如果速度最快的机器人优先找到食物，则说明速度战胜了智力。很多时候机器人就是靠着这种硬件天赋来完成进化的。

　　在漫长的进化过程中，硬件的天赋不止速度这一种，还有力量、大小、嗅觉、听觉等各种各样的天赋。单单观察动物世界我们就会发现，这个世界无奇不有，比如飞翔的天鹅、爬墙的壁虎、游泳的鲨鱼、说话的鹦鹉、放电的电鳗、无脑的海鞘、重生的海蛇尾、变身的胎盘水母，以及可光合作用的海蛞蝓。

　　我们研究智能机器的目的就是进化出一种超强的"人类"，这种"人类"不仅可以寿命很长而且能力很强大，更重要的是它可直接使用太阳能。表面上，智能机器是靠硬件来获得生存空间的，实际上如何使用好这些硬件，以及应该进化出什么样的硬件才是智能机器的核心算法。比如擅长力量的动物就会选择力量优先类的算法。只有当力量不再管用时，它才会想办法进化出其他的天赋。而天赋的好坏与环境有关，比如看上去很强大的恐龙也会因为环境的变化而面临生存的问题，反之，与它们同时代的蜥蜴则可能更有生存优势。

　　通常为了研究这种现象，我们需要了解环境、适应环境和改变环境。总的来说，人们追求的智能机器无非两种：一种无所不知，另一种无所不能。而本质上两者的目的都是一样的，因为无所不知才能无所不能，也因为无所不能才能无所不知。

4.1　路　径　规　划

4.1.1　绘制地图

　　想要了解环境，最好的办法就是亲身感受。但是我们知道，有些危险的环境是不能亲身测试的，于是人们就有了针对性的模拟训练。通常为了达到更好的模拟训练结果，人们会尽可能地模拟真实环境，环境越真实效果越明显。不过想要创造一个真实物理世界是很难的，即便现在有些物理引擎也只是善于模拟某一种物理现象而已，比如光学、电学、热力学、流体力学、结构力学等仿真软件。这些物理仿真软件需要强大的算力，比如如果我们想要模拟一颗原子弹爆炸的过程，就需要一台超级计算机来执行，而一台超级计算机的计算能力则相当于几十万部智能手机。因此，基于性价比的考虑，绝大部分可以在智能手机上运行的仿真软件都会做大量的取舍，甚至只进行简单的数值模拟。比如游戏中的物理引擎就是通过设置物体的体积、质量和摩擦力来实现攀爬效果的，至于质量、体积和摩擦力之间是否有关系那就更不是玩家所要关心的事情了。

理论上，我们想要做好一个智能机器，需要一个真实的仿真世界，无人驾驶汽车就是一个很好的例子。无人驾驶技术在不成熟的时候是很容易发生交通事故的，如果我们先让它在一个虚拟的环境中完成训练，这样就会减少很多不必要的交通事故。

那么问题来了，由于仿真软件需要很强大的算力，而我们的智能机器又离不开这些软件，怎么办呢？其实最好的办法就是采用局部刷新技术。局部刷新技术在网页中应用较多，比如浏览器就会把更多的计算能力都用于显示当前屏幕中的内容，而至于第二屏、第三屏的内容则在拖动滚动条的时候再进行计算。甚至就在当前屏幕的页面中，我们也可以使用 AJAX 进行局部刷新。说到局部刷新，我们还会想到预加载和缓存，比如有一篇长达五屏文章，当我们浏览第一屏的时候系统会预先加载第二屏，当我们浏览第二屏的时候系统会一边缓存第一屏的内容一边预先加载第三屏内容，依次类推，便节省了不少的算力。

有了局部刷新、预加载和缓存，我们还要把问题简单化，只模拟其中一两种物理环境，比如地面、通道和能源（食物）等。下面我们就试着用计算机来绘制一个迷宫地形图，地形图中的高度可以用颜色来表示，比如用黑色表示地面，用白色表示高山，这样地势越高的地方颜色也就越白。通过俯视图进行地图局部刷新的观察，核心代码如下所示：

```
map. html
 < body >
< h3 > 栅格地图( 像素法 ) </h3 >
< div >
  < button onclick = " map_start()" > 重绘 </button >
  宽度 < input type = " text " size = " 1 " value = "300 " onchange = " map_w( this. value)" >
  高度 < input type = " text " size = " 1 " value = "300 " onchange = " map_h( this. value)" > ,
  < br >
  黑色← < input type = " text " size = " 1 " value = "0 " placeholder = "0 – 255 "
onblur = " map_color( this. value)" >→白色,
  <!--颜色越白地势越高,反过来也可以-->
  画笔 < input type = " text " id = " size " size = " 1 " value = "10 " onblur = " map_line( this. value)" >
像素
```

```
  < span title = "将电源拖到迷宫中" style = "cursor：move；" draggable = "true"
ondragstart = "food_start()" > ✄ </span >
</div >
<!--这里使用 CSS 定位-- >
< div id = "box" style = "position：relative；display：inline - block；width：300px；height：300px；" >
  < canvas id = "img" width = "300" height = "300" style = "position：absolute；left：0；top：
0；" > </canvas >
</div >
< p > 拖动鼠标绘制直线 </p >
< div >
  宽 < input type = "text" size = "1" id = "" value = "100" onchange = "show_w(this.value)" >
  高 < input type = "text" size = "1" id = "" value = "100" onchange = "show_h(this.value)" >
  < button onclick = "move_y(0)" > 显示俯视图 </button >
</div >
<!--俯视图-- >
< canvas id = "show" width = "100" height = "100" > </canvas >
< div >
  < button onclick = "move_y( -2)" > 上 </button >
  < button onclick = "move_y(2)" > 下 </button >
  < button onclick = "move_x( -2)" > 左 </button >
  < button onclick = "move_x(2)" > 右 </button >
</div >
< script src = "maze.js" > </script >
<!-- 为了方便后续引用,我们把绘制迷宫的函数单独保存为 maze.js)-- >
< script >
  var cs = document.getElementById('img');
  // 调用迷宫函数接口
  let png = maze(cs);
  // 局部刷新起始位 x、y、宽度、高度
  let box_x = 0;
  let box_y = 0;
  let box_w = 100;
  let box_h = 100;
  let ps;
  function show_map() {
    ps = map_points();
    let box = document.getElementById('show');
    box. width = box_w;
```

```
      box. height = box_h;
      let box_ctx = box. getContext('2d');
      // 判断边界
      if ( box_y < 0) { box_y = 0; }
      let y_h = box_y + box_h;
      if ( box_x < 0) { box_x = 0; }
      let x_w = box_x + box_w;
      // 超出边界停止绘图
      if ( y_h > ps. length || x_w > ps[0]. length) {return false; }
      let box_data = box_ctx. createImageData( box_w, box_h);
      let box_i = 0;
      for ( yi = box_y; yi < y_h; yi ++ ) {
        for ( xi = box_x; xi < x_w; xi ++ ) {
          box_data. data[ box_i] = ps[ yi][ xi][ 0];
          box_data. data[ box_i + 1] = ps[ yi][ xi][ 1];
          box_data. data[ box_i + 2] = ps[ yi][ xi][ 2];
          box_data. data[ box_i + 3] = ps[ yi][ xi][ 3];
          box_i += 4;
        }
      }
      box_ctx. putImageData( box_data, 0, 0);
      // 创建图像数据
    }
    // 上下移动
    function move_y( n) {
      box_y = box_y + n;
      show_map();
    }
    // 左右移动
    function move_x( n) {
      box_x = box_x + n;
      show_map();
    }
  </script>
</body>
```

maze. js

```
// 绘制迷宫:对象,宽度,高度,边距
function maze( cs) {
  let ctx = cs. getContext('2d', { willReadFrequently: true });//画布对象
```

```javascript
let w = cs.width;//迷宫宽度
let h = cs.height;//迷宫高度
// 画笔起始点
let x = 0;
let y = 0;
// 食物信息
let ready = true;// 准备放置食物
let food_body = 10;//食物大小
let gap = Math.ceil(food_body/2);//默认食物路径宽度
let food_color = 'rgb(255,120,0)';//食物 RGB 颜色值,平均海拔 125 米
// 开始绘图
// 清空画布
this.map_start = function (bgcolor = 'rgb(0,0,0)') {
    ready = true;
    ctx.lineWidth = 10;//线条默认 10 像素
    ctx.strokeStyle = 'rgb(0,0,0)';//默认黑色画笔,地面
    ctx.fillStyle = 'rgb(255,255,255)';//默认白色背景,高山
    ctx.fillRect(0, 0, w, h);
    // 绘制食物路径
    ctx.strokeRect(gap, gap, w - 2 * gap, h - 2 * gap);
};
this.map_start();
// 调整画布宽度
this.map_w = function (n) {
    let num = parseInt(n);
    cs.width = num;
    w = num;
    this.map_start();
}
// 调整画布高度
this.map_h = function (n) {
    let num = parseInt(n);
    cs.height = num;
    h = num;
    this.map_start();
}
// 改变画笔颜色
this.map_color = function (n) {
```

```
    ready = true;
    ctx. strokeStyle = 'rgb(' + n + ',' + n + ',' + n + ')';
}
// 改变线条粗细
this. map_line = function (val) {
    ready = true;
    ctx. lineWidth = val;
}
// 通过拖动来放置食物
this. food_start = function () {
    ready = false;//拖动模式
}
// 改变食物颜色
this. food_color = function (str) {
    color = str;
}
// 改变食物大小
this. food_size = function(n) {
    food_body = n;
}
// 鼠标事件:鼠标按下、鼠标抬起、拖动释放
// 准备绘制,设置起始点(鼠标按下)
cs. onmousedown = function (event) {
    if (ready) {
        x = event. offsetX;
        y = event. offsetY;
        ctx. beginPath();
        ctx. moveTo(x, y);
    }
}
// 结束线条绘制(鼠标抬起)
cs. onmouseup = function (event) {
    if (ready) {
        let end_x = event. offsetX;
        let end_y = event. offsetY;
        // 只绘制直线
        if (Math. abs(end_x - x) > Math. abs(end_y - y)) {
            ctx. lineTo(end_x, y);
```

```
        } else {
          ctx. lineTo( x, end_y) ;
        }
        ctx. stroke() ;
      }
    }

  // 允许拖动
  cs. ondragover = function (event) {
    event. preventDefault() ;
  }
  // 绘制食物
  cs. ondrop = function (event) {
    let xi = event. offsetX;
    let yi = event. offsetY;
    ctx. clearRect( xi - gap, yi - gap, food_body,food_body) ;
    ctx. fillStyle = food_color;
    ctx. globalAlpha = 0. 5;//只要透明度小于 1 即可
    ctx. fillRect( xi - gap, yi - gap, food_body,food_body) ;
    ctx. globalAlpha = 1;//恢复为不透明
  }
  // 返回整张画布的像素点数据
  this. map_points = function () {
    let points = new Array( h) ;
    for (let i = 0; i < h; i ++) {
      points[ i] = new Array( w) ;
    }
    let len = w * 4 ;
    let data = ctx. getImageData( 0, 0, w, h). data;
    for (let i = 0; i < data. length; i += 4) {
      let rows = Math. floor( i / len) ;
      let cols = Math. floor(( i - rows * len) / 4) ;
      let R = data[ i] ;
      let G = data[ i + 1] ;
      let B = data[ i + 2] ;
      let A = data[ i + 3] ;
      points[ rows] [ cols] = [ R, G, B, A] ;
    }
    return points;
  }
}
```

4.1.2 独立计算

利用迷宫地形图的绘制方法我们可以绘制山脉地形图乃至全球地形图。在绘制地图的时候采用像素法（栅格化）绘制地图，可以方便地使用像素点来模拟真实世界的基本物理单位。由于每个像素点只和它前、后、左、右的像素有关联，因此计算过程会更加简单。而这种简单的计算是一种独立于整个地图的计算，之所以称为独立计算，是因为该像素自成一套运算体系。每个像素点就像一个小世界，它有自己的时间线和计算方法，也就是说计不计算、何时计算、如何计算都是它说了算。比如在一个由 $100 \times 100 = 10000$ 个像素点构成的山地地图中就有 1 万个独立计算，与并行计算不同，每个独立计算的方法都可以不相同。

我们可以假设这个像素点模拟的是一个极小的空间，这个空间小到只能存储无形的数据。于是我们就假设所有的数据都以 JSON 格式暂时存储在这个空间里。当然你也可以把它这个小点理解成一个无限大的数据库，里面有光、声音、亮度、气味等可以感知的数据。以光为例，地图中的光亮度可以通过"光子数量"进行表示，比如一个含有 10 个光子的像素，如果向水平方向辐射到周围像素，就会先查找邻近（前、后、左、右）像素点中光子数量比自己少的像素点，然后进行绝对平均的分配。平均算法只要遵循差得越多给得越多就可以，最终让大家都有一样的平均值。一个辐射平面的光子分配前后，如图 4.1 所示。

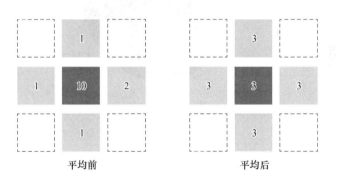

图 4.1　平均计算

当发生无法平均的时候，就会把多余的光子作为大家共同的光子。一个辐射平面内最多可以有 4 个共同光子。比如当中央多出来 2 个光子而无法分配时，就会形成大家共同的 2 个多余光子的局面，如图 4.2 所示。

邻近平均是所有像素点进行数值分配的基本法则，与之相反的基本法则是邻近集中。其实，无论邻近平均还是邻近集中本质都是一种东西，即都是只与邻近的像素点运算。无论抢夺还是赠予，当出现无法确定归属的能量时就会形成共有的局面。有人说邻近集中法是邻近平均法的逆运算，当所有像素点的能量都一样

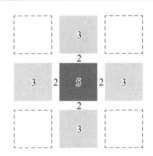

图 4.2   余值处理示意图

时，邻近集中的法则无限大；同理，当所有能量都聚集一点时，邻近平均的法则
无限大。

邻近平均与邻近集中统称为邻近计算法则。它们就我国的阴阳图一样此消彼
长，相互依存，如图 4.3 所示。

图 4.3   阴阳图

前文我们说的是光子的分配情况，如果我们把光子换成其他粒子，比如电子
或者夸克等基本粒子，计算方法也是一样的。由于邻近法则的存在，这个世界才
会运动，在计算机眼中，所有物体就是一个个游弋在不同像素点中的能量团。

除了邻近基本法则之外，我们还可为每个像素点增加其私有法则。比如有的
像素点每隔 2 秒运行一次，有的像素点则每隔 3 秒运行一次；再比如有的像素点
喜欢挽留 5 个粒子，有的像素点则喜欢释放 5 个粒子。基本法则加上私有算法，
虽然无法说明能量的初始来源，但是却可以更简单地模拟环境运行的规律，比如
质能方程、电子共价键、湍流现象、陀螺效应以及最速曲线问题等。

下面我们通过一个光锥的小程序来模拟光子在不同介质中的传递过程。假设
一个光子表示一个光能，像素点是空气的每隔 2 秒运行一次，像素点是玻璃的每
隔 3 秒运行一次。我们一共有 3 种玻璃，红色玻璃每次释放 4 个光子、绿色玻璃

每次释放 5 个光子、蓝色玻璃每次释放 6 个光子。效果如图 4.4 所示。

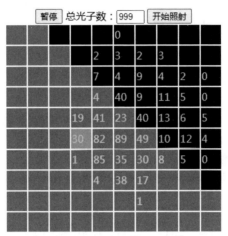

将远处的光源视为不断扩大的像素点

图 4.4　光子的扩散过程

图 4.4 中的数字是释放光子之后被观测到的颜色。当出现比总数少时，那就说明有些光子要么被像素点扣留、要么被分配到虚空中，核心代码如下所示：

```
self. html
<h3>光锥实验(独立计算)</h3>
<div>
    <button onclick="stop()">暂停</button>
    总光子数:<input type="text" size="1" id="photons" value="999">
    <button onclick="light()">开始照射</button>
</div>
<style>
    table td {
        width:30px;
        height:30px;
        color:#F90;
    }
</style>
<div align="center" id="table"></div>
<p>将远处的光源视为不断扩大的像素点</p>
<script>
    // 光锥之内皆命运
    var points = [];// 二维数组
```

```
var play = true;
// 像素点总数
var w = 10;
var h = 10;
// 光源初始位置,默认中心
var light_x = Math.floor(w / 2);
var light_y = Math.floor(h / 2);
var glass = 3;// 光在玻璃中的反应时间
var air = 2;// 光在空气中的反应时间
// 通常没光的时候是看不见颜色的,不过这里为了方便对比可以设置一下颜色
var glass_rgb = 'rgb(100,100,100)';//玻璃默认色
var air_rgb = 'rgb(0,0,0)';//空气默认色
// 红外光(0～400THz)、红光(400～484THz)、橙光(484～508THz)、黄光(508～526THz)、
绿光(526～606THz)、蓝光(606～630THz)、靛蓝(630～668THz)、紫光(668～789THz)、紫外
光(大于789THz)
var RGB = [4, 5, 6];
// 像素点反应的时间越短说明能量转移速度越快
// 生成像素点,模拟一块三角形玻璃
var glass_w = 0;// 上边
var glass_h = 10;// 高度
for (let yi = 0; yi < h; yi++) {
  if (yi < glass_h) {
    // 玻璃介质
    glass_w++;
  } else {
    // 空气介质
    glass_w = 0;
  }
  points[yi] = [];
  for (let xi = 0; xi < w; xi++) {
    points[yi][xi] = {};
    let light = 0;//初始光子数为0
    if (xi > glass_w) {
      // 空气介质
      points[yi][xi]['name'] = 'air';
      points[yi][xi]['timer'] = air;// 反应时间
    } else {
      // 玻璃介质
```

```
        points[yi][xi]['name'] = 'glass';
        points[yi][xi]['timer'] = glass;
        // 随机颜色的玻璃
        let rand = Math.floor(Math.random() * 3);
        points[yi][xi]['color'] = RGB[rand];
    }
    let key = 'data_' + yi + '_' + xi;
    points[yi][xi]['key'] = key;
    // 由于数组是引用,因此必须将数据保存到本地
    localStorage.setItem(key, light);
    }
}
console.log(points);
// 绘制图像表格模式
let html = '<table border="0">';
for (let yi = 0; yi < points.length; yi++) {
    html += '<tr>';
    for (let xi = 0; xi < points[yi].length; xi++) {
        if (points[yi][xi]['name'] == 'air') {
            html += '<td style="background:' + air_rgb + ';">';
        } else {
            html += '<td style="background:' + glass_rgb + ';"';
        }
        html += '</td>'
    }
    html += '</tr>';
}
html += '</table>';
// 返回所有的单元格
document.getElementById('table').innerHTML = html;
var trs = document.querySelectorAll('table tr');
var tds = new Array(trs.length);
for (let i = 0; i < tds.length; i++) {
    tds[i] = trs[i].querySelectorAll('td');
}
// 开始照射
function light() {
    play = true;
```

```
// 建议使用并行计算,此处只是通过简单的循环来模拟并行计算
let step = 0;
for (let yi = 0; yi < points.length; yi ++) {
    for (let xi = 0; xi < points[yi].length; xi ++) {
        let name = points[yi][xi]['name'];
        let t = points[yi][xi]['timer'];
        if (name == 'air') {
            window.setInterval('f_air(' + yi + ',' + xi + ')', 1000 + step * 10);
        } else {
            window.setInterval('f_glass(' + yi + ',' + xi + ')', t * 1000 + step * 10);
        }
        // 初始化光源
        if (xi == light_x && yi == light_y) {
            // 光子数
            let num = parseInt(document.getElementById('photons').value);
            localStorage.setItem(points[yi][xi]['key'], num);//修改数据库
            show_light(tds, yi, xi, name, num);
        }
        step ++;
    }
}

// 暂停独立计算
function stop() {
    if (play) {
        play = false;
    } else {
        play = true;
    }
}

// 空气介质独立计算
function f_air(yi, xi) {
    if (play) {
        let self = parseInt(localStorage.getItem(points[yi][xi]['key']));
        let base = f_base(yi, xi, self);
        let arr_sotr = base[0];
        let sum = base[1];
        let max = base[2];
```

```
// 分配算法是核心,也可以使用平均算法,比如能量乘以时间最小、质能方程等
let show = 0;
for (let j = 0; j < arr_sotr. length; j ++ ) {
  if (arr_sotr[j] != 0) {
    // 计算当前差值与总差值的比值,并取整
    let num = Math. floor((( self - arr_sotr[j][1]) / sum) * (self - max));
    // 只要大于1就更新数据
    if (num > 0) {
      localStorage. setItem(arr_sotr[j][0], arr_sotr[j][1] + num);
    }
    show += num;
  }
}
if (show > 0) {
  // 只要分配大于零就发光一次(脉冲)
  show_light(tds, yi, xi, points[yi][xi]['name'], show);
  // 减去已经分配的量
  localStorage. setItem(points[yi][xi]['key'], self - show);
  tds[yi][xi]. innerHTML = self - show;
}
}
}

// 玻璃介质独立计算
function f_glass(yi, xi) {
  if (play) {
    let self = parseInt(localStorage. getItem(points[yi][xi]['key']));
    let color = points[yi][xi]['color'];// 玻璃的私有法则(与通用法则相对)
    let base = f_base(yi, xi, self);
    let arr_sotr = base[0];
    let sum = base[1];
    let max = base[2];
    let show = 0;
    for (let j = 0; j < arr_sotr. length; j ++ ) {
      if (arr_sotr[j] != 0) {
        // 计算当前差值与总差值的比值,并返回整数
        let len = Math. floor((self - max) / color);
        let num = Math. floor((( self - arr_sotr[j][1]) / sum) * len * color);
        // 以上便是两种介质的主要不同之处
```

```
        if (num > 0) {
            localStorage. setItem(arr_sotr[j][0], arr_sotr[j][1] + num);
        }
        show += num;
    }
}
if (show > 0) {
    show_light(tds, yi, xi, points[yi][xi]['name'], show, color);
    localStorage. setItem(points[yi][xi]['key'], self - show);
    tds[yi][xi]. innerHTML = self - show;
}
}
}
// 公共法则(通用法则):返回符合条件的邻近像素点
function f_base(yi, xi, self) {
    // 返回当前像素点的光子数
    let arr = [];
    // 上(前),虚空默认为0
    let up = 0;
    if (yi - 1 > -1) { up = key = points[yi - 1][xi]['key']; }
    arr. push(up);
    // 下(后),虚空默认为0
    let down = 0;
    if (yi + 1 < points. length) { down = points[yi + 1][xi]['key']; }
    arr. push(down);
    // 左,虚空默认为0
    let left = 0;
    if (xi - 1 > -1) { left = points[yi][xi - 1]['key']; }
    arr. push(left);
    // 右,虚空默认为0
    let right = 0;
    if (xi + 1 < points[0]. length) { right = points[yi][xi + 1]['key']; }
    arr. push(right);
    let arr_sotr = [];// 排序后的像素值
    let sum = 0;
    let max = 0;// 仅次于自己的像素值
    for (let i = 0; i < arr. length; i++) {
        let n = arr[i] == 0 ? 0 : parseInt(localStorage. getItem(arr[i]));
        if (n < self) {
```

```
            if (n > max) { max = n; }
            sum += (self - n);//总势能差
            arr_sotr. push([arr[i], n]);
        }
    }
    return [arr_sotr, sum, max];
}
// 发光(脉冲)
function show_light(arr, yi, xi, name, num, color = 0) {
    let css = 'rgb(255,255,255)';//初始化为白光
    if( color == RGB[0]){css = 'rgb(255,0,0)';} //红光
    if( color == RGB[1]){css = 'rgb(0,255,0)';} //绿光
    if( color == RGB[2]){css = 'rgb(0,0,255)';} //蓝光
    arr[yi][xi]. style. background = css;
    // 恢复原有颜色
    window. setTimeout(function () {
        if (name == 'air') {
            arr[yi][xi]. style. background = air_rgb;
        } else {
            arr[yi][xi]. style. background = glass_rgb
        }
    }, 100);// 光停留时间为0.1秒
}
</script>
```

这里我们只是简单地模拟了一个辐射平面，如果把像素点想象成一个小方块。那么它的辐面平面就可以有（X、Y、Z）3个。而与其邻近的小方块则变成了（上、下、前、后、左、右）六个，别看只是多了上、下两个像素，却可以模拟出三维世界的运算规律。当然我们也可以从四面（前、后、左、右）八方（东、东南、南、西南、西、西北、北、东北）八个像素点，上升到三维空间的26个邻近小方块，只不过计算量，可是多得不是一星半点。

总的来说，独立计算虽然可以非常简单地模拟三维世界，但是却需要更大的算力。不过如果计算能力足够强大的话，笔者还是建议把整个元素周期表都模拟一遍，这样或许真能模拟出一个物理世界来。

4.1.3 优先算法

独立计算虽然能够最简化模拟真实世界，但是仍然需要很大的算力。为了减少计算成本，我们在研究智能机器的时候，通常一次只模拟一种训练情况。假设我们有了一个机器人，但是这个机器人只有能源这一个模块，它每天的工作就是

输入能量、存储能量、输出能量。然后我们想让它可以移动起来，于是又给它安装了轮子；我们想让它可以触摸环境，于是又给它安装了触觉传感器；我们想让它可以辨别方向，于是又给它安装了定位装置；我们想让它可以看见路，于是又给它安装了雷达……

先前我们说动物为了寻找到食物，会尝试各种不同的办法，有的速度快，有的更灵活。现在我们把食物换成电源，那么是不是也可以让机器人像动物一样用自己的特长在迷宫中找到电源呢？

一、触觉优先

如果机器人只有轮子，那么它会没有方向地乱跑。如果使机器人有了触觉传感器那么它就可以顺着墙壁的方向一直走，只有在失去墙壁的时候才会通过乱跑的方式找到下一个墙壁，循环往复直至找到出口为止。这种依靠触觉寻找出路的方法称为触觉优先策略。

二、深度优先

如果机器人又有了定位装置，比如可以通过坐标点定位，那么速度快的机器人就可以在没有墙壁的情况下沿着道路一直向前走，还可以在走不下去的时候回头寻找另一条没有走过的路，循环往复直至找到出口为止。这种一条路走到头的方法称为深度优先策略，这种策略非常适合简单的迷宫游戏，如图4.5所示。

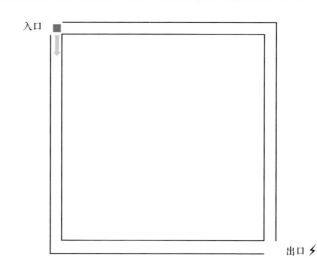

图4.5　迷宫游戏

图中的机器人就是沿着其中一条道路一直向前走来找到出口的。

三、广度优先

当迷宫更加复杂，尤其是路口就在附近的时候，我们用深度优先法策略可能就非常耗时间。这时我们就可以每条路口都先简单地探索一下，比如每条路都走到下一个路口为止。如果还是没有找到出口就选择其中一个路口再继续深入全面地探索，循环往复直至找到出口为止。这种所有路口都要探索的方法称为广度优先策略，如图4.6所示。

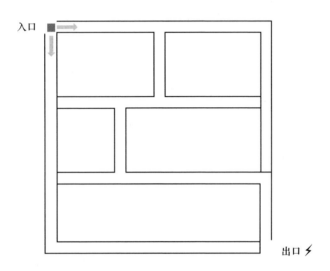

图4.6 广度优先

上图中的机器人就是通过左右两个路口同时探索来找到出口的。广度优先与深度优先相比，特别适合路口较多而且出口就在附近的迷宫游戏。

四、距离优先

在刚才的迷宫游戏中，机器人无论选择广度优先还是深度优先都很有可能造成所有路径都跑一遍的情况发生。深度优先不一定是距离最短的，广度优先可能要一条路重复走上好几次。

机器人之所以每条路都走一遍是因为它只能通过碰撞的方式来确定前路是否畅通。为了避免机器人直到撞墙之后才知道回头的窘境，我们可以给机器人安装雷达。这样机器人就可以使用距离优先的方法来寻找最近的出口了。当来到路口时，机器人会在路口位置左右都扫描一下，哪个路口离得最近就选择去哪个路口，如果遇到死胡同就选择距离第二近的路口，循环往复直至找到出口为止。这种只选择最近路口的方法就是距离优先策略，如图4.7所示。

图中的机器人就是采用距离最短优先来找到出口的。如果选择距离最长优先也是可以的，两者统称为距离优先。

五、时间优先

有了距离优先，人们自然就会想到时间优先。比如在无人驾驶过程中，系统通常会帮助乘客选择一条时间最短的路线。一般来说，距离最短的路径往往用时

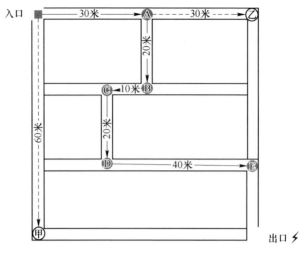

图 4.7　距离优先

最少，但是也有特殊情况，毕竟有的路好走，有的路不好走，因此距离短的路线不一定是时间最短的。

如果机器人又有了时钟，那么就可以计算自己走路的时间了。在此之前的时间只能是一个预估时间。那么这里机器人是如何预估时间的呢？我们主要是采用：距离/速度=时间的方法来计算时间，如果距离是 10 米、速度是 2 米/秒，那么预估时间就是 10/2＝5 秒。当然我们也可以把其他机器人走过的时间当做预估时间，不过这就需要事先知道这些数据，或者安装通信模块来查询数据源才行。比如图 4.8 中每个圆点之间的数字就是机器人通过距离传感器计算出来的预估时间。有了预估时间之后，机器人便可以开始它的时间优先策略。时间优先策略很简单，机器人仍然选择预估时间最短的路口。

比如图 4.8 中的 A 点前面有两条路，分别是 B 点和 C 点，由于 A 点和 B 点

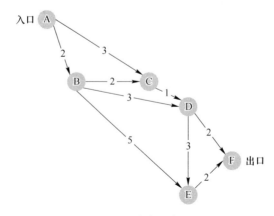

图 4.8　路线示意图

之间的预估时间是2，小于 A 点和 C 点之间的预估时间3，因此机器人选择了
A—B 这条路到达 B 点。到了 B 点之后，机器人发现 B 点到 C 点之间预估时间最
短，于是又选了 B—C 这条路到达 C 点。由于从 A—B 再从 B—C 之间的总耗时
是 2＋2＝4 大于直接从 A 点到 C 点的时间3，因此机器人就想："下次应该直接
选择从 A 点到 C 点这条路，即 A—C"。循环往复直至找到出口为止。最终机器
人发现了一条理论上时间最短的路径，那就是 A—C—D—F，如图4.9所示。

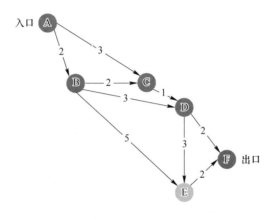

图 4.9　时间优先

之所以所说理论上 A—C—D—F 这条路时间最短，是由于机器人并没有真正
的从 A 点走到过 C 点，所以只能说理论上时间最短。

下面我们试着将这些优先策略写成一个迷宫小程序。为了模拟真实的生存环
境，我们对迷宫地形图做微小的改进，比如黑色表示道路，白色表示高山，半透
明的地区表示能源区域，整体上大概如图4.10所示。

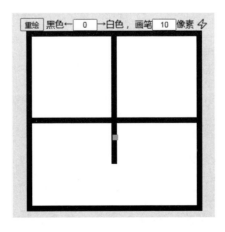

图 4.10　迷宫小游戏

　　有了这个迷宫地形图之后，我们就可以设置机器人的不同属性了。比如有时身体小些、有时速度快些、有时转弯快些、有时视力好些。下面我们就来看看这个机器人在不同的优先策略中的活动表现吧。因为优先策略比较多，所以我们可以先设计一下代码的结构，在设计代码结构时，尽量采用可以继承的方法，如图4.11所示。

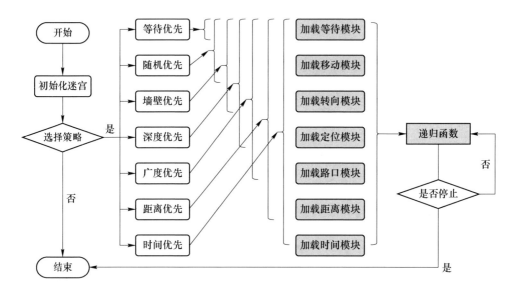

图 4.11　优先策略计算流程图

　　参照上面的计算流程图，我们首先写等待优先，然后写随机优先，最后写其他优先算法。为了方便说明，我们一边使用表格来代替迷宫，一边使用小方块来模拟进化中的机器人，其核心代码如下所示：

```
first. html
< style >
  body {text − align: center;}
  table{border: 1px solid #000;}
  td {width: 30px;height: 30px;}
  . white {background: #EEE;}
  . black {background: #222;}
  . food {background: #F90;}
  . robot {background: #08E;}
</ style >
< select onchange = " robot_first( this. value )" >
  < option value ="" >请选择算法</ option >
```

```
< option value = "" > 等待优先 </option >
< option value = "随机" > 随机优先 </option >
< option value = "触觉" > 触觉优先 </option >
< option value = "深度" > 深度优先 </option >
</select >
< div id = "box" > </div >
< div id = "show" > 点击迷宫投放食物!</div >
< script >
  // 地图大小
  var w = 10;
  var h = 10;
  //迷宫地图数据
  var points = [];
  // 食物的位置(默认只有一个食物)[Y,X]
  var foods = [[5,3]];
  // 食物中的能量
  var power = 20;
  // 时钟,默认 1 秒
  var timer = 1000;
  var visited = [];// 探索过
  var talk = document.getElementById('show');// 聊天对话框
  // 机器人 A:Y 轴,X 轴,能量,损耗,记忆{坐标值:[子路口]},属性越多优先算法越多
  var robot = {y: 0, x: 0, power: 50, loss: 4, path: {}};
  // 机器人时钟
  var robot_timer;
  // 初始化数据
  function start() {
    for (yi = 0; yi < h; yi ++ ) {
      points[yi] = [];
      for (xi = 0; xi < w; xi ++ ) {
        // 1:墙,0:路
        points[yi][xi] = Math.random() > 0.8 ? 1 : 0;
      }
    }
    show();
  }
  start();
  // 显示地图
```

```
function show( ) {
    let html = '< table align = " center " border = "0 " cellspacing = "0 " >';
    for ( yi = 0; yi < h; yi ++ ) {
        html += '< tr >';
        let css = '';
        for ( xi = 0; xi < w; xi ++ ) {
            if ( points[ yi ][ xi ] == 1 ) {
                css = ' black ';//显示墙
            } else {
                css = ' white ';//显示路
            }
            if ( yi == robot. y && xi == robot. x ) {
                css = ' robot ';//显示机器人
            }
            // 显示符合坐标值的食物
            for ( f in foods ) {
                let item = foods[ f ];
                if ( item[ 0 ] == yi && item[ 1 ] == xi ) {
                    // 食物坐标部分必须为路
                    css = ' food ';
                    points[ yi ][ xi ] = 0;
                    break;
                }
            }
            html += '< td y =' + yi + ' x =' + xi + ' class ="' + css + '" onclick = " add( this ) " >
</td >';
        }
        html += '</ tr >';
    }
    html += '</ table >';
    document. getElementById(' box '). innerHTML = html;
}
// 选择迷宫游戏中的优先算法
function robot_first( val ) {
    // 重置机器人的时钟
    if ( robot_timer ) { window. clearTimeout( robot_timer ); }
    // 设置机器人的默认能量
    robot. power = 500;
```

```javascript
    robot. path = {};
    visited = [];
    play = true;
    switch (val) {
      case '随机': // 随机优先
        rand();
        break;
      case '触觉': // 触觉优先
        wall();
        break;
      case '深度': // 深度优先
        depth();
        break;
      default: // 默认等待优先
        wait();
    }
}

// 等待优先:模拟只有电源的情况
function wait() {
  console. log('等待优先');
  // 显示机器人当前状态
  show_wait();
  // 每秒递归一次
  if (play) {
    robot_timer = window. setTimeout('wait()', timer);
  }
}

// 等待模块:显示机器人当前的位置与吸收的总能量
function show_wait() {
  // 返回坐标值
  let x = robot. x;
  let y = robot. y;
  //计算食物的总能量
  let sum = 0;
  let indexs = [];
  for (key in foods) {
    let item = foods[key];
    if (item[0] == y && item[1] == x) {
```

```
            sum += power;
            foods. splice( key, 1) ;//删除这个食物
        }
    }
    show( ) ;
    robot. power += sum;// 增加能量点
    robot. power -= robot. loss;// 扣除损耗能量点
    // 人机对话
    let html = '主人:';
    if ( sum > 0) {
        html += '我刚刚吸收了' + sum + '点能量!';
    }
    let len = Math. floor( robot. power / robot. loss) ;// 剩余生命
    if ( len > 0) {
        html += '我还能坚持' + len + '秒钟!';
    } else {
        html += '再见了!';
        // 停止计算
        window. clearTimeout( robot_timer) ;
        play = false;
    }
    talk. innerText = html;
}
// 随机优先:模拟电源 + 轮子的情况
function rand( to = -1) {
    console. log('随机优先', to) ;
    // 随机确定一个方向
    if ( to < 0) { to = goto( ) ; }
    show_wait( ) ;
    show_move( to) ;
    if ( play) {
        robot_timer = window. setTimeout('rand( -1)', timer) ;
    }
}
// 移动模块:判断机器人移动方向
function show_move( to) {
    let road = true;//默认通过
    let xy = new_x_y( to) ;// 合理坐标值
```

```
    new_x = xy[0];
    new_y = xy[1];
    // 如果前面遇到墙壁或者原地不动时不移动
    if (points[new_y][new_x] == 1 || (new_x == robot.x && new_y == robot.y)) {
        road = false;//禁止通过
    }
    // 移动机器人到新位置
    if (road) {
        robot.x = new_x;
        robot.y = new_y;
    }
    return road;
}
// 触觉优先:模拟电源+轮子+触手的情况
function wall(to = -1) {
    console.log('触觉优先', to);
    if (to < 0) { to = goto(); }
    show_wait();
    // 前方是否转向
    let move = show_move(to);
    if (move == false) {
        to = goto();// 随机掉头
    }
    if (play) {
        // 传递先前的方向
        robot_timer = window.setTimeout('wall(' + to + ')', timer);
    }
}
// 深度优先:模拟电源+轮子+触手+记忆的情况
function depth(to = -1) {
    console.log('深度优先', to);
    if (to < 0) { to = goto(); }
    // 添加子路径:上、右、下、左
    let key = robot.y + '_' + robot.x;
    add_path(key);
    show_wait();
    let move = show_move(to);
    if (move == false) {
```

```
    // 寻找从未探索过的节点
    let data = robot.path;
    console.log(data);
    let keys = Object.keys(data);
    let key_len = keys.length;
    if (key_len > 0) { key_len--; }
    // 从后向前遍历
    for (let l = key_len; l >= 0; l--) {
      let ns = data[keys[l]];
      if (ns.length > 0) {
        // 删除最后数组元素
        let next_node = ns.pop();
        if (!visited.includes(next_node[0])) {
          // 逐步退回或者直接跳转到指定位置
          visited.push(next_node[0]);
          robot.y = next_node[2];
          robot.x = next_node[3];
          to = goto();
          console.log('瞬移到从未探索的坐标节点');
          break;
        }
      }
    }
  }
  if (play) {
    robot_timer = window.setTimeout('depth(' + to + ')', timer);
  }
}

// 添加新的路径节点
function add_path(key) {
  let nodes = [];
  for (let i = 0; i < 4; i++) {
    let xy = new_x_y(i);
    let new_y = xy[1];
    let new_x = xy[0];
    if (points[new_y][new_x] == 0) {
      // 剔除从未探索过的重复节点名称
      let node = new_y + '_' + new_x;
```

```javascript
      if (!nodes. includes(node) && !visited. includes(node)) {
        nodes. push([node, i, new_y, new_x]);
      }
    }
  }
  robot['path'][key] = nodes;
}
```

// 广度优先:参考深度优先(需要注意的是,每次都会增加上、下、左、右向前探索的步长,并且从头开始)

// 其他优先算法也会因机器人的属性不同而不同

// 放置食物

```javascript
function add(obj) {
  let f_y = obj. getAttribute('y');
  let f_x = obj. getAttribute('x');
  foods. push([f_y, f_x]);
  show();
}
```

// 机器人随机移动方向

```javascript
function goto(n = 4) {
  return Math. floor(Math. random() * n);
}
```

// 边界判断:每次探测步长

```javascript
function new_x_y(to, len = 1) {
  let new_x = robot. x;
  let new_y = robot. y;
  // 最大边界值
  let max_w = w - 1;
  let max_h = h - 1;
  // 顺时针:上、右、下、左
  switch (to) {
    case 0://上
      new_y = new_y - len < 0 ? 0 : new_y - len;
      break;
    case 1://右
      new_x = new_x + len > max_w ? max_w : new_x + len;
      break;
    case 2://下
      new_y = new_y + len > max_h ? max_h : new_y + len;
      break;
```

```
      case 3://左
        new_x = new_x - len < 0 ? 0 : new_x - len;
        break;
      default://不动
    }
    // 返回最终的坐标点[X,Y]
    return [new_x, new_y];
  }
</script>
```

其实不论是哪种优先算法，都要先确定一种优先策略，然后通过实行这个优先策略来完成找到出口的任务。由于优先算法是一种全局搜索，因此理论上只要有出口，机器人就一定能够找到。

4.1.4 蚁群算法

通常在复杂的迷宫中，我们比较喜欢用广度优先的算法进行探索，但是用一个机器人进行广度优先策略，来来回回必然很耗费时间。于是人们就想到并行探索，并行探索是让很多个机器人都去寻找出口，直到有一个机器人找到了出口为止。

这种并行探索的策略和蚂蚁寻找食物的方法有着异曲同工的地方。蚂蚁在寻找食物的时候，一般会由很多只蚂蚁同时向不同的方向前进，前进时为了防止找不到回家的路，还会在路上留下自己的记号（信息素）。当有一只蚂蚁发现了食物后，它就开始沿着原路返回，一边返回一边留下它发现食物的消息。当其他蚂蚁看到这条消息之后，也会顺着这条路找到食物。因此并行优先策略也被称为蚁群算法。

下面我们来做一个机器人找电源的小程序。由于蚁群算法本质上是一种数量优先的策略，因此我们这里可以人为地设置机器人的数量，并且规定上北、下南的磁力线方向，这样我们的机器人就可以确定方向了，核心代码如下所示：

```
ant. html
<div><input type="button" value="重新开始" onclick="start()"></div>
<div id="show">
  <span id="food"></span>
</div>
</div>
<script>
  // 地图大小
  var w = 10;
  var h = 10;
```

```javascript
// 食物位置
var food_x = 1;
var food_y = 1;
// 蚂蚁数量
var size = 2;
// 蚁群位置
var ant_x = 5;
var ant_y = 5;
// 当前蚂蚁位置数据集
var ants = [];
// 路径集合{x_y:信息素权重}
var path = {};
// 地图
var map = document.getElementById('show');
// 食物
var food = document.getElementById('food');
// 重新开始
function start() {
    location.reload();
}

run();

// 开始运行
function run() {
    // 设置地图大小
    map.style.width = w + 'px';
    map.style.height = h + 'px';
    for (i = 0; i < size; i++) {
        //0:蚂蚁名称,1:X轴坐标,2:Y轴坐标,3:距离,4:状态(0:随机移动、1:找到路径、2:
发现食物回家、3:未发现食物回家),5:路径数组
        ants.push([i, ant_x, ant_y, 0, 0, []]);
        // 显示蚂蚁的初始位置
        let span = document.createElement('span');
        //span.innerText = '🐜';
        span.className = 'ant';
        span.id = 'id' + '_' + i;
        span.style.left = ant_x + 'px';
        span.style.top = ant_y + 'px';
        // 为了方便观察,让蚂蚁显示不同的颜色
```

```
        span. style. background = 'rgba(' + rand() + ',' + rand() + ',' + rand() + ',0. 7)';
        map. appendChild( span );
    }
    // 显示食物的位置
    //food. innerText = '🍕';
    food. style. left = food_x + ' px';
    food. style. top = food_y + ' px';
    timer();
}
// 最大递归次数
function timer() {
    ants. forEach( function ( item ) {
        window. setTimeout( function () {
            ant( item );
        }, 1000);
    });
    window. setTimeout( 'timer()', 2000 );
}
// 单只蚂蚁的活动
function ant( a ) {
    // dom 对象
    let obj = document. getElementById( 'id' + '_' + a[0] );
    // 默认随机移动
    let to = -1;
    // 随机移动
    if ( a[4] == 0 ) {
        to = Math. floor( Math. random() * 4 );
    }
    // 找到路径
    if ( a[4] == 1 ) {
        let max = 0;
        // 依次判断周围食物的信息素:上、右、下、左
        for ( i = 0; i < 4; i++ ) {
            let xy = new_x_y( a, i );
            let new_x = xy[0];
            let new_y = xy[1];
            let key = new_x + '_' + new_y;
            // 已知最强的食物信息素
```

```
    if ( path[ key ] > max ) {
        max = path[ key ];
        to = i;
    }
    }
}
// 更新数据
if ( a[ 4 ] == 0 || a[ 4 ] == 1 ) {
    let xy = new_x_y( a, to );
    let new_x = xy[ 0 ];
    let new_y = xy[ 1 ];
    let name = new_x + '_' + new_y;
    // 移动到新位置
    a[ 1 ] = new_x;
    a[ 2 ] = new_y;
    // 追加距离
    a[ 3 ] += 1;
    // 是否有食物的信息素
    if ( path[ name ] ) {
        a[ 4 ] = 1;
    }
    // 找到食物
    if ( food_x == new_x && food_y == new_y ) {
        a[ 4 ] = 2;
        //食物最大信息素强度
        path[ name ] = 999;
    }
    // 追加路径
    a[ 5 ]. push( name );
    // 显示动画
    obj. style. left = new_x + ' px ';
    obj. style. top = new_y + ' px ';
}
// 回家
if ( a[ 4 ] == 2 || a[ 4 ] == 2 ) {
    let ps = a[ 5 ];
    if ( ps. length > 0 ) {
        let node = ps. pop( );// 删除最近一次的路径
```

```
        let x_y = node. split('_');
        // 后退
        a[1] = x_y[0];
        a[2] = x_y[1];
        // 留下找到食物的信息素
        if ( a[4] == 2) {
          if ( path[node] ) {
            // 累计增加权重
            path[node] += 1;
          } else {
            path[node] = 1;
          }
        }
        // 显示动画
        obj. style. left = a[1] + ' px';
        obj. style. top = a[2] + ' px';
      } else {
        //实际工程中可以适当减弱家门口的信息素
        let p_name = ant_x + '_' + ant_y;
        path[ p_name] = 0;
        // 回到家里并重新开始
        a[1] = ant_x; a[2] = ant_y; a[3] = 0; a[4] = 0;
        console. log( a, '蚂蚁' + a[0] + '已经回到了家里!');
      }
    }
}
// 随机颜色
function rand() {
  return Math. floor( Math. random() * 200);
}
// 机器人合理移动方向
function new_x_y( robot, to, len = 1) {
  let new_x = robot[1];
  let new_y = robot[2];
  // 最大边界值
  let max_w = w - 1;
  let max_h = h - 1;
  // 顺时针:上、右、下、左
```

```
switch ( to ) {
    case 0://上
        new_y = new_y - len < 0 ? 0 : new_y - len;
        break;
    case 1://右
        new_x = new_x + len > max_w ? max_w : new_x + len;
        break;
    case 2://下
        new_y = new_y + len > max_h ? max_h : new_y + len;
        break;
    case 3://左
        new_x = new_x - len < 0 ? 0 : new_x - len;
        break;
    default:// 不动
    }
    // 返回最终的坐标点[X,Y]
    return [ new_x, new_y ];
}
</script >
```

4.1.5　蜂群算法

蜂群算法和蚁群算法的算法大体相同，唯一不同的地方在于通信方式。蚂蚁是通过在道路上留下信息素的方式来告诉其他蚂蚁的，而蜜蜂则需要回到蜂巢特定的舞蹈区跳舞来告诉其他蜜蜂花粉的位置。蜜蜂的这个特定舞蹈区就像一座小型沙盘，它在沙盘的哪个地方跳舞就表示哪里有花粉（蜜蜂的食物）。别看沙盘小，却能覆盖很大的目标区域。除此之外，蜜蜂的分工也会更加明确，比如有专门负责侦查的侦查蜂、专门采蜜的采蜜蜂，因此蜂群算法有点分布计算的意思。

有人可能会担心，蜜蜂飞那么远，会不会找不到回家的路。其实蜜蜂身上有两套定位系统。一套是靠太阳定位的，由于太阳在不同时间段内的位置不同，因此它们可以根据不同时间段面向太阳的方位来进行定位，比如当你在中国的早晨发现：太阳在你左边时，说明你面向的是南方；太阳在你前边时，说明你面向的是东方；太阳在你后边时，说明你面向的是西方；太阳在你右边时，说明你面向的是北方。另一套则是靠地球磁场定位的，由于地磁方向不变，因此蜜蜂可以快速地确定方向。基本上所有可以远距离飞行的动物都有这两套远距离定位系统。

现在我们把蜜蜂换成小型无人机，这两套系统就变成了电子定位系统。电子定位系统比生物定位系统更加精准，甚至可以达到毫米级别。电子定位除了靠基站和导航卫星之外，还可以靠无人机之间的实时通信来进行相对定位。比如无人机小黑和无人机小灰在探索迷宫，无人机小黑要不停地询问小灰的情况，小灰也会不断地告诉小黑："我刚才往哪个方向走了多少米"。如果无人机小黑觉得小灰的声音变小了，则是说明距离变远了，必须得想办法靠近才行。

无人机小黑就是这样一方面通过声音大小判断距离，另一方面根据小灰的汇报和自己的路径计算两者之间的路径关系的。当根据回音来计算距离时至少需要两个收音器，也就是我们常说的双耳声源定位原理。有了双耳声源定位，我们就能以无人机小黑为中心建立一个带有方向和距离的三维地形图。当无人机数量增多时，就会形成一个无人机的蜂群，蜂群中的每个无人机都可以通过实时通信来确定队友与自己的位置关系，从而为团队行动配合提供了依据。

当某架无人机掉队时，通常的处理方法有三种：如果能源充足则继续完成任务，如果能源不足则返回出发地，如果无法返航则等待救援。为了降低无人机之间的通信能耗，通常只采用功能单一的通信模块。这种通信模块虽然距离有限、功能有限，却非常节能。事实也证明，相同物种之间的通信成本都是非常低的，有时单单几个信号就能代表很多信息。比如黏菌之间的通信就很少，但是也能形成我们所说的团队效果。如果我们让黏菌探索迷宫的话，你会发现它和蚂蚁找到出口的时间最短路径几乎相同。

4.2　进　化　算　法

4.2.1　二进制遗传

优先策略种类有很多，而所有的优先策略都和机器人自身的硬件有关。硬件就是机器人的天赋，只有善于使用天赋的机器人才能获得更大的生存空间。

那么机器人的这些硬件是怎么来的呢？答案是进化而来。由于生存环境发生了变化，那些适应环境变化的物种活了下来，不适应环境变化的物种消失了。而决定物种进化的原因主要有两个：一个主动进化，另一个是被动进化。主动进化一方面是指父母会将身体中最优秀的基因留给孩子；另一方面是孩子会有选择地对自身的基因进行优化。被动进化则是指由于意外而让物种获得了某种新能力。

我们这里主要研究主动进化。比如人类之所以可以将优秀基因遗传给下一代，是因为人体细胞中有 DNA（脱氧核糖核酸）。我们可以把 DNA 理解为建筑图纸，这些建筑图纸决定了子女在未来会长成什么样子，像这样的图纸一共有23 张。在遗传的过程中，父母会先将这些图纸复制一份，然后将复印件留给子女，在交给子女图纸的时候还不忘叮嘱他们这张图纸曾经给他带来的好处。

现在假设孩子从父亲那里继承了一张关于皮肤颜色的图纸，又从母亲那里同样继承了一张关于皮肤颜色的图纸，那么这个孩子该选择谁呢？通常他会选择父母口中好处最多的那张作为主要施工图纸，而另一张则先隐藏起来。不仅如此，他还会根据自己的理解来完善这张图纸。而在人体中专门处理这一过程的图纸就是我们生物课中所学的显性基因。显性基因是控制显性性状的基因，当它们在二倍体生物中处于杂合状态时，即一个显性基因和一个隐性基因同时存在时，显性基因能够表达出来，而隐性基因则被掩盖。这是因为显性基因的表达方式更为突出，通常能够形成有功能的物质，如酶等，而隐性基因则只有在纯合子状态下，即两个隐性基因同时存在时，才能表达出来。

由于子女总是能选择使用父母口中表现最好的基因，因此他们就会变得比父母更加优秀。这也是人类为什么变得越来越强大的主要原因。那么什么是好的？在自然界中能够活下来的基因都是好的。这里的基因是指那些不可分割的基本遗传因子，之所以称它基本遗传因子，是因为目前我们只能通过化学手段来"观察"这些分子对人体成长的影响。多个基因联合在一起才能构成一个完整的基因序列，比如人类大概就由两万多个这样的基因组成。

这里讲一个小故事：从前有一个叫作三角形的王国和一个叫作正方形的王国，两个国家非常友好。三角形王国里面住着一群勇敢的白色三角形，正方形王国里面住着一群善良的黑色正方形。千百年来它们一直过着幸福的生活，后来一群恶魔在这里发现了宝藏，于是它们便赶走了白色三角形并占领了这个国家。当被赶走的三角形王国王子准备去正方形王国搬救兵时，却发现正方形王国也被恶魔占领了。并且要求所有的黑色正方形白天为恶魔工作，只有夜里才能休息否则就会被赶走。三角形王国王子见到平日里善良的黑色正方形被恶魔欺负生气极了，于是冲上去又和恶魔打了起来，然后又被打败了。

一天夜里，正方形王国公主找到了被打败的三角形王国王子并告诉它："恶魔之所以允许它们夜里休息，是因为恶魔在夜里看不见它们，否则它们就只能是没日没夜的工作。"

就这样过了 18 年之后，一位黑色的三角形勇士在黑夜的掩护下打败了恶魔并重新夺回自己的家园。这个黑色的三角形就是三角形王国王子和正方形王国公主的孩子。

黑色三角形的进化过程如图 4.12 所示。

这里只是简单地讨论了颜色和形状，而我们人体大概由几万对类似的基因组成，每对基因都决定着人类的外表、性格、体能、智力和寿命。那么这些复杂的基因究竟是如何一步步形成的呢？

为了研究方便，我们可以只简单地模拟两种基因：一种是好的基因用 1 来表

图 4.12 进化算法计算过程

示，一种是坏的基因用 0 来表示。这样我们只要找到基因中全部都是 1 的个体就可以了。这种只用 0 和 1 进行遗传编码的方法就是二进制遗传算法。在实验中为了加快进化的过程，我们还可以设置一个初始种群规模，初始种群越多优秀基因的可能性就越大。接着我们要对所有的基因进行适应度排序，所谓的适应度就是指体内含有好基因的数量也就是 1 的个数，好基因数量越多排名越靠前。

如果有个体的适应度达到 100%，我们就停止进化，否则就选出适应度前 85% 的基因个体，让它们相互结合繁衍出更多的后代。繁衍时，子女既可以随机选取父母任意一方的基因片段，也可以优先选择适应度较高一方的基因片段，然后组合出一个新的基因。有了新基因之后，子女还可以做进一步的优化，比如让其中的一部分基因随机变成 0 或者 1，变异时，如果可以的话，我们自然希望新基因都是 1，这样一个全新的后代就诞生了。

有了新的后代，种群的规模就会增加。我们再利用适应度函数开始下一轮循环。整个二进制遗传算法的流程大概如图 4.13 所示。

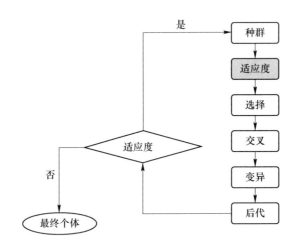

图 4.13 二进制遗传算法流程图

下面我们试着根据上面的流程图开发一个二进制遗传的小程序，核心代码如下所示：

bit. html

```
<h3>二进制遗传算法</h3>
<div>最终基因: <input type="text" value="111111111" placeholder="只能输入1" onblur="test_str(this)"></div>
<div>种群规模: <input type="text" value="100" onchange="set_var(this,'size')"></div>
<div>精英率: <input type="text" value="0.001" onchange="set_var(this,'good')"></div>
<div>交叉率: <input type="text" value="0.85" onchange="set_var(this,'sex')"></div>
<div id="show"></div>
<button onclick="start()">初始化种群</button>
<button onclick="heredity()">开始遗传</button>
<script>
  var data = [];//种群基因数据库
  var size = 20; //种群规模
  var end = '111111111';//最终基因
  var good = 0.01;//精英率
  var sex = 0.85;//交叉率
  var ag = 0.02;//变异率
  var max = 100;//最大迭代次数,防止死循环

  // 测试字符串
  function test_str(o) {
    var reg = /1*/;
    if (!reg.test(o.value)) {
      o.value = ";
    } else {
      end = o.value;
    }
  }
  // 设置变量
  function set_var(obj, str) {
    eval(str + ' = obj.value');
  }
  function start() {
    console.log('种群规模' + size, '最终基因' + end, '精英率' + good, '交叉率' + sex, '变异率' + ag);
    // 随机初始物种
    for (let i = 0; i < size; i++) {
      let gene = ";// 基因
```

```javascript
        // 新基因长度等于最终基因长度
        for (let j = 0; j < end.length; j++) {
          gene += Math.random() > 0.5 ? '0' : '1';
        }
        // 追加到种群中
        data.push(gene);
        console.log('新个体:', gene);
      }
      console.log('初始化种群', data);
    }
    // 适应度函数
    function ok(v) {
      let es = end.split("");
      // 判断当前基因片段是否在最终基因序列中,与顺序无关
      return es.indexOf(v) > -1;
    }
    // 遗传算法
    function heredity() {
      if (data.length < 2) {
        console.log('由于种群少于 2 个人,重新初始化种群!');
        start();
      }
      // 适应值排序:先将字符串变成数组,再根据适应度函数的返回值进行排序
      data.sort(function (a, b) {
        let as = a.split("");
        let al = as.filter(ok);
        let bs = b.split("");
        let bl = bs.filter(ok);
        return bl.length - al.length;
      });
      // 显示本次排序的数据
      console.log('排序后的种群', data);
      // 判断是否找到基因序列
      if (data[0] == end) {
        document.getElementById('show').innerHTML = '已经找到基因:' + data[0];
        console.log('已经找到:' + data[0]);
        return data[0];
      } else if (max < 1) {
```

```
document.getElementById('show').innerHTML = '目前最优秀的基因是:' + data[0];
console.log('目前最优秀的基因是:' + data[0]);
return data[0];
} else {
    max--;
    console.log('还剩' + max + '次进化机会');
}
// 新生儿童基因数据库
let news = [];
let is_l = data.length;//种群数量
// 选择精英个体,精英个体不用遗传,直接保留
let good_i = Math.round(good * is_l);
news.concat(data.slice(0, good_i));
// 选择需要遗传的个体
let sex_i = Math.round(sex * is_l);//新个体数量
let sexs = [];
// 第一种选择法是考试法:只选择适应度前百分之几的个体(容易控制)
// sexs = data.slice(0, sex_i);
// 第二种选择法是权重法:排名越靠前选中的概率越大(相对公平)
// for (let n = 0; n < is_l; n++) {
// if (Math.random() * is_l >= n) {
// sexs.push(data[n]);//被选中
// };
// }
// 第三种选择法是轮盘选择法:结合考试法与权重法的优点
let sum = 0;// 轮盘总大小
let arr = [];// 所有轮盘区间的边界线
/*
```

每个轮盘区间的边界可以通过当前适应度值除以所有适应度值的和来确定,比如甲、乙、丙适应度值分别是:100、80、60,那么它们被选中的概率分别是:100/240、80/240、60/240。

也可以通过当前适应度值的名次倒序除以所有适应度值的名次倒序的和来确定,比如甲、乙、丙适应度值排名是:1、2、3,那么它们被选中的概率分别是:3/6、2/6、1/6。

当然我们还可以用当前适应度值减去最小的适应度值来确定被选中的概率,总之将适应度值当作被选中的权重就可以了。

这里,我们选择使用适应度值的名次倒序来设置被选中的概率。

```
*/
for (let n = is_l; n > 0; n--) {
    sum += n;
```

```
      arr. push(sum);
   }
   for (let n = 0; n < sex_i; n++) {
      let rand = Math. random() * sum;//随机位置
      let al = arr. length;
      // 找到轮盘对应的区域
      for (let a = 0; a < al; a++) {
         if (rand < arr[a]) {
            // 只要小于当前轮盘的边界线就可以
            sexs. push(data[a]);//被选中
            break;
         }
      }
   }
//console. log('前辈', sexs);
// 开始交叉基因片段
let len = end. split(""). length;//基因长度
for (let i = 0; i < size; i++) {
   // 随机选择母亲(X 染色体)
   let new_x = Math. floor(Math. random() * sexs. length);
   // 随机选择父亲(Y 染色体)
   let new_y = Math. floor(Math. random() * sexs. length);
   // 将基因分解成基因片段方便重新组合
   let xs = sexs[new_x]. split("");
   let ys = sexs[new_y]. split("");
   let xy = [];//孩子的基因库(XY 染色体)
   // 选择遗传(同时变异)
   for (let j = 0; j < len; j++) {
      let xy_ag = Math. random();// 基因变异的概率
      let xy_gene = "";// 新的基因片段
      if (Math. random() > 0.5) {
         if (xy_ag < ag) {
            // 变异:由于我们的基因只有0 和1,因此变异很简单,那就是取反
            xy_gene = (xs[j] == 1) ? 0 : 1;
         } else {
            xy_gene = xs[j];//选择母亲基因的片段
         }
      } else {
```

```
        if (xy_ag < ag){
            // 如果还设置了变异倾向性,就可以大概率变成某种基因,比如让变成 1 的概
率更高些
            if(ys[j] == 1){
                // 变成 0 的概率为 30%
                if( Math. random( ) > 0.7){
                    xy_gene = 0;
                }
            } else {
                // 变成 1 的概率为 80%
                if( Math. random( ) > 0.2){
                    xy_gene = 1;
                }
            }
        } else {
            xy_gene = ys[j];//选择父亲基因的片段
        }
    }
    xy. push( xy_gene);//装载新基因
}
// 将新个体基因序列添加到新生儿基因中
news. push( xy. join( "));
}
// 更换整个族群的基因数据
data = news;
console. log( data);
// 开始新一轮的基因适应度排序
// window. setTimeout(' heredity ',1000);
heredity( );
}
</script >
```

4.2.2 旅行商问题

二进制遗传算法几乎可以解决所有人工智能问题，比如找出最高的、最大的、最快的、最近的基因序列。但是所有的基因序列都是在我们损失物种多样性的前提下换来的唯一结果。

通常来讲，二进制数可以通过不同的组合表示出各种各样的基因序列。可是我们却淘汰了我们认为"不好的基因"，从而让"好的基因"变得越来越多。而

事实上，基因好不好我们并不知道，我们只是根据适应度函数进行打分而已。现实中，人类并不会抛弃不好的基因，只会暂时隐藏起来，以备后患。在二进制遗传算法中，为了方便计算，我们才将这一过程简化为判断基因的好坏。而负责"审判"基因好坏的就是适应度函数。因此，一个基因的好与坏完全是由这个适应度函数来确定的——最终衡量一个遗传算法的好坏的关键演变成如何确定一个适应度函数。

通常，这个适应度函数都是以接近某个目标而设计的函数。如果我们的目标多种多样，那么适应度函数就是多种多样的。比如在经典的旅行商问题中，一名商人想要在最短的时间内将走完图 4.14 中 A、B、C、D、E 五座城市。该问题的适应度函数就应该是经过五座城市的总时间最短。五座城市的路线图如图 4.14 所示。

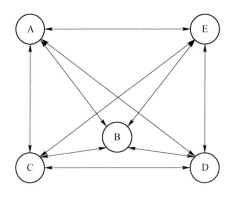

图 4.14　五座城市的路线图

根据五座城市路程总时间最短这个适应度函数，我们就可以对随机出来的路程规划进行排序了。由于必须经过五座城市，因此它的基因总长度等于 5，即由五个不同的城市名组成的路径；又由于城市名在遗传的过程中会出现重名的情况，因此我们还要将重复出现城市名换成其他城市名；最后由于不知道理论最短时间，因此我们一方面要做一个用时最短的历史记录，另一方面要指定递归的次数以防止进入死循环。其中初始化和遗传部分的核心算法如下所示：

```
np. html
<h3>旅行商问题(NP 问题) </h3>
<div> <canvas id = "img"> </canvas> </div>
<div id = "show">  </div>
<button onclick = "start()">初始化种群 </button>
<button onclick = "heredity()">总路程最短 </button>
<script>
```

```javascript
var data = [];// 初始种群
// 城市坐标:城市名,Y 轴,X 轴
var city = [['A', 20, 20], ['B', 110, 30], ['C', 110, 60], ['D', 180, 80], ['E', 50,
130],['F', 150, 180]];
var path = {};//城市间距离
var names = [];//城市名称
var first = '';//始发地
var size = 10;//种群规模
var good = 0.01;//精英率
var sex = 0.85;//交叉率
var max = 5;//最大迭代次数
var min = '';//历史最小
var cs = document.getElementById('img');//地图
var ctx = cs.getContext('2d');
// 绘制地图
var w = 200;
var h = 200;
var gap = 20;//地图边距
for (let i = 0; i < city.length; i++) {
  // 最大高度
  if (city[i][1] > h) {
    h = city[i][1] + gap;
  }
  // 最大宽度
  if (city[i][2] > w) {
    w = city[i][2] + gap;
  }
}
cs.width = w;
cs.height = h;
// 添加城市
for (let i = 0; i < city.length; i++) {
  let name = city[i][0];
  names.push(name);//追加城市名称
  let y = city[i][1];
  let x = city[i][2];
  // 绘制圆圈与文字
  ctx.beginPath();
```

```
    ctx. arc(x, y, gap / 2, 0, 2 * Math. PI);
    ctx. stroke();
    ctx. textAlign = "center";
    ctx. textBaseline = "middle";
    ctx. fillText(name, x, y);
    // 计算所有城市间的航线距离,这里用距离代替航班时间
    let a = [y, x];//当前城市坐标
    for (let j = 0; j < city. length; j ++) {
      // 排除自己
      if (city[j][0] ! = name) {
        // 航线名称
        let key = name + '-' + city[j][0];
        // 其他城市坐标
        let b = [city[j][1], city[j][2]];
        path[key] = dx(a, b);
      }
    }
  }
// 显示所有航线距离
console. log('里程表', path);
// 使用三角函数计算距离
function dx(a, b) {
  let dx = Math. abs(a[1] - b[1]);
  let dy = Math. abs(a[0] - b[0]);
  // 四舍五入取整
  let dis = Math. round(Math. sqrt(Math. pow(dx, 2) + Math. pow(dy, 2)));
  return dis;
}
// 初始化种群(路程规划要求城市名不得重复)
function start() {
  first = names. splice(0, 1)[0];//移动第一个城市名,到始发地中
  console. log('种群规模' + size, '最终基因总路程最短', '精英率' + good, '交叉率' + sex);
  // 随机初始物种
  for (let i = 0; i < size; i ++) {
    let gene = [];
    let arr = names. concat();//复制这个数组
    for (let j = 0; j < names. length; j ++) {
      // 随机一个城市名
```

```
        let rand = Math. floor( Math. random( ) * arr. length) ;
        let name = arr[ rand ] ;
        gene. push( name) ;
        // 删除已经选择的城市,避免重复选择
        arr = arr. filter( function ( v ) { return v ! = name; } ) ;
    }
    // 添加始发地
    gene. unshift( first) ;
    gene. push( first) ;
    // 追加到种群中
    data. push( gene) ;
}
console. log('初始化种群', data) ;
}
// 适应度函数
function ok( arr) {
    // 组成航线
    let sum = 0;
    for ( let i = 0; i < arr. length - 1; i ++ ) {
        let name = arr[ i ] + '-' + arr[ i + 1 ] ;
        sum += path[ name ] ;
    }
    return sum;
}
// 开始遗传
function heredity( ) {
    if ( data. length < 2) {
        console. log('由于城市少于2个,因此需要初始化数据!') ;
        start( ) ;
    }
    // 适应值排序
    data. sort( function ( a, b) {
        let al = ok( a) ;
        let bl = ok( b) ;
        return al - bl;
    } ) ;

    // 替换历史最小值
```

```javascript
if (Array. isArray(min)) {
  if (ok(data[0]) < ok(min)) {
    min = data[0];
    console. log('目前最优秀的基因是:' + min);
  }
} else {
  min = data[0];
}
document. getElementById('show'). innerHTML = '目前最短路程是:' + min + '大约:' +
ok(min);
  // 显示本次排序的数据
for (let i = 0; i < data. length; i ++) {
  console. log(data[i], ok(data[i]));
}

  // 由于不知道理论路程最小值,因此等待递归完成即可
if (max < 1) {
  return data[0];
} else {
  max--;
  console. log('还剩' + max + '次进化机会');
}

  // 新路径规划
let news = [];
let is_l = data. length;
let good_i = Math. round(good * is_l);
news. concat(data. slice(0, good_i));
  // 这里使用了轮盘选择方法
let sex_i = Math. round(sex * is_l);
let sexs = [];
let sum = 0;
let arr = [];
for (let n = is_l; n > 0; n--) {
  sum += n;
  arr. push(sum);
}
for (let n = 0; n < sex_i; n ++) {
  let rand = Math. random() * sum;
  let al = arr. length;
```

```
    for (let a = 0; a < al; a ++) {
      if (rand < arr[a]) {
        sexs. push(data[a]);//被选中
        break;
      }
    }
  }
let len = names. length;//基因长度
for (let i = 0; i < size; i ++) {
  // 随机选择父母基因的片段
  let new_x = Math. floor(Math. random() * sexs. length);
  let new_y = Math. floor(Math. random() * sexs. length);
  // 基因数组(城市名)
  let xs = sexs[new_x];
  let ys = sexs[new_y];
  let xy = [];//新基因(路径)
  // 随机位置交换
  // for (let j = 1; j < = len; j ++) {
  //   if (Math. random() > 0.5) {
  //     xy. push(xs[j]);//选择母亲基因的片段
  //   } else {
  //     xy. push(ys[j]);//选择父亲基因的片段
  //   }
  // }
  /*
```

由于路程与顺序有关,因此可以选择基因片段进行交换,比如将基因序列分成若干片段。

而自然界中基因片段的剪切是靠酶来实现的,我们这里只是简单地切分为若干段。

```
  */
  xy = xs. slice(0);// 默认遗传母亲的基因
  let step = Math. floor(len / 2);//将基因分段
  for (let j = 1; j < = len; j += step) {
    if(j + step > len){
      break;
    }
    // 局部替换
    if (Math. random() > 0.5) {
      for(let s = 0;s < step;s ++){
```

```
        xy[j+s] = ys[j+s];//选择父亲基因的片段
      }
    }
  }

xy = xy.slice(1,-1);// 掐头去尾再查重
let xy_one = [];
// 找出缺少的基因(城市名)
let arr = names.filter(function(v){ return xy.indexOf(v) == -1 });
for (let n = 0; n < xy.length; n++) {
  // 逐个复制(城市名)
  let one = xy[n];
  if (xy_one.indexOf(one) > -1) {
    // 如果已经存在就随机替换新的
    let rand = Math.floor(Math.random() * arr.length);
    let name = arr[rand];
    xy_one.push(name);
    arr = arr.filter(function(v){ return v != name; });
  } else {
    // 否则直接添加
    xy_one.push(one);
  }
}
/*
除了先交叉再处理重复的基因之外,我们也可以一边交叉一边处理重复的基因,比如:
父亲的基因是25346017;
母亲的基因是26407513。
我们选取父亲基因中34、17作为即将交叉的基因片段,再在母亲的基因中依次替换包含
34、17的基因,替换结果如下:
新基因最终是26304517。
*/
// 变异:随机交换两段基因片段的位置也可避免陷入死循环
let n1 = Math.floor(Math.random() * xy_one.length);
let n2 = Math.floor(Math.random() * xy_one.length);
if (n1 != n2) {
  let tmp = xy_one[n1];
  xy_one[n1] = xy_one[n2];
  xy_one[n2] = tmp;
}
```

```
    // 添加始发地
    xy_one. unshift(first);
    xy_one. push(first);
    console. log('新基因', xy_one);
    // 添加新生基因库
    news. push(xy_one);
  }
  data = news;
  // 递归
  window. setTimeout('heredity()', 1000);
}
</script>
```

除了使用遗传算法，我们还可以通过穷举的办法对所有可能路程规划进行排序。不过，虽然五座城市之间最多仅有（5 的阶乘）$5 \times 4 \times 3 \times 2 \times 1 = 120$ 种可能，但是当城市变成十座时就会有多达 300 多万种可能，即 $10! = 10 \times 9 \times 8 \times 7 \times 6 \times 5 \times 4 \times 3 \times 2 \times 1 = 3628800$。要想从海量组合中快速找到一个我们满意的答案，就可以使用遗传算法。

另外在上面提到的旅行商问题中，我们设置了起始城市，如果不设置起始城市，那就是任何城市都可能成为起始城市，这样旅行商问题就变成了一个地址选择的问题。比如我们可以选择整体距离最短或者整体运费最低的起始城市作为物流配送中心。

4.2.3 复杂度优先

如果将旅行商问题换成迷宫问题，那么这里的适应度函数就变得更加复杂了。因为在旅行商问题中，我们知道每个新个体的基因序列都是定长的。而在迷宫问题中，基因序列则是长短不一的。那么这个适应度函数该如何确定呢？

回顾一下，三角形王国王子和正方形王国公主的故事，我们都知道它们有一个优秀的孩子——黑色三角形，但是我们不知道它还有一个白色正方形哥哥。不过白色正方形在出生后不久就被恶魔发现了，虽然它也很勇敢，但是因为能力不足被杀死了。三角形王国王子和正方形王国公主不仅有白色正方形这个孩子，还有和自己父母一模一样的白色三角形和黑色正方形。它们的后代基因如图 4.15 所示。

白色三角形在遗传的时候会将基因分解为三角形（图形）基因和白色（颜色）基因两个片段，然后各复制一份，留给子女。这样子女就从父亲那里获得了三角形基因和白色基因。同样的原理，子女又从黑色正方形那里获得了正方形（图形）基因和黑色（颜色）基因。于是子女身上就有了三角形、正方形、白色

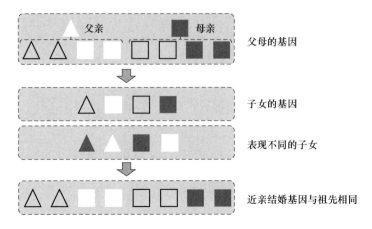

图 4.15　后代基因图

和黑色四个基因片段。有了这些基因片段之后，子女就可以根据自己的选择决定自己的长相了。

通常来说，基因越复杂能力越强大。但是由于具有共同祖先的子女基因的片段都是一样的，因此如果它们之间还是近亲结婚的话是无法让基因复杂化的。为了让基因复杂化就必须增加新的基因片段，那么基因复杂后就一定会表现得优秀吗？不一定，前文提到的白色正方形就是一个失败的例子。

虽然我们不知道基因序列应该多长才合适，但是我们知道，人体的基因越复杂，产生优秀基因的可能性就越大。而我们这里则可以以基因序列的长度作为适应度函数的计算依据，基因序列越长就越好。

在迷宫游戏中，每一个路口就是一个基因片段。虽然机器人并不知道有多少个路口，但是只要它将经过的新路口添加到基因片段里就可以了。如果把经过的路口比作机器人的阅历，这样就会形成一个有趣的画面，同样到达路口 A 的两个机器人，阅历丰富的机器人将淘汰掉阅历少的机器人，这称为基因复杂度优先策略。由于复杂度优先的机器人找到的出口一定比复杂度低的机器人找到的出口时间长很多，因此我们最终还需要对复杂度优先找出来的路径进行一次优化，从而使其下次少走弯路，最终挑选出来的路径其实就是显性基因的序列。

当然如果使距离优先作为适应度函数也是可以的，比如距离出口越近返回的适应度就越高。但是这样做容易陷入局部最优解，比如在图 4.16 中机器人就会在圆圈附近不停地转圈。

因此复杂度优先算法非常适合出口极其复杂的迷宫游戏，如果我们将复杂度优先算法扩展到其他更加庞大的领域，就可以解决更多的实际问题。但是对于像人类基因这样复杂的数据，如果每次都使用对比的方法来确定基因的复杂度的话就需要很多台计算机，为了尽可能减少计算量，我们可以使用一个相对简单的概

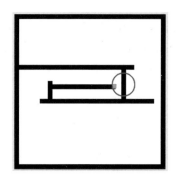

图 4.16　机器人原地转圈

率模型来解决这个问题。

我们都知道在投掷硬币时，一次正面向上的概率是 $1/2$，两次正面都向上的概率是 $1/2 \times 1/2 = 1/4$，n 次正面都向上的概率 $1/2^n$。也就是说投掷次数越多，出现连续一样结果的可能性越低。现在我们假设每一种颜色都对应一个二进制的哈希值（哈希算法可让每种颜色都对应不相同的值），比如红色对应 10、绿色对应 01、蓝色对应 11，那么两种颜色在一起组合的数字就是：

1001（红、绿）、1011（红、蓝）

0110（绿、红）、0111（绿、蓝）

1110（蓝、红）、1101（蓝、绿）

三种颜色在一起的组合就是：

100111（红、绿、蓝）、101101（红、蓝、绿）

011011（绿、红、蓝）、011110（绿、蓝、红）

111001（蓝、红、绿）、110110（蓝、绿、红）

……

随着颜色种类的增加，连续出现 1 或 0 的长度也会增加。根据这个道理，我们只需要统计相同数字的长度就可以计算颜色的种类了，也就是相同的数字越长种类越多。在超大型复杂度优先算法中，这种算法非常节省时间。为了简单起见我们可以用 2^n 表示连续出现 1 或者 0 的次数，比如人体基因的复杂度约为 2^{32}。

注意：由于 JavaScript 本身并不支持哈希算法，因此我们可以使用已经写好的 JS 插件来完成关于不同数据的哈希值运算，比如 md5.js。

4.2.4　竞争与合作

进化算法的核心是适应度函数，适应度函数多种多样，理论上只要适应度函数能够返回一个数值就可以。比如高考的考试成绩是一种适应度函数，足球比赛是一种适应度函数，甚至可以将物体的重量作为适应度函数等。还比如有的遗传算法会让新个体和老个体进行比赛，胜利者才有资格进行下一轮比赛，并按照胜利的次数进行排序。当然也可以采用积分制度，胜一场增加三分，败一场减少三分，最终靠积分进行排序。如果是复杂一点的比赛，还可以设置淘汰赛、复活赛、挑战赛等。一个简单的循环挑战赛流程图如图4.17所示。

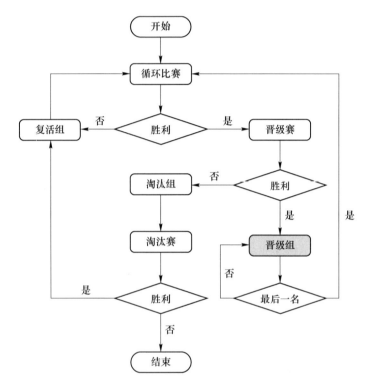

图 4.17　循环挑战流程图

图中晋级组里的参赛队就是最终排序结果。其实不论赛程如何安排，对于比赛的双方而言就是一场根据比赛规则而进行的博弈和对抗。这个比赛规则可以很简单也可以很复杂。比如黑白棋（翻转棋）和跳棋的规则就很简单，而象棋和麻将的规则就比较复杂。

有人也许会说这不公平。不会下棋的人就一定要被淘汰吗？这是一个没有办法的办法，因为只要设定了一种挑战规则，就一定有人会被淘汰。于是有人就模拟动物双目成像的原理设计一种合作优先的选择方式。合作优先是指多个体之间合作结果大于平均值的排序方法。比如人有两只眼睛才能看清距离，这比只有一只眼睛只能看清物体颜色的功能强大。这就是 $1+1>2$ 的最简单原理。

这里有一个小故事：很久以前，在迷雾森林里住着一群独眼巨人。他们都为自己有一个视力很好的眼睛而自豪。后来有个长着双眼的人类来到了迷雾森林。

巨人都嘲笑他一个弱小的人类居然还长着两只眼睛。人类不以为意，便指着不远处的石头对巨人说，你看我这边有一座"山"，你那边也有一座山，咱们比比看谁先跑到山顶。

巨人很是不屑道："不用比了，我一步顶你十步，你是跑不过我的。"

人类坚持道："我看还是比一比吧，这样输了我也甘心。"

于是在众多独眼巨人的见证下，两个人就跑了起来，只见人类不一会儿就跑到了那块大石头上，而巨人才刚刚跑到山脚下。从此以后，独眼巨人们再也不敢说人类弱小了。

双目成像的原理非常简单，因为同一景物在两只眼睛上成像的位置并不一样，将两张图像对比后我们会发现，一个物体的两个成像点之间有一定的位移，位移越小距离越远。这时我们就可以通过计算两个成像点之间的位移距离与某个固定数（两眼之间的距离）的反比来求出景物的真实距离。双目测距原理如图4.18 所示。

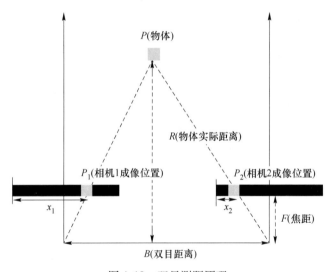

图 4.18　双目测距原理

图 4.18 中的 P_1 点和 P_2 点就是物体 P 在两只眼睛上的成像位置，通过计算 $x_1 - x_2$ 就可以求出成像点位移距离。再用双目之间的距离除以位移距离就是物体 P 与双眼之间的距离即可，具体公式为：

$$R = \frac{B}{x_1 - x_2}$$

如果你使用的是照相机，成像位置和照相机之间还有一段距离也就是焦距 F，那么将两个相机之间的距离 B 乘以 F 即可：

$$R = \frac{B \times F}{x_1 - x_2}$$

双目成像的实现代码如下：

```
group. html
<h3>双目成像</h3>
<div>
  <canvas width="100" height="100" onclick="add('left',this,event)"></canvas>
  <canvas width="100" height="100" onclick="add('right',this,event)"></canvas>
</div>
<div>鼠标依次单击左右视图模拟成像</div>
<div>
  <button onclick="show_eye()">计算距离</button>
</div>
<script>
  // 设置相机参数:实际项目中要考虑将像素点换算成米等距离单位
  let F = 100; // 焦距为 1000 像素
  let B = 10; // 两个相机的距离为 20 像素
  // 成像位置默认为 0
  let left_x = 0;
  let right_x = 0;
  // 添加像素点
  function add(name, obj, event) {
    let x = event. offsetX;
    let y = event. offsetY;
    if (name == 'left') {
      left_x = x;
    } else {
      right_x = x;
    }
    // 显示出来,方便观察
    let ctx = obj. getContext('2d');
    ctx. fillRect(x, y, 1, 1);// 绘制像素点
  };
  // 根据两张图片中像素点的位移计算物体距离
  function show_eye() {
    /* 更多算法可以参考余弦定理:
    对于任意三角形,任何一边的平方等于其他两边平方的和减去这两边与它们夹角的余弦
的积的两倍。
    该公式还能计算远处物体之间的距离。
    */
```

```
let R = (F * B) / (Math. abs(left_x - right_x));
// 可以将该点渲染成包含 Z 轴的三维图像
alert('预计距离为:' + R + '像素');
}
</script>
```

人类在漫长的进化中不仅选择了双眼还选择了双耳和五指和四肢等可以相互合作的器官组织。合作优先算法非常适合可以从量变到质变的进化过程。只不过需要我们提前设置一下程序中的合作方式。比如在狩猎活动中，一个人每天不停地奔跑可以获得 10 斤猎物，而 4 个人每天从不同的方向不停地奔跑可以获得 100 斤猎物。那么 4 个人合作的优势就大于一个人，即 100/4 = 25 > 10。这里的奔跑和方向就是合作的方式，人均所得就是判断依据。

关于合作优先的适应度函数设计，有一个比较简单的对比方法就是让所有的个体之间都进行配合，然后根据合作结果排序。由于让所有的个体之间都要相互合作，因此计算量会变得非常大。为了减少计算量，我们可以使用抽样的方法进行估算。比如我们可以随机选出甲、乙、丙、丁四个人，让他们分别与张三和李四进行合作。最后将结果列出一张表，见表 4.1。

表 4.1　合作效益表

我们选出的人	张三	李四	差距
甲	50	100	50
乙	70	90	20
丙	60	20	−40
丁	20	30	10
结果	200	240	40
均值	50	60	10
方差	1400	5000	2600
标准差	≈18	≈35	≈25

从表中我们可以看出，所有人与李四合作的结果均优于与李三合作的结果，但是方差较大。为了进一步减少误差，我们可以用某人的平均值与另一人的平均值之差除以某人的标准差与抽样人数的平方根来计算某人的相对优异性。以李四比张三的相对优异性为例：

李四的优异性 = (李四的平均值 − 张三的平均值)/(李四的标准差 ×4 的平方根)

$$= (60 - 50)/(35 \times 2) \approx 0.14$$

由于 0.14 这个值较小，说明李四并不比张三优异多少。

那么是不是有了合作优先就不用竞争优先算法了？当然不是，一个好的进化算法不仅需要合作优先也需要竞争优先，只有竞争与合作都好的基因才是最优秀的基因。有些时候我们甚至会主动设置机器人之间的对抗，通过对抗来实现优中选优的目的。比如同样都是有两只眼睛的机器人，比一比谁的视力更好、能耗更低。

4.2.5 贡献值优先

合作优先算法需要我们提前设置一种合作方式，不过要设计好一种合作方式并不容易。为了解决这个问题，我可以仔细观察那些受欢迎的人，研究他们为什么受欢迎。而其中一个主要原因就是这些人对大家都很好。

将这种思想用于进化算法就是共同利益优先策略。比如一群人之所以能够聚集到一起大都是因为大家有着共同利益关系。这种利益关系可以是血缘、可以是爱好、可以是财富、可以是比赛，总之都是为了达成某种趋利避害的目标。这种以共同利益关系组织在一起的群体，甚至可以跨越物种的限制。比如水源周围的动物大都会将水源当作它们的共同利益，一旦有人破坏水源就会群起而攻之。

那么在这个因为共同利益而形成群体中如何才能活得更好呢？最简单的办法就是对大家的共同利益有帮助。比如在音乐社团中，如果你能让大家听到更多的音乐你就是最好的团长；再比如在公司中，如果你能让员工们挣更多的钱你就是最好的老板。

因为不同的群体有不同的利益，所以为了寻找它们之间的共同利益，我们就需要一种办法找到这个共同点。最简单的办法是先分别列出大家关注的利益点，然后将共性最多的利益点作为利益共同点。如果还是找不到利益共同点，就将大家的共同点按照总期望值进行排序，期望值为正的表示希望这件事情发生，期望值为负的表示不希望这件事情发生。找到了最大利益共同点之后，可以将其设置成适应度函数。由于利益分配是根据他人需要程度决定的，因此我们在计算贡献值的时候需要考虑被帮助人的感受，也就是说，他人认为好才是好的。因此我们需要统计每一个人受到帮助的情况，如果受到帮助就增加其贡献值反之就减少其贡献值。

一般情况下，为了方便统计，我们只需要将一个人受到帮助的情况同它达成目标的概率挂钩即可。比如正常情况下小明考上大学的概率是20%，但是在得到小红的帮助下考上大学的概率增加到60%，那么小红就可以从小明那里获得40个点的贡献值。再比如一个机器人拥有很多电池，然后它把多余的电池分给需要电池的机器人，那么它也能获得对应的贡献值。下面我们就写一个机器人分享能源的小程序。

首先是假设自私的机器人和善良的机器人各有50%。善良的机器人在有能

力的情况下愿意帮助需要帮助的机器人，而自私的机器人则不会。其次是假设
2 块能源块才能维持机器人一天的生命，因此机器人每天都要出去寻找能源块。
然后是运气好的机器人可以获得更多的能源块，运气不好的机器人则可能一块都
没有。最后才是我们统计善良的运气好的机器人的贡献值。贡献值可以用来提高
适应度函数的排名，核心代码如下所示：

```
help. html
< h3 > 共同利益优先 </h3 >
< div > < b id = " days " > 第 0 天 </b > 还健在的机器人有：</div >
< div id = " show " > </div >
< script >
  let robots = [ ];
  let size = 10;
  let eat = 4;//修改这个参数观察剩余机器人数量
  // 随机生成 100 个
  for ( let i = 0; i < size; i ++ ) {
    // 格式
    let gene = {};
    // 1 是善良,0 是自私
    let help = Math. random( ) > 0.5 ? 1 : 0;
    gene. help = help;
    gene. power = 2;// 初始能源块为 2 块
    gene. good = 0;// 贡献值
    // 添加到种群中
    robots. push( gene );
  }
  document. getElementById(' show '). innerText = JSON. stringify( robots );
  // 机器人的日常
  // 循环次数
  let max = 1;
  function robot_day( ) {
    document. getElementById(' days '). innerText = '第' + max + '天';
    document. getElementById(' show '). innerText = JSON. stringify( robots );
    if ( robots. length < 2 || max > 30 ) {
      return;// 停止
    }
    for ( let i = 0; i < robots. length; i ++ ) {
      let mun = Math. floor( Math. random( ) * 10 );
      // 获得新的能源块
```

```
    robots[i]. power += mun;
    // 减去每天消耗的能源块
    robots[i]. power -= eat;
    // 如果能源块为空,则表示停机
    if (robots[i]. power < 0) {
        robots. splice(i, 1);
    }
}

// 善良的好运机器人还是行善
for (let j = 0; j < robots. length; j++) {
    // 可以选择捐出去一半,或者只保留一部分
    //这里选择留下 3 天的能源块
    if (robots[j]. help == 1 && robots[j]. power > 3 * eat) {
        // 在选择被帮助对象时,最简单的办法是选择身边的人,最合理的办法是选择最需
要帮助的人
        let helps = robots[j]. power - 6;
        for (let k = 0; k < robots. length; k++) {
            //这里选择帮助能源块小于每天供应量的机器人
            if (robots[k]. power < eat) {
                robots[k]. power += 1;//每人 1 块,分完为止
                helps--;
                if (helps < 1) {
                    break;
                }
            }
        }
        robots[j]. power = 3 * eat;// 善良的机器人只剩下 6 块
    }
}
max++;
window. setTimeout(robot_day, 1000);
}
robot_day();
// 运行一段时间后,再对剩余的机器人进行适应度排序
</script>
```

以上是一种最简单的共同利益优先策略,因为每个机器人确实都需要能源。如果遇到把非共同利益当作共同利益时就会出现贡献值可能为负的情况。这就好比自以为善良的人做了错误的帮助一样,结果会很可怜。

实际项目中，我们往往只需要确定某个数据是真实的就可以计算贡献值，比如机器人在发现危险的时候会通过尖叫来告诉周围的机器人。这时只要确定这个机器人不会撒谎就可以验证消息的准确性，最简单的方法就是使用哈希值。除此之外就是共同利益会随着时间的变化而变化，比如大家都挨饿的时候送饭的是最好的人，但是当大家都吃饱以后还送饭的人就属于浪费粮食了。为了解决这个问题，我们就需要定期修正种群的共同利益函数。

4.2.6 开放式地图

和自然界的遗传算法不同，我们设置的进化算法具有很强的目的性。正是由于目的的存在，一个好的进化算法才会变得可控。比如我们假设机器人需要能源才能存活，那么没有能源的机器人就会停机。再比如我们假设机器人有善良的也有自私的，并且善良的机器人并不能得到更高的回报，那么世界上就只会剩下自私的机器人。

再或者我们把机器人设置得更加复杂一点：我们假设机器人每天都要出去寻找能源块否则就会停机。如果能找到两块能源块还能制造出一个新的机器人。这时你会发现只要能源块足够多，机器人数量就会越来越多。此时如果我们将能源块总数控制在一定范围内，那么机器人的数量也会停留在一定数量上，如果能源块全部源消失机器人也会全部停机。

在实际工作中，为了控制实验规模，我们通过投放一定数量的能源块来达到控制种群规模。当然这里的一定数量是指投放总量，通常为了达到某种实验效果总量是有一定规律的，比如每天的总数一定或者每月无月之夜（农历初一）能源最少、月圆之夜（农历十五）能源最多。

接下来，我们允许机器人进化出速度。比如消耗 2 倍的能源可以提高一倍的速度。这时速度优先的机器人就获得了更多的生存空间。

再接下来，我们允许机器人进化出力量。力量大的机器人可以从力量小的机器人那里抢夺食物。抢夺时需要消耗的能源为对方的力量值。比如力量为三点的机器人只要消耗一点能量就能抢到力量为一点机器人的食物。不过维持力量也需要额外的能源，假设平均一块能源块可以维持 2 点力量。这时力量优先的机器人便获得了更多的生存空间。

再接下来，我们允许机器人进化出眼睛。平均一块能源块可以增加 5 点距离感知。那么视觉为 5 点的机器人就比视觉为 3 点的机器人优先发现能源块。这时距离优先的机器人将获得更多的生存空间。

此时的机器人还是生活在以自我为中心的世界里，如果你允许机器人之间相互通信，那么机器人之间就会出现合作现象。这时团队优先的机器人就会获得更多生存空间。

其实，在团队优先策略出现之前，还会出现一个有趣的现象，那就是局部天赋优先策略。我们假设视力好的负责侦查，速度快的负责运输，力量大的负责占领。但是由于彼此的不信任，加之区域内能源块太少了，最终负责运输的速度快的机器人获得了区域内的生存优势。

实验继续下去，你会发现一个有趣的现象：虽然能源与机器人之间存在必然联系，但是由于天赋的不同，在能源总量一定的情况下总是会有一种机器人获得更多的生存空间，而这种机器人就是当前最优秀的物种。以上就是一个有趣的"环境和物种共生的实验"，无论实验多少次结果都是一样的。

也许你会好奇，为什么每次实验结果都出奇地一致，根本原因是我们做了很多的假设，只要这些假设不变，那么一切就可以预知。

当然，在实际工作中是不可能完全复现上述假设的，顶多模拟出大概的走势。毕竟程序虽然叫作软件但它也是硬件的一种，没有电、没有计算机，你的程序是运行不起来的。而能影响到电子计算机的事物又多种多样。所以为了保证进化算法结果的可控性，在硬件上我们会想办法创建一个封闭的实验环境。比如建立一个恒温恒湿机房或给计算机增加一个备用电源。软件上会使用相同的操作系统、相同的编程语言和相同的算法与数据。

上述过程是我们对计算机做的各种防护工作。高级一点的实验室还可以自动完成这些工作。这就像动物给自己创建一个宜居的环境一样，从细胞膜、蛋壳、房屋到围墙、陆地、海洋、大气层，无不是对自己的一种保护。这个保护过程很像修真小说中设置结界。

接下来，我们再做一个有趣的小实验：在一个相对安静的实验室里，科学家通过脑电波测试仪来预测你下一次可能抬起哪只手。在经过若干次的测试后，计算机预测的越来越准。这时你会发现即便你有意不配合，你举手的结果却早被计算机提前几秒钟计算出来了。

也许你感到很神奇，其实这不过是计算机先于你的大脑计算出来的结果而已。因为这种看似偶然的结果其实也是经过你的神经细胞一层层计算出来的必然结果。而计算机计算的原理也非常简单：

首先它会利用感觉器官获得身体内部的个人数据（内因）和身体外部的环境数据（外因）。

然后将这些数据以电信号的方式传输给一个个与之相连的神经细胞（本能）。

最后神经细胞在接收到了电信号后，会根据各自不同的阈值情况（性能）决定是否放电，从而完成人类的一个决定。

概括来说，其实人类每次所做的决定都是外因、内因、本能和性能相互影响的结果，并且这个影响是可以通过概率进行计算的，如图4.19所示。

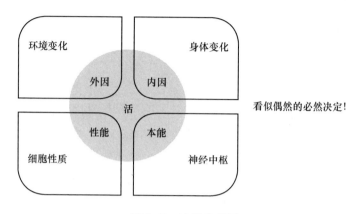

图4.19 决策流程图

我们知道，小鸡发育到一定程度之后就会选择破壳而出。这个时候它通常会用自己的喙（鸟嘴）啄开坚硬的蛋壳。这个过程很重要，而必须是自己完成的。如果是在外力作用下强行破壳，就会造成小鸡发育不全，对它以后的成长是不利的。

根据这个原理，我们在选择机器人何时步入人类社会时也会选择让机器人自己做决定。比如在机器的制造工厂中有很多出厂考核，只有经过这些考核之后才能离开工厂。那是不是说一个工厂、一张图纸制造出来的机器人就一定是一样的呢？答案自然不是，先不说工厂是一个相对封闭的环境，就说建筑图纸也会在施工过程中因为不断地复制而发生改变。只不过由于程序（计算）本身不会犯错，我们才人为地设置了一个变异率。

结界在保护我们的同时也限制了我们的发展，所以当结界之内的事物按照程序发展到某一水平后就会突破结界，进入更广阔的世界。比如机器人在突破我们设置的结界之后将面临更多的选择。以前它或许每天都去寻找能源块，现在它就可能学会太阳能发电、火力发电、风力发电等。实在不行还会进化出不用电机器人。

突破结界说起来容易，但是想用进化算法模拟却非常困难。目前最简单的办法就是制作一个开放的地图。理论上只要地图是开放的，那么一切结果就都有可能发生。

这也比较好理解，一个开放的地图会有各种各样的地形图，地形图上的每个像素点又有自己独立的计算方式，只要我们的机器人进入另一张地图就会因为地图（环境）的改变而发生改变，由于开放地图是由别人制作的，因此我们很难预测机器人的未来。开放地图核心代码如下所示：

open_map. html

```
<h3 >iframe 模式嵌入多个地图 </h3 >
<!--第一种实现方式:嵌套 iframe,通过父子窗口之间的通信来进入不同的副本,假设目前只
有 3 个地图-- >
< table cellspacing = "0 " cellpadding = "0 ">
  < tr >
    < td > < iframe name = " map_1 " frameborder = " 0 " width = " 200 " height = " 200 " src =
" map/map_1. html " scrolling = " no "> </iframe >
    </td >
    < td > < iframe name = " map_2 " frameborder = " 0 " width = " 200 " height = " 200 " src =
" map/map_2. html "> </iframe > </td >
  </tr >
  < tr >
    < td colspan = "2 "> < iframe name = " map_3 " frameborder = " 0 " width = " 400 " height =
"100 " src = " map/map_3. html "> </iframe > </td >
  </tr >
</table >
<h3 >动态生成地图 </h3 >
< div id = " map – box " style = " position:relative;" onclick = " select_map( event)"> </div >
<!-- < div id = " robot ">蓝 </div > -- >
< script >
// 第二种实现方式,依次渲染远程数据库中的地图,比如通过 AJAX 返回了以下三张地图
名称、X 轴坐标、Y 轴坐标、宽度、高度、颜色、JS 插件等数据
  var maps = [
    [' map_1 ', 0, 0, 200, 200, '#F99 ', ' map/map_1. js '],
    [' map_2 ', 201, 0, 200, 200, '#9F9 ', ''],
    [' map_3 ', 0, 201, 400, 100, '#99F ', '']
  ];
  var box = document. getElementById(' map – box ');
  function show_map() {
    for (let i = 0; i < maps. length; i ++ ) {
      let map = maps[i];
      let obj = document. createElement(' div ');
      obj. style. position = ' absolute ';// 使用绝对坐标定位
      obj. id = map[0];
      obj. style. left = map[1];
      obj. style. top = map[2];
      obj. style. width = map[3];
```

```
        obj. style. height = map[4];
        obj. style. background = map[5];
        if (map[6] != '') {
            // 动态加载 JS 插件
            let script = document. createElement('script');
            script. id = map[0];
            script. src = map[6];
            document. body. appendChild(script);
        }
        box. appendChild(obj);
    }
}
show_map();
function select_map(event) {
    let map = event. srcElement. id;
    let map_x = event. offsetX;
    let map_y = event. offsetY;
    console. log(map, map_x, map_y);
    // 判断事件发生的区域,调用对应事件
}
// 除此之外,也可以使用 postMessage 方法进行窗口之间的通信
</script>
```

map/map_1. html

```
<body style = "margin: 0;">
<div id = "map" style = "width: 200px; height: 200px; background: #F99;" onclick = "sub_map
(event)">
    <div id = "show"> </div>
</div>
<script>
    // 可以通过 AJAX 访问远程的数据库来实现多人在线
    // 返回下列数组:名称、X 轴坐标、Y 轴坐标、宽度、高度、颜色
    let data = [['机器人 1',100,100,10,20,'#CCC']];
    let map = document. getElementById('map');
    function robots() {
        for(let i = 0; i < data. length; i + +) {
            let robot = data[i];
            let obj = document. createElement('div');
            obj. style. position = 'absolute';// 使用绝对坐标定位
```

```
        obj. id = robot[0];
        obj. style. left = robot[1];
        obj. style. top = robot[2];
        obj. style. width = robot[3];
        obj. style. height = robot[4];
        obj. style. background = robot[5];
        map. appendChild(obj);
      }
   }
   robots();
   function sub_map(event) {
      document. getElementById('show'). innerHTML = '你已经进入红色地图,当前坐标点为
X =' + event. x + 'Y =' + event. y;
   }
</script>
</body>
```

map/map_2. html
```
< body style = " margin: 0;">
< div style = " width: 200px; height: 200px;background: #9F9;" onclick = " sub_map(event)">
   < div id = " show"> </div>
</div>
< script >
   function sub_map(event) {
      document. getElementById('show'). innerHTML = '你已经进入绿色地图,当前坐标点为
X =' + event. x + 'Y =' + event. y;
   }
</script>
</body>
```

map/map_3. html
```
< body style = " margin: 0;">
   < div style = " width: 400px; height: 100px;background: #99F;"> 这是一幅空地图 </div>
</body>
```

　　或许你会好奇，既然开放的地图拥有无限可能，那么结果会不会越来越混乱
和复杂。混乱和复杂是一定的，但是所谓的混乱是各种颜色组合在一起让人难以
分辨，所谓的复杂是各种颜色的重复排列。因此它们本质上都是对事物构成的一
种描述。比如我们常说1011010是混乱的而000111是复杂的，000、111是简单
的。但是实际上它们都是由0、1组成的不同组合。是否混乱只取决于你对它的
理解。理论上只要你重复的次数足够多，你一定会找到一组你熟悉的数字，这组

熟悉的数字就是秩序。

也就是说一个开放的系统，只要不断地输入能量，就有可能重复出现你熟悉的局部秩序性，但是我们要知道这个局部秩序性是用更大的能量空间换来的。换句话说复杂的空间包含了简单的秩序，秩序只是空间的一种组合而已。

其实除了开放的地图之外我们还可以允许机器人自己改变地形图。比如机器人可以修路、搭桥、建房子。在进化算法的程序中，我们假设地形图中每一个像素点都是一块小石头，然后机器人可以通过搬运和堆砌的这些像素点方法来移动这些石头，从而更快地找到能源块。

4.3 自 我 编 程

4.3.1 编程引擎

到目前为止，所有的人工智能小程序都还需要我们自己来设计算法和编写代码。既然人工智能可以代替人类工作，那么它是不是可以自己设计算法和编写代码呢？

回顾一下我们做人工智能的三种方法，无非就是模拟过程、模拟结构和模拟行为。下面我们就来试一下模拟过程的方法，回顾一下你学习算法的过程：

首先，要有一篇算法类的文章，这篇文章就是我们学习的目标。

其次，要通过工具查阅算法中陌生词语，只有理解了词语才能读懂文章。

然后，将算法一步步分解，直至每一步都是你已经学会的方法。

最后，照着文章的例子，模拟运算一次，看看结果是否一致。

其实这个过程就是计算编程语言的底层实现过程。以常用的 JavaScript 为例，我们都知道计算机最底层是一种二进制机器码，但是我们使用的却是文字，这就需要一个能够理解我们文字的翻译官，这个翻译官主要做三件事。

（1）将文章或者源代码按照语法规则进行语法检测

这个语法规则是大家提前约定好的。比如 document 表示调用文档对象意思，window 是表示调用窗口对象意思；再比如 document. write（'内容'）表示调用文档对象的写入方法，写入的数据是()中的"内容"二字。当然你还可以定义更加复杂的语法规则，比如 if（true）{congsole. log（'成功'）}。

通常语法检测之后会形成一种名为语法树（也称语法数）的中间结果。这个中间结果上的每一个节点都是一段计算机可以直接理解和执行的指令。比如在计算机在解析 $1 + 2 \times 3$ 的过程中就会先将其分解成：

- 找到 2 和 3；
- 将 2 与 3 相乘；
- 找到 1 和 2×3 的结果；

● 将 1 与 2×3 的结果 6 相加。

整个计算过程就像一个倒着放的树，因此称为语法树，如图 4.20 所示。

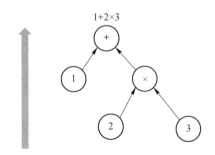

图 4.20　语法树

（2）将语法树编译成一条条可以执行的计算机指令

由于计算机只能执行二进制机器码，因此编译之后的计算机指令都是二进制编码。但是因为每台计算机操作系统都可能不同，所以为了实现跨平台应用，JavaScript 就做了处理，那就是先将语法树翻译成字节码。虽然字节码也是二进制编码，但是只要有翻译官在，它就可以很快将其编译成机器码，从而节省了将源代码解析成语法树的时间。

（3）将字节码编译成一条条可以执行的计算机指令

谷歌浏览器所使用的 JavaScript 翻译官就是使用这三层结构的，它的官方名称为 V8（谷歌第八代 JavaScript 引擎）。不过 JavaScript 并不是由谷歌开发的，而是由一家名为网景的公司开发的。后来网景公司还把 JavaScript 交给 ECMA（欧洲计算机制造商协会）来进行标准化。所以现在我们使用的 JavaScript 语法是由 ECMA 制定的标准。现在已经升级到第六版了，即 ECMAScript6（ES6）。如果你对 JavaScript 语法很感兴趣的话，建议可以看一下官方文档。

了解过 JavaScript 的执行过程之后，我们再来回顾一下编程的过程，这个过程大概可以分为以下四步：

首先，要把我们的想法以文字形式描述出来，这个过程称为文字化；

其次，要把文字化的内容通过数学模型表达出来，这个过程称为算法化；

然后，要把算法化的模型通过编程语言编译出来，这个过程称为程序化；

最后，要把程序化的软件通过实际反馈不断改进，这个过程称为实用化。

文字化决定了你要做什么，算法化决定了方案是否可行，程序化决定了计算机能否执行，实用化决定了软件最终的价值。

现在回到编程的问题上，人们为了提高编程效率，通常会使用 IDE（集成开发环境，Integrated Development Environment），比如微软公司的 Visual Studio（VS）、苹果公司的 Xcode、IBM 公司的 eclipse 都是不错的集成开发环境。

那么我们是不是也要让机器人像人一样，打开这些软件然后开始编写代码呢？其实大可不必。还记得我们在书中开始时就使用的 eval() 函数吗？有了这个函数我们基本就能解决 80% 以上的问题。

JavaScript 不仅提供了可以执行 JavaScript 代码的 eval() 函数，还提供了帮助我们分析语法错误的 try{}catch(err){} 语句。有了这两点，我们就能写出一个计算机可以自己运行的代码了。如果你还想定位到更具体的行与列也可以尝试动态地创建一个 scrpt 标签并运行 JavaScript 代码。

需要注意的是，由于 eval()、try{}catch(err){} 都需要在 JavaScript 运行之后才能工作，所以在你的代码还没运行时它们是无法工作的。这时就可以先用 iframe 框架来装载当前的代码，再使用 window.onerror() 方法来捕捉 iframe 窗口可能产生的语法错误。

当然最好的办法就是我们在代码生成的时候就要遵守 JavaScript 的语法规则。比如数字不能作为变量名也不可以作为关键字的开头；再比如";"是换行符等。一个简单的自动调试小程序首先是捕获各种各样的错误，然后按照提示替换出现错误的字符串。因此错误捕获就变得非常重要，错误提示越详细越好。以语法错误捕获为例，核心代码如下所示：

```
code_js. html
<h3>编程引擎(JavaScript)</h3>
<textarea id="ide" rows="1" placeholder="请在此写入 JavaScript 代码!"
oninput="autoHeight(this)"></textarea>
<p><button onclick="aigc()">生成 JS 代码</button> <button onclick="debug()">自
动调试</button></p>
<!--使用 iframe 既可以监听更多的错误也可以防止代码污染-->
<iframe id="test" width="100%"></iframe>
<script>
  // 设置字符集,减少错误发生的概率
  var char = 'a=1;';
  var ide = document.getElementById('ide');//IDE
  // 根据错误信息自动调试 JavaScript 代码
  function debug() {
    let js = ide.value;
    let test_w = document.getElementById('test').contentWindow;// iframe 窗口对象
    // 捕捉错误并指定对应的调试函数:错误消息、错误文件、错误行号、错误列号
    test_w.onerror = function (message, filename, lineno, colno, errore) {
      // 调用对应的错误处理函数,以语法错误为例
```

```
    if (errore. name == 'SyntaxError') {
      e_syntax(message, filename, lineno, colno, errore);
    } else {
      console. log(message, filename, lineno, colno, errore);
      /* 其他语法错误
      'EvalError'//eval() 函数运行错误
      'InternalError'//堆栈错误(如内存溢出)
      'RangeError'//超出边界错误
      'ReferenceError'//访问不存在的对象(如变量不存在)
      'TypeError'//数据类型错误
      'UrlError'//url 编码错误
      */
    }
    return true;//不再上报错误
  }
  // 运行这段代码
  try {
    //eval(js);
    // 如果 iframe 框架中已经存在 script 标签就清除掉
    let obj = test_w. document. getElementById('test-js');
    if (obj) { obj. parentNode. removeChild(obj); };
    // JS 调试模板,不要有空格
    let js_mode = js;
    // 动态创建 JavaScript 脚本将比直接运行 eval() 函数更容易调试,方便定位错误位置
    let script = document. createElement('script');
    script. id = 'test-js';
    script. textContent = js_mode;
    test_w. document. body. appendChild(script);
    //debugger;// 设置断点,方便跟踪错误位置
    //throw 自定义错误类型
  } catch (err) {
    // 略
  }
}
// 生成式 AI,随机生成 JS 代码
var size = 10;// 代码中量
var rows = 0;// 代码行数
function aigc() {
  let arr = char. split('');
```

```javascript
      let len = 2 + Math.round(Math.random() * size);//至少两个字符
      let js_str = '';
      for (i = 0; i < len; i++) {
        let str = arr[Math.floor(Math.random() * arr.length)];
        // 最好对照 JavaScript 语法来生成代码,这样错误较少
        // 我们这里可以先通过";"进行分行
        if (str == ';') {
          str += '\n';//追加换行符
          rows++;
        }
        js_str += str;
      }
      // 显示代码
      ide.value = js_str;
      ide.oninput();
    }
    // 错误处理函数
    function e_syntax(message, filename, lineno, colno, errore) {
      console.info('语法错误调试中!');
      console.dir(errore);//显示错误对象的属性和方法,方便调试
      // 借助控制台函数可提高语法调试的效率
      // console.log();//日志模式
      // console.info();//信息模式
      // console.warn();//警告模式
      // console.error();//错误模式
      // console.table();//表格模式
      // console.assert();//追踪模式
      // console.debug();//调试模式
      // console.trace();//调用模式
      // console.dir();//对象模式
      // console.group('第一组开始')、console.groupEnd('第一组结束');//分组模式
      // console.time()、console.timeEnd();//计时模式,计算运行的时间
      // console.memory;内存
    }
    // 自动行高
    function autoHeight(obj, h = 5) {
      obj.style.height = 'auto';
      obj.style.height = obj.scrollHeight + h + 'px';
    }
</script>
```

第一次让计算机自己修正错误时可能会遇到各种各样的问题，这时我们可以多使用 console 对象，console 有很多便利的调试方法，比如 console. trace() 函数和 console. assert() 函数就很有趣。如果你觉得语法错误定位得还是不够准确，那么还可以试着使用 ESLint 这样的插件。

4.3.2　语法词典

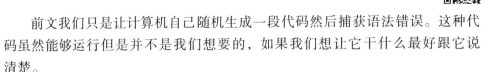

前文我们只是让计算机自己随机生成一段代码然后捕获语法错误。这种代码虽然能够运行但是并不是我们想要的，如果我们想让它干什么最好跟它说清楚。

比如你要它生成一段计算长方形面积的代码，就要跟它说我要一个计算圆形面积的代码。由于它可能没有学习过这个方法，因此它自己琢磨的时间也会很长，最简单的方法就是给它一篇文章让它学习。由于这种文章很少并不适合机器学习，因此我们可以使用中文语法词典对其进行解析，整个解析过程其实就是把普通话翻译成程序语言。

比如文章中的变量我们可以替换成 var，打印可以替换成 write()。对于有些复杂的语法结构图，可以使用正则来进行匹配和替换，比如如果……那么……否则……就可以替换成 if(...){...}else{...}，从 1 开始循环到 10 就可以替换成 for(i = 0;i < 10;i + +){}。

因为中文太多了，所以这个词典可能很大。前期为了减少工作量，我们可以做三件事：

第一件事就是在文章输入的时候人为地将单词用空格分割，这样会大大减少分词的工作量。如果遇到空格也无法界定的问题就使用()来表示递进关系，比如"漂亮的姐姐和妹妹"既可以变成"漂亮的（姐姐和妹妹）"也可以变成"（漂亮的姐姐）和妹妹"，当然你也可以通过空格的多少来表示词语之间关系的远近。

第二件事就是专注于算法类的语法词典，这样我们的计算机学习起算法来就会变得很容易。算法类的词典有很多意义固定的符号，比如 +（加）、−（减）、×（乘）、÷（除）、=（等于）、≠（不等于）、∑（和）、∞（无穷大）、∵（因为）、∴（所以）等。

第三件事就是将原来写好的代码加上注释保存起来，这样下次再用的时候就不用重复开发。存储的时候我们可以分成两张表，一张表用于存储代码名称、代码说明和代码内容，另一张表用于存储代码案例。

下面我们就试着写一个简单的汉语语法词典，让计算机学习解一道简单的数学应用题，用于计算剩余的资金，其核心代码如下所示：

code_dict. html

```
< textarea style ="width: 100% ;"> 小明有 10 元, 花了 5 元, 问小明还剩几元? </ textarea >
< button type =" button " onclick =" run()">计算 </ button >
< script >
  解题思路 = [
    '题目 是 返回文本框的值',
    '题型 是 返回题型(题目)',
    '如果 题型 等于 真 那么',
    '被减数 是 返回被减数(题目)',
    '减数 是 返回减数(题目)',
    '结果 是 被减数 减去 减数',
    '打印(结果)',
    '否则',
    '打印("我没学过")',
    '结束判断'
  ];
  /*
```

关于去括号问题, 如返回题型(题目)也可以写成'返回 题目 中的题型', 更容易理解。不过需要正则匹配将其替换为'返回题型(题目)', 因此这里做了简写

```
  */
  语法字典 = {
    '是': ' =',
    '返回文本框的值': ' document. querySelector(" textarea "). value ',
    '返回题型': '返回题型',
    '(': '(',
    ')': ')',
    '如果': ' if(',
    '等于': ' ==',
    '真': ' true ',
    '那么': ') {',
    '减去': ' -',
    '打印': ' alert ',
    '否则': '} else {',
    '结束判断': '}'
  };
  // 函数字典
  返回题型 = function (字符串) {
    //小明有 10 元, 花了 5 元, 问小明还剩几元?
```

```
    正则 = /^\S * 有\d + \S + 花了\d\S + 还剩几/;
    return 正则. test(字符串);
  }
返回被减数 = function (字符串) {
  正则 = /^\S * 有(\d + )/;
  // 返回匹配的数字
  return parseInt(字符串. match(正则)[1]);
}
返回减数 = function (字符串) {
  正则 = /^\S * 有\d + \S + 花了(\d + )/;
  // 返回匹配的数字
  return parseInt(字符串. match(正则)[1]);
}
// 词典
function run() {
  // 读取解题思路:大型项目可以做成异步
  源代码 = '';
  for (步骤 in 解题思路) {
    思路 = 解题思路[步骤];
    // 简单的语法解析
    for(语法 in 语法字典){
      语句 = 语法字典[语法];
      思路 = 思路. replaceAll(语法,语句);
    }
    源代码 += 思路 +';\n';
    console. log(思路);
  }
  eval(源代码);
};
</script >
```

4.3.3　进化编程

　　不过即便如此,我们仍然需要编制一个很大的中文语法词典,尤其是正则表达式的运用更让人眼花缭乱。正则表达式又称规则表达式,是 JavaScript 等编程语识别文本模式的一种方法。比如所有"中字开头的句子"就可以用"/中. * /g"来表示。有了正则表达式,我们就可以用一个表达式来代表所有相似的字符串了。但是你会发现,即便使用了正则表达,我们仍然要写很多的正则。为了解决这个问题，我们最好对正则编制一个正则语法词典，让计算机根据正则语法词典自己试着写一个正则，这样就会快很多。

让计算机自己写正则的方法有很多，第一种是监督学习，首先给计算机一段代码，然后告诉计算机这个段代码对应的正则是什么就可以了。当然前提是每种正则都至少有几百个代码才行。第二种是无监督学习，首先给计算机足够的源代码，然后让计算机自己去试着分类，将分类好的模型用于模式匹配即可。第三种是进化算法，首先告诉计算机生成代码的通字符（普通字符）和元字符（特殊字符），然后让计算机生成各种各样的正则即可。

第一种方法需要大量的人工标注，第二种方法需要大量的程序代码。通常这个量级的工作都由一些专业的代码托管平台来完成如 GitHub。

也许有人说，GitHub 上的代码也没有正则标注呀？其实是有的，只不过在机器学习的过程中是将注释当作正则标注来使用的，再加上代码本身就是英文写的，因此机器学习的效果还是很好的。

由于我们很难拿到代码平台上的所有代码，或者说我们的代码并不常见，因此我们只好选择用进化算法来生成代码的正则，换句话说，我们是利用进化算法代替了缺少大数据的机器学习。在利用进化算法来生成正则前，我们最好先了解一下正则表达式的语法。正则表达式的语法可以简单概括为查找范围语法和匹配数量语法两种。

JavaScript 正则使用［］（方括号）和｜（竖线）来规定查找字符串的范围，使用 ｛｝（花括号）和 + 、＊、? 来匹配要查找的数量，见表 4.2 和表 4.3。

表 4.2　正则范围表

表达式	说　　明
［abc］	查找方括号之间的任何字符
［^abc］	查找除了方括号之间的字符
［0 – 9］	查找 0 到 9 的数字
［a – z］	查找从小写 a 到小写 z 之间的字符
［A – Z］	查找从大写 A 到大写 Z 之间的字符
（ok｜good ｜hello）	查找｜前后任何字符串

表 4.3　匹配数量表

量词	说　　明
N +	匹配至少包含一个 N 的字符串
N *	匹配包含零或多个 N 的字符串
N?	匹配包含零或一个 N 的字符串
N｛X｝	匹配包含 X 个 N 的字符串

量词	说　　明
N{X,}	匹配 N 连续出现至少 X 次的字符串
N{X,Y}	匹配 N 连续出现 X 次与 Y 次之间的字符串
N $	匹配结尾为 N 的字符串
^N	匹配开头为 N 的字符串
? = N	匹配后面指定字符 N 的字符串
?!N	匹配后面没指定字符 N 的字符串

除此之外，JavaScript 为了让我们书写正则表达式更加方便，还提供了一些有趣的元字符，这些定义好的元字符比较多，常用有下面这些：

. （除了换行符之外的任意字符）；

\w（数字字母下划线）；

\d（数字）；

\s（空白字符）；

\uxxxx（十六进制 Unicode 字符，如中文）。

以上字符都是小写字母，如果换成大写字母就是不包含某些字符的意思了，比如\D 表示除了数字以外的所有字符。

了解过正则表达式的基本语法后，我们就可以实现进化算法的编程了。具体实现过程是：

（1）设置某个函数的初始种群规模为 100 个；

（2）每次基因交叉的片段为基因总长度的 1/5；

（3）使用关键词命中率来做适应度函数；

（4）在所有匹配的表达式中选出最短的一条作为最终基因；

（5）继续实现下一个函数的正则表达式。

最终，我们可能生成上万个函数的中文正则表达式。下面我们就来看看一个可以自动生成语法词典的机器人是如何工作的吧，核心代码如下所示：

```
code_reg. html
<h1>找到年龄数字</h1>
<div>关键提示词<input id="word" type="text" value="数字 年龄" placeholder="多个提示词可以使用空格进行分割"></div>
<div>输入字符串<input id="input" type="text" value="我今年 10 岁了"></div>
<div>输出字符串<input id="output" type="text" value="10"></div>
<div>测试字符串<input id="test" type="text" value="小明 10 岁了"></div>
<p><button onclick="heredity()">运行</button></p>
<div id="show"></div>
```

```
<script>
  // 正则词典(元字符:说明的关键词)
  const PREG = {
    '\\d':['数字','数值'],//\\是用来进行转义
    '\\w':['单词','文字','字符','非空白字符'],
    '岁':['年龄','岁数'],
    '\\s':['空白字符']
  };
  // 因为提示词关系到适应度函数,所以非常重要
  var keywords = [];
  // 初始化遗传算法
  var data = [];//种群基因数据库
  var size = 10;//种群规模
  // 在大型项目中可以有多个输入和输出,当然你也可以使用机器学习
  var input = ";//输入字符串
  var output = ";//最终字符串(最终基因序列)
  var testput = ";//测试字符串
  var sex = 0.8;//交叉率
  var ag = 0.1;//变异率
  var max = 100;//设置最大迭代次数,防止死循环
  var show = document.getElementById('show');
  // 初始化种群
  function start() {
    // 获取需要测试的数据
    keywords = document.getElementById('word').value.split(' ');
    input = document.getElementById('input').value;
    output = document.getElementById('output').value;
    testput = document.getElementById('test').value;
    for (let i = 0; i < size; i++) {
      let gene = [];// 新基因数组
      // 基因的生成很关键,最好按照正则语法来生成
      for (key in PREG) {
        let arr = PREG[key];
        let weight = 0.1;//基本权重
        keywords.forEach(function (item) {
          // 如果命中就随机增加权重
          if (arr.indexOf(item) > -1) {
            weight += Math.random();
          }
        });
```

```
      if (weight > Math. random()) {
          // 添加基因片段并设置默认数量(默认至少1个)
          gene. push([key, '{1,}']);
          // '{1,}';// 表示至少多少个
          // '{1,10}';// 表示长度区间
        }
      }
      // 追加到种群中
      if (gene. length > 0) {
        data. push(gene);
        console. log('新个体:', gene);
      }
    }
  console. log('初始化种群', data);
}
// 适应度函数:这里可以使用简单的关键词命中率来判断与提示词的相似度
function ok(arr) {
  let words = [];
  for (let i = 0; i < arr. length; i++) {
    let name = arr[i][0];
    words = words. concat(PREG[name]);
  }
  let len = 0;
  // 判断当前基因片段是否在最终基因序列中,与顺序无关
  keywords. forEach(function (item) {
    if (words. includes(item)) {
      len++;
    }
  });
  let count = len > 0 ? (len / keywords. length) : 0;
  return count;
}
// 遗传算法
function heredity() {
  if (data. length < 2) {
    console. log('由于种群少于2个人,因此重新初始化种群!');
    start();
  };
```

```javascript
// 适应值排序
data. sort(function (a, b) {
  return ok(b) - ok(a);
});
// 显示本次排序的数据
console. log('排序后的种群', data);
// 判断是否找到基因序列
if (run(data[0])) {
  show. innerHTML = '已经找到基因:' + data[0];
  return data[0];
} else if (max < 1) {
  show. innerHTML = '目前最优秀的基因是:' + data[0];
  return data[0];
} else {
  max--;
  console. log('还剩' + max + '次进化机会');
}

// 参与遗传的个体
let is_l = data. length;
let sex_i = Math. round(sex * is_l);
let sexs = [];
// 轮盘选择方法
let sum = 0;
let arr = [];
for (let n = is_l; n > 0; n--) {
  sum += n;
  arr. push(sum);
}

for (let n = 0; n < sex_i; n++) {
  let rand = Math. random() * sum;
  let al = arr. length;
  for (let a = 0; a < al; a++) {
    if (rand < arr[a]) {
      sexs. push(data[a]);//被选中
      break;
    }
  }
}
```

```
    console. log( sexs) ;
    // 生成新的种群
    let news = [ ] ;
    for (let i = 0; i < size; i ++ ) {
      let new_x = Math. floor( Math. random() * sexs. length) ;
      let new_y = Math. floor( Math. random() * sexs. length) ;
      let xy;//新基因
      if (Math. random() > 0.5) {
        xy = arr_replace( sexs[ new_x] , sexs[ new_y] ) ;
      } else {
        xy = arr_replace( sexs[ new_y] , sexs[ new_x] ) ;
      }
      news. push( xy) ;
    }
    data = news;
    // 递归
    window. setTimeout( 'heredity()', 1000) ;
}
// 基因片段替换函数
function arr_replace( a1, a2) {
    let new_arr = [ ];//新基因
    for (let key = 0; key < a1. length; key ++ ) {
      if (Math. random() < ag) {
        // 是否增加新的基因
        for (preg in PREG) {
          let arr = PREG[ preg] ;
          let weight = 0. 1;//基本权重
          keywords. forEach( function (item) {
            if (arr. indexOf( item) > -1) {
              weight += Math. random() ;
            }
          }) ;
          if (weight > 0. 5) {
            // 添加新的基因
            new_arr. push( [ preg, '{1,}'] ) ;
          }
        }
      } else {
```

```javascript
        // 随机交换
        if (Math.random() > 0.5) {
            new_arr.push(a1[key]);
        } else {
            if (a2[key]) {
                // 如果对方存在该基因序列就替换
                new_arr.push(a2[key]);
            } else {
                new_arr.push(a1[key]);
            }
        }
    }
    return new_arr;
}
// 运行正则代码
function run(arr) {
    let str = '';
    arr.forEach(function (item) {
        str += item[0] + item[1];
    });
    console.log(str);
    // 运行这段代码
    try {
        let preg = new RegExp(str);
        // 返回匹配结果
        let result = preg.exec(testput);
        let data = testput.match(preg);
        console.log('测试结果', data);
        return result;
    } catch (err) {
        //错误提示
        console.log(err.message);
    }
    return false;
}
</script>
```

4.3.4 迁移学习

在进化编程过程中生成了很多正则词条，而这些词条都是我们使用了很多计算资源才获得到的。但是对正则词典统计之后我们却发现有很多相似的正则词条。那么有没有一种方法可以将两个功能相似的正则词条通过简单的参数修改从而得到一个全新可用的新词条呢？答案就是使用迁移学习，所谓迁移学习和我们常说的举一反三、灵活运用是一个意思。迁移学习本质上是一种优化办法，目的就是把任务 A 开发的模型作为初始点，重新应用在任务 B 模型的开发过程中。比如我们把"中国人脸识别系统"简单修改为"外国人脸识别系统"，把"蔬菜专家系统"简单修改为"水果专家系统"，把"用户查询代码"简单修改为"用户登录代码"等。

一般来说，我们在使用迁移学习的时候主要是通过修改特征参数和网络结构来实现的，即基于预训练模型迁移和基于网络结构迁移。基于预训练模型迁移即将已经在大规模数据集上预训练好的模型（如 BERT、GPT 等）作为一个通用的特征，然后在新任务上进行特征微调。基于网络结构迁移即将在一个领域中训练好的模型（如知识图谱、流程图）作为一个通用的网络结构，然后在新任务上进行结构微调。

不论是从特征上微调还是结构上微调，我们首先都要选择一个方便调整的已知模型。如果是人来选择的话，这个过程可能很简单，但是我们一旦将模型选择的任务交给计算机，这个计算量就会变得很大，尤其是在比较两个较大的模型时，这个计算量就会成倍地增长。比如我们想查找两篇文章中相同的字符串中最长的一个（最长子串），或者相同字符串序列中最长的一个（最长公共子序列），就是通过不断递归来依次寻找：1 个字符、2 个字符、…、N 个字符来实现的。

有一个更简单的方法来完成这个任务，如图 4.21 所示。我们想要寻找字符

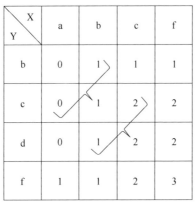

X Y	a	b	c	f
b	0	1	1	1
c	0	1	2	2
d	0	1	2	2
f	1	1	2	3

图 4.21　最长公共子序列

串 X[a、b、c、f] 与字符串 Y[b、c、d、f、] 的最长公共子序列，最简单的方法就是判断行与列对应的字符是否相等，如果相等就在坐标点上加1，如果不相等就取该坐标点斜角（左边、上边）最大的值。

这种方法经常用于判断两个数据的相似度，比如在 GIT（版本控制）中就是使用这种办法来判断最长公共子序列的。一个简单的最长公共子序列判断的核心代码如下所示：

```
code_git. html
<h1>GIT 源码相似性</h1>
<div>
  已知源码1<input type="text" id="code1" value="apple">
  <br>
  已知源码2<input type="text" id="code2" value="hello">
</div>
目标源码 <input type="text" id="my_code" value="help">
<div id="show"></div>
<script>
  var show = document. getElementById('show');
  // 返回最长公共子序列
  function git(code1, code2) {
    // 返回字符串的长度
    let c1 = code1. length;
    let c2 = code2. length;
    // 创建一个二维数组
    let data = [];
    for (let row = 0; row <= c1; row++) {
      data[row] = [];
      for (let col = 0; col <= c2; col++) {
        data[row][col] = 0;
      }
    }
    // 开始逐行逐列遍历
    for (let i = 1; i <= c1; i++) {
      for (let j = 1; j <= c2; j++) {
        if (code1[i - 1] === code2[j - 1]) {
          // 字母匹配
          data[i][j] = data[i - 1][j - 1] + 1;
        } else {
```

```
        // 不匹配:取两个斜角最大的值集成下来即可
        data[i][j] = Math.max(data[i - 1][j], data[i][j - 1]);
      }
    }
  }
  return data[c1][c2];
}
// 开始调用
var text1 = text('code1');
var text2 = text('code2');
var my_text = text('my_code');
var html = '目标源码' + my_text;
html += '<br>';
html += '与' + text1 + '的最长公共子序列长度是' + git(text1, my_text);
html += '<br>';
html += '与' + text2 + '的最长公共子序列长度是' + git(text2, my_text);
show.innerHTML = html;

// 返回字符串
function text(str) {
  return document.getElementById(str).value;
}
</script>
```

在上面的小程序中，我们通过字符来寻找两个字符串的最长公共子序列，其实在日常任务中，我们只要比较关键词（又称提示词）就可以了。这些由关键词数组构成的最长公共子序列可以帮助我们快速确定用户的需求（如编程）。

如果我们不知道用户的需求是什么，那么就向他们提问，只要问得够详细，答案就一定存在。我们平常解决复杂的问题也是这样化繁为简的，比如将一个复杂问题分解为多个较简单的小问题，然后一个一个地分开解决，将所有小问题解决后，再综合起来检验，看看是否解决了整个问题。

如果遇到不会分解的问题怎么办？这时我们就让计算机学会提问，所谓的提问就是将一个比较笼统的问题细分为小问题的过程。比如"我要一个黄色的机器人。"如果计算机不知道是啥样的机器人就可以问："这个机器人会什么，能干什么，什么形状，什么材质，使用什么能源等。"当你把问题描述得够清晰时，你的答案自然也就清晰了。机器人还可以采用关键词关联的方法来提问，比如在记忆中寻找与机器人这个词关联的词汇有哪些，权重高的优先提问，如果完全空白，就问你能否详细说明一下呢？

总之，我们的目的就是获得足够的关键词，用这些关键词找到更加匹配的模型。

4.4 人机结合

4.4.1 碳基生命

人和机器人最根本的区别在于构成生命体的基础元素不同，机器人多以硅元素为主，而人类则以碳元素为主。那么人类为什么非要把碳元素作为构成身体结构的基本物质呢？要知道，地球上的碳元素含量还不到地球质量的千分之一，为什么不能选择含量最高的氧元素作为我们生命基础物质呢？这里主要有三个原因：

第一是复杂度，我们知道进化的目的就是让身体足够复杂，从而可以应对各种复杂多变的生存环境。而想要形成复杂的身体结构就离不开各种各样的分子结构。分子的形成过程就像我们搭积木，积木的卡槽越多其组装出物体就越复杂。比如有四个接口的积木明显比只有一个接口的积木有更多的组合方案。而化学元素中有四个及以上接口（也称化学键）的元素并不多，碳（C）恰好就是其中一个。

第二是丰富度，虽然碳元素的含量不到地球总质量的千分之一，但是它的分布极其广泛。可以说碳元素是宇宙中除了氢气、氦气、氧气等气体元素之外最多的固体元素了。有了这么丰富的资源，为什么不好好地利用一番呢？你问为什么不用氢元素，因为氢元素就是我们刚才说的只有一个接口的积木。即便是氧元素也只有两个接口，至于氦元素那更是连一个接口都没有。

第三是稳定性，我们知道硅（Si）元素有四个接口。但是由硅元素组成的分子结构都很不稳定。因为它的接口太松了，轻轻一碰就"散架"了，还是碳元素的接口牢固一些，即便组成一张更大的分子结构也不会轻易"散架"。

基于以上三点，人类才选择了接口较多、资源丰富、稳定性强的碳元素作为组成身体的基本元素。不同元素的特性见表4.4。

表4.4　元素的性质表

元　素	储量（质量）	复杂度	丰富度（含量）	稳定性
氧（O）	46%	2个化学键	非常丰富	不稳定
硅（Si）	27%	4个化学键	相对丰富	不稳定
铁（Fe）	5%	3个化学键	比较丰富	比较稳定
氢（H）	1%	1个化学键	极其丰富	稳定
碳（C）	0.03%	4个化学键	非常丰富	比较稳定

除了以上这三个原因之外，碳元素还有很多不可思议的地方。比如碳元素既可以组成坚硬的物质金刚石，也可以组成脆弱的物质石墨。不仅如此，碳的熔点（3550 ℃）同样很高。正是有了碳元素这些了不起的特性，人类才选择了它作为构成生命组织的基本元素。

曾经有一段时间，人们将含有碳元素的化合物称为有机物。反之不含碳元素的物体就是无机物，没有生机的意思。比如构成蛋白质的氨基酸就是有机化合物。它是由一个碳原子分别和一个氢原子、一个羧基（分子）、一个氨基（分子）和一个其他基团组成的大分子。氨基酸的通用结构式如图4.22所示。

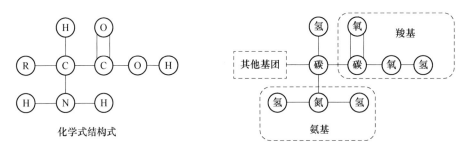

图4.22　氨基酸的通用结构式

下面我们用计算机来模拟一个关于碳基生命的小程序。在模拟的过程中，我们重点挑选储量丰富、化学键较多、稳定性较强的元素。这里我们可以只简单地模拟氢、氧、碳、氮四种宇宙中最丰富的化学元素，实际工程中我们会采用目标性更强的进化算法来模拟这些元素的组合过程，核心代码如下所示：

```
people. html
 <h3>生命的进化</h3>
 <!--一个简单的化学仿真软件-->
 <div id="show"></div>
 <button onclick="timer()">开始进化</button>
 <script>
   var power = 99; // 最大能量数
   var R = 20;// 其他基的种类
   var size = 3;// 最大空间
   // 基本元素的化学性质(按照活跃度排序):化合价、活跃度、稳定性
   var elements = {C:[4,0.8,0.8], O:[2,0.6,0.8], H:[1,0.5,0.9], N:[5,0.2,
 0.6]};
   var old_data = [];//游离元素分布情况
   var new_data = [];//组合元素分布情况
```

```
var names = Object. keys(elements);
// 初始化数据
for (i = 0; i < size; i++) {
  old_data[i] = [];
  new_data[i] = [];
  for (j = 0; j < size; j++) {
    let rand = Math. ceil(Math. random() * power);
    let key = Math. floor(Math. random() * names. length);
    let name = names[key];
    // 生成 JSON 对象
    old_data[i][j] = {};
    new_data[i][j] = {};
    for (let n = 0; n < names. length; n++) {
      let nm = names[n];
      old_data[i][j][nm] = 0;
      new_data[i][j][nm] = 0;
    }
    old_data[i][j][name] = rand;// 追加到二维数组中
  }
}
show();
// 显示表格
function show() {
  let html = '<table border=1 align="center">';
  for (i = 0; i < size; i++) {
    html += '</tr>';
    for (j = 0; j < size; j++) {
      html += '<td>';
      // 显示游离元素
      names. forEach(function (name) {
        let len = old_data[i][j][name];
        html += name + '(' + len + ') <br>';
      });
      // 显示组合元素
      html += '<span>[';
      names. forEach(function (name) {
        let len = new_data[i][j][name];
        // 显示数量大于零的元素
```

```javascript
            if (len > 0) {
                html += name + len;
            }
        });
        html += '] </span >';
        html += '</td >';
        }
        html += '</tr >';
    }
    html += '</table >';
    document.getElementById('show').innerHTML = html;
}
// 时间线
function timer() {
    // 此处最好是独立计算,为方便演示我们只模拟元素组合的过程
    let h = old_data.length;
    let w = old_data[0].length;
    for (let yi = 0; yi < h; yi++) {
        for (let xi = 0; xi < w; xi++) {
            // 设置每个单元格反应的时间间隔(模拟时间线)
            let sleep = (yi + 1) * xi;//防止同时有多个时间线为0的情况
            window.setTimeout(function() {
                groups(yi,xi,h,w);
            }, 1000 * sleep);
        }
    }
}
// 开始组合其中一个单元格:坐标 Y、坐标 X
function groups(yi,xi,h,w) {
    // 找到一个元素,再找到它身边的元素,看看是否能够形成新的分子
    let element = old_data[yi][xi];
    // 释放组合元素中不稳定的元素到游离元素中
    names.forEach(function (name) {
        // 不稳定性 = 1 - 稳定性
        let num = Math.round(new_data[yi][xi][name] * (1 - elements[name][2]));
        new_data[yi][xi][name] -= num;
        element[name] += num;
        console.log('释放', name, num);
    });
```

```javascript
// 由于 JS 并不支持并行计算,因此我们采用顺时针遍历单元格,最多五个单元格
// 上
if (yi - 1 >= 0) {
    move(element, old_data[yi - 1][xi]);
}
// 右
if (xi + 1 < w) {
    move(element, old_data[yi][xi + 1]);
}
// 下
if (yi + 1 < h) {
    move(element, old_data[yi + 1][xi]);
}
// 左
if (xi - 1 >= 0) {
    move(element, old_data[yi][xi - 1]);
}
// 开始组合元素
let group = {};
// 统计所有活跃的元素
names.forEach(function (name) {
    // 计算活跃元素的数量
    let num = Math.round(element[name] * elements[name][1]);
    // 将活跃元素移动到活跃元素组中,准备化学反应
    element[name] -= num;
    // 合并剩余的组合元素
    group[name] = num + new_data[yi][xi][name];
    new_data[yi][xi][name] = 0;
});
// 以碳(C)为基础计算化合价
let C_size = group['C'] * elements['C'][0];//所有参与组合的碳元素化合价总数量
// 其他元素总数:如果允许碳元素自己与自己组合就统计所有元素的数量
console.log('活跃元素', group);
let sum = 0;
let stop = false;//是否停止组合
for (item in group) {
    sum += group[item];//包含碳元素
    // if(item != 'C'){
```

```
      // sum  += group[item];//不包含碳元素
      // }
   // 处理大于碳元素化合价的方法
   if (sum > C_size) {
      // 将剩余活跃元素移动至游离元素中
      // 方法1:按照元素的活跃性进行优先组合(此处我们采用方法1)
      // 方法2:按照元素的活跃性的比例进行组合
      if (stop) {
        element[item]  += group[item];
        group[item]  = 0;
      } else {
        element[item]  += (sum - C_size);
        group[item]  -= (sum - C_size);
      }
      // 组成新的组合
      new_data[yi][xi][item] = group[item];
      stop = true;
   } else {
      // 小于碳元素化合价处理方法
      new_data[yi][xi][item] = group[item];
   }
  }
  //显示组合结果
  show();
}
// 移动游离的元素
function move(arr1, arr2) {
   for (let i = 0; i < names.length; i++) {
      let name = names[i];
      arr1[name] += arr2[name];
      arr2[name] = 0;
   }
  }
}
</script>
```

这里只是通过化合价、活跃度和稳定性三个权重来生成的一种极简的化学元素。如果计算机性能允许,那么就可以在氨基酸的基础上生成更多的大型有机化合物,包括蛋白质。然后蛋白质组成细胞、细胞组成器官、器官组成生命体。

这里有两点需要注意:一是如果想要合成基因编码还需要使用进化算法;

二是想要合成有意识的"生命体"必须使用比化学元素还要小得多的基本粒子，如电子。

4.4.2 硅基生命

很早以前，人们就幻想制造一台自己能计算的机器。不过那时候的人们还是用笨重的机械开关来控制机器的。直到有人发明了电路开关，人们才制造出世界上第一台实用的电子计算机。随着技术的进步，人们把很多个电路开关集成在一个指甲盖大小的模块中，俗称集成电路。我们的很多智能设备都有这样的集成电路。

集成电路看上去密密麻麻，但是本质上都是简单的开关。如果我们用灯泡来表示电路开关的话，那么几个简单的电路组合就可以完成我们的逻辑运算。比如逻辑与、逻辑或和逻辑非的电路就是由多个普通电路组成的，如图4.23所示。

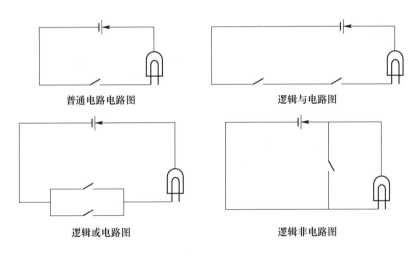

普通电路电路图　　　　　　逻辑与电路图

逻辑或电路图　　　　　　逻辑非电路图

图 4.23　基本电路示意图

如果再对上述电路进行各种组合，我们就可以让计算机做出更加复杂的数学运算。那么这些电子开关是如何进行加、减、乘、除等数学运算的呢？

我们先来说说计算机中的正负数，虽然计算机中只有开关，但是我们却可以把这些开关当成一个个二进制数。1 表示开，0 表示关。然后把这些二进制数按照一定长度进行分割，比如 8 位二进制数一组，最后我们规定这 8 位二进制数中的第一位数为符号位，1 表示负数，0 表示正数，如果位数不够补 0 即可。这样：

00000101 就表示 5；

10000101 就表示 −5。

对于 8 位二进制数而言，无符号位可以表示的数值范围是 [0, 255]，而有符号位的数值范围则是 [−128, 127]。至于最小是 −128 而不是 −127 主要是因为 0 可以用 00000000 表示，0 没有负数，所以 10000000 就可没有必要了，而这个闲置的二进制数也没必要浪费，因此大家就强制它为 - 128 了。这也是为什么在有符号位中，负数的绝对值总是比正数多一个数的原因。

如果我们以 8 位二进制数作为最小的计算单元，那么我们的计算机就是 8 位计算机，但是很明显，让计算机每次只计算 8 位二进制数，不如 16 位或者 32 位来得高效，不过受制于客观条件，如今主流的计算机也不过是 64 位的计算机而已。

接下来我们再来说说计算机中的加减运算，我们知道，对于二进制计算机来讲，只有进位这一种算法，进位算法本质上就是简单的加法运算，如：

$00 + 00 = 00$；

$00 + 01 = 01$；

$10 + 00 = 10$；

$01 + 01 = 10$；

$101 + 101 = 1010$。

……

有了加法自然可以通过累加实现乘法及乘方运算，比如 $2 \times 4 = 8$，运算过程如下：

$10 + 10 + 10 + 10 = 1000$。

在学习减法之前，我们先了解三小个概念：原码、反码、补码。

原码：用最高位表示符号位，符号位正数为 0，负数为 1，其他位是数值位，存放该数的二进制数的绝对值。

反码：正数的反码是原码；负数的反码就是它的原码除符号位外，按位置取反。

补码：正数的补码等于它的原码；负数的补码等于其反码 + 1。

以 8 位二进制数 2、- 2、3、- 3、5、- 5 为例，其原码、反码及补码见表 4.5。

表 4.5 二进制原码、反码、补码表

二进制数	原码	反码	补码
2	00000010	00000010	00000010
-2	10000010	11111101	11111110
3	00000011	00000011	00000011
-3	10000011	11111100	11111101
5	00000101	00000101	00000101
-5	10000101	11111010	11111011

下面我们使用补码分别计算 $5-3$ 和 $3-5$，如果结果是正数，那么它的原码不变，计算过程如下：

$$5-3=2\ 即\ 5+(-3)=2$$
$$00000101+11111101=00000010（正数）=2$$

如果结果是负数，则需要通过补码和反码依次得到负数的原码，其计算过程下如下：

$$3-5=-2\ 即\ 3+(-5)=-2$$
$$00000011+11111011=11111110（补码）-1=11111101（反码）$$
$$=10000010（原码）=-2$$

我们还可以通过下面的小程序来进一步理解 8 位二进制数的加减运算自然数的基本原理，其示例代码如下：

```
computer. html
<h3>二进制计算机原理</h3>
<div> <input id="a" type="text" size="1" value="3">
  + <input id="b" type="text" size="1" value="-5">
  = <input id="c" type="text"> 即 <input id="d" type="text" size="1">
  <button onclick="sum()">运算</button>
</div>
<script>
  function sum() {
    let a = document. getElementById('a'). value;
    let b = document. getElementById('b'). value;
    bit_add(parseInt(a), parseInt(b));
  }
  // 8 位二进制减法计算原理
  function bit_add(a, b) {
    let a2 = a. toString(2);
    let b2 = b. toString(2);
    let fa = f_h(a2);
    let fb = f_h(b2);
    // 补码
    let bm_a = base2_bm(fa[0], fa[1]);
    let bm_b = base2_bm(fb[0], fb[1]);
    console. log(a, a2, bm_a);
    console. log(b, b2, bm_b);
    // 显示结果
    let last = base2_add(bm_a, bm_b);
```

```javascript
document.getElementById('c').value = last;
let num = 0;
if(last.substring(0,1) == 1){
  // 负数
  num = parseInt(last.substring(1),2) * -1;
}else{
  // 正数
  num = parseInt(last,2)
}
document.getElementById('d').value = num;
}
// 判断符号
function f_h(n){
  let a = Array();
  let s = n.substring(0, 1);
  if (s == "-") {
    a[0] = "-";
    a[1] = n.substring(1);
  } else {
    a[0] = "+";
    a[1] = n;
  }
  return a;
}
// 补零:8位二进制数
function b_0(n){
  let l = n.length;
  let m = l - 7; // 只截取8位,多余的溢出
  if (m > 0) {
    return n.substring(m);
  } else {
    // 补足至7位
    return n.padStart(7, '0').toString();
  }
}
// 原码:添加符号位
function y_m(m, n){
  let s = "";
```

```
    if ( m == '-' ) {
        s = '1' + n;
    } else {
        s = '0' + n;
    }
    return s.toString();
}
// 反码:除去符号位,按位置取反
function f_m( n ) {
    let s = n;
    // 截取符号位
    let s1 = n.substring( 0, 1 );
    if ( s1 == "1" ) {
        let s2 = n.substring( 1 );
        // 按位置取反
        s2 = s2.replaceAll( '0', 'x' );
        s2 = s2.replaceAll( '1', '0' );
        s2 = s2.replaceAll( 'x', '1' );
        s = s1 + s2;
    }
    return s;
}
// 补码: +1
function b_m( n ) {
    let s = n;
    let s1 = n.substring( 0, 1 );
    if ( s1 == "1" ) {
        let ss = "";
        for ( i = 7; i >= 0; i-- ) {
            if ( s[i] == "0" ) {
                ss = s.substring( 0, i ) + "1" + ss;
                break; // 跳出循环
            } else {
                ss = "0" + ss;
            }
        }
        s = ss;
    }
```

```
  return s;
}
// 二进制补码
function base2_bm(m, n) {
  let n1 = b_0(n);
  n1 = y_m(m, n1);
  n1 = f_m(n1);
  n1 = b_m(n1);
  return n1;
}
// 8 位二进制加法模拟电路
function base2_add(a, b) {
  let s = "";
  let add = "0";
  for (i = 7; i >= 0; i--) {
    if (a[i] == "0" && b[i] == "0" && add == "0") {// 0 +0 +0 =0
      s = "0" + s;
    } else if (a[i] == "0" && b[i] == "1" && add == "0") {// 0 +1 +0 =1
      s = "1" + s;
    } else if (a[i] == "1" && b[i] == "0" && add == "0") {// 1 +0 +0 =1
      s = "1" + s;
    } else if (a[i] == "1" && b[i] == "1" && add == "0") {// 1 +1 +0 =10 进位
      s = "0" + s;
      add = "1";
    } else if (a[i] == "0" && b[i] == "0" && add == "1") {// 0 +0 +1 =1
      s = "1" + s;
      add = "0";
    } else if (a[i] == "0" && b[i] == "1" && add == "1") {// 0 +1 +1 =10 进位
      s = "0" + s;
      add = "1";
    } else if (a[i] == "1" && b[i] == "0" && add == "1") {// 1 +0 +1 =10 进位
      s = "0" + s;
      add = "1";
    } else if (a[i] == "1" && b[i] == "1" && add == "1") {// 1 +1 +1 =11 进位
      s = "1" + s;
      add = "1";
    } else {
      // 异常处理
    }
  }
```

```
// 截取符号位
let s1 = s. substring(0, 1);
let ss = "";
if (s1 == "1") {
  // 减去 1
  for (i = 7; i >= 0; i--) {
    if (s[i] == "1") {
      ss = s. substring(0, i) + "0" + ss;
      break; // 跳出循环
    } else {
      ss = "1" + ss;
    }
  }
  // 反码
  s = f_m(ss);
}
// console. log(s);
return s;
}
</script>
```

上面仅仅一个简单的 8 位二进制减法模拟就有这么多的步骤，可想而知，如果换成其他更加复杂的计算函数，计算机要执行多少次类似的操作。因此我们在编写程序的时候，应尽量保持一个良好的逻辑思路，这样将大大提高计算机的计算性能。

计算机经过几十年的发展早已经从原来的 8 位二进制运算上升到 64 位二进制运算了。相比于 8 位二进制最多可以表示 $2^8 = 256$ 个数，64 位二进制则可以表示 $2^{64} = 18446744073709551616$ 个数，计算能力强大得不是一星半点。正是得益于计算机强大的计算能力，我们才有机会利用算法来实现人工智能。由于世界上 99% 以上的计算机核心都是用硅（Si）制作的集成电路，因此人们就把使用这种集成电路的智能机器统称为硅基生命。

4.4.3 脑机接口

现在，硅基生命在某些领域已经远远超过碳基生命（包括人类）。比如硅基生命可以在真空中生存、硅基生命可以通过替换零件的方法实现永生。既然硅基生命已经在某些领域超越人类，那么硅基生命最终是否会替代碳基生命呢？答案既不是"是"也不是"否"，而是人机结合。

人机结合是将碳基生命的优点与硅基生命的优点相互结合的一种全新生命

体。而为了实现这一目标，就不得不提一种称为脑机接口的技术。所谓脑机接口就是将人类大脑与智能机器结合起来的技术。

很早以前，人们就发现大脑在思考的时候能够产生微弱的电流。人们根据这个原理还制造出了测谎仪。比如当有人问你是否看过这张照片时，大脑就会进行相应的计算，如果你的大脑中存储过关于这张照片的信息，那么相应的神经中枢就会表现得非常活跃，从而释放大量的电信号。但是由于大脑产生的电流实在太弱了，因此人们为了搞清楚大脑究竟在想什么就开始制作超大型的感应线圈。这种方法理论上是可以的，但是制作成本和使用成本都很高。因为它就像我们拿着万用表在智能手机壳上测量电流一样。于是有人开始将人的皮肤切开放入探针，这样做效果果然好了很多。但是还不够直接，如果能够测量每个细胞的放电情况是不是就知道大脑究竟在想什么了？

可惜神经细胞太小了，稍不留神就会把神经细胞弄坏了。后来人们发现，玻璃管在高温下可以拉得很细很细，细到只有几微米。于是人们就把这种很细的玻璃管与神经细胞连接。连接的方法也很简单，就是先慢慢地接近神经细胞壁，然后通过吸力吸破细胞壁，这样玻璃管就能直接跟里面的电子和神经递质进交互了。

这种极细的玻璃管称为膜片钳，将多个膜片钳放在一起就是微电极阵列（微电极）。把这样的微电极阵列植入大脑中，就可以更准确地观察到神经细胞的放电情况了。

如果将这个微电极直接植入运动神经细胞中，就可以直接观察到大脑对肌肉细胞下达的指令了。智能手臂就是通过捕捉断臂中肌肉细胞的电信号来控制义肢运动的。这种专门收集肌肉细胞电信号的设备称为肌电传感器。如果将这个微电极直接接入感觉神经细胞中，就可以直接观察到大脑即将接收的电信号。视觉共享通过捕捉视觉细胞中的电信号来与人分享它看到的景象。

下面我们再试着将这个微电极代替感觉神经细胞直接给中枢神经发射电信号，那么大脑就会在没有眼睛的情况下看到颜色，这种效果俗称幻视。当然如果可能的话，我们最好还是能够人工制造神经细胞。有了人工神经细胞，我们就可以直接和脑机接口相连了。不过人工神经细胞这个技术太难了，光是解决细胞分裂的问题就比较复杂了，更何况神经细胞还要处理各种各样的感觉信息。目前在实验中只有一种被称为记忆电阻（忆阻器）的电子元器件。所以现在通常的做法还是让脑机接口与神经细胞相连，为了让脑机接口更加好用，人们既要注意神经细胞对电子设备的排斥情况，又要注意彼此之间电信号（包括神经递质）的转化情况。

通常为了减少神经细胞对电子设备的排斥情况，我们会用人类自身的干细胞来生成脑机接口中的过渡神经细胞。干细胞非常神奇，是一种可以自我复制的多功能细胞，也就是说，它既可以长成感觉细胞也可以长成运动细胞还可以长成中间细胞。有人甚至用干细胞直接设计并培育出了初级生命，这种生命体虽然只有简单感觉神经细胞和运动神经细胞，但是却可以完成基本的新陈代谢和生存判断。比如将多个这样的生命体放到培养皿中，它们就可以聚集在一起，组成一个大的生命体。

用人类的干细胞制造新生命虽然不是我们的目标，但是对于改良人体细胞的构成却意义非凡。这种技术称为生物计算机技术。生物计算机中有一个 DNA 硬盘，DNA 硬盘是蛋白质但存储量更大。生物计算机中还有一个生物芯片，生物芯片是蛋白质但计算速度更快。另外生物计算机还有一套扩展接口，扩展接口是蛋白质但数量更多。

下面我们通过一个智能手臂的小程序体验一下脑机接口的具体作用吧，由于智能手臂是一种硬件设备，因此我们这里只做肌肉细胞的电信号的处理，示例代码如下所示：

```
api.html
<style>
  .close{background：#000；color：#EEE；}
  .open{background：#FFF；color：#000；}
</style>
<h3>智能手臂信号处理</h3>
<table border="1" width="100%">
  <tr>
    <th id="电机1">大拇指</th>
    <th id="电机2">食指</th>
    <th id="电机3">中指</th>
    <th id="电机4">无名指</th>
    <th id="电机5">小拇指</th>
  </tr>
</table>
<script>
  // 肌电 API 关键是微电极与步进电机的对应，有时候还会调整步进电机默认的角度
  // 假设这里只有五个手指的肌电 API
  var API = {
    '大拇指'：['电机1', 90],
    '食指'：['电机2', 20],
    '中指'：['电机3', -10],
    '无名指'：['电机4', 0],
    '小拇指'：['电机5', 30]
  }
  function com() {
    // 这里利用随机数模拟接收到的信号
    for (key in API) {
```

```
    let is = Math. random() > 0. 5 ? true : false;
    let name = API[key][0];
    let obj = document. getElementById(name);//电机
    if (is) {
      obj. className = 'close';
    } else {
      obj. className = 'oepn';
    }
  }
  // 每秒钟接收一次信号
window. setTimeout(com,1000);
}
com();
// 为了体验更好的智能手臂,还可以根据用户反馈自动调整步进电机的速度与角度
</script >
```

4.4.4　超级生命

我们知道,碳基生命和硅基生命有各自的特点,取长补短可以让人类变得更加强大。比如有些机器人可以感受到紫外线、红外线、超声波,有些机器人可以不用呼吸、不用喝水、不用吃饭,有些机器人可以飞行、可以变形、可以潜水。

如果人机结合之后,我们是不是也可以力量更强大,感觉更丰富。而想要实现这一切所要做的事情无非就是两个,一个是增加感受器(传感器)另一个是增加效应器(控制器)。

我们知道,人类在漫长的进化过程中想要进化出一种器官是多么困难,为了加速这个过程,我们需要一种相对安全的办法来完成进化,这个办法就是催化剂。我们可以把催化剂比喻成一座小型工厂,只要输入原材料就能输出商品。比如你想要一部手机,如果有手机工厂的话我们就能制造一部手机,而如果没有手机工厂我们就要重新发明。在人体中,酶就是这样的催化剂。如果我们把基因比作客户的话,酶就是负责生产的工厂。一般来说,基因在向酶下达订单的时候,是会给它一张商品图纸的。酶在收到这张图纸的时候,会将图纸拆分成一个个可以加工的小零件。当所有零部件都加工好以后再按照图纸进行组装。

那么酶是怎么进化出来的呢? 答案是通过消化系统吸收而来。我们假设有一种称为河豚的鱼,由于经常吃一些带有毒素食物,那么日积月累之后身体中便留下了毒素。当河豚发现这些毒素可以让捕食者望而却步的时候,它就会有意地提炼这些毒素,久而久之就擅长制造毒素了。

目前人体中已知的酶大概有 2000 多种,其中有 1/3 的酶位于消化系统中。由于酶本身并不是基因缓慢进化的产物,因此酶和基因并不相同。很多时候,酶

更像是寄居在人身体当中的微生物，如益生菌。只有那些真正对人类非常有作用的酶才会逐渐进化成基因的一部分，而这种进化方式称为被动进化。

通常我们将被动进化视为加速物种进化的主要途径，但是这并不是说被动进化就一定是盲目的。比如我们想要进化出金刚不坏之身，那么最简单的方法就是摄入足够量的金刚石。先不说世界上有没有足够的金刚石，就算是有，我们也无法正常消化。于是我们找到了一种快速消化金刚石的酶（金刚酶），这种酶可以在常温下让金刚石发生氧化还原反应。有了这种酶之后，我们就能够通过氧化反应消化金刚石，也能够通过化合物还原金刚石，从而实现控制金刚不坏之身的目的。而这一切都得益于催化剂本身的性质。

催化剂的基本工作流程是：先将物体分解然后再组装。下面我们用水果商店的例子来详细说明一下催化剂的具体工作流程。

有一位顾客来到了水果商店，他想买一种水果但是这家商店里没有怎么办？稍微用心的老板一般会向顾客打听一下这个水果叫什么，如果老板没听过这种水果，那么他还会继续了解这种水果的颜色、形状、声音、重量、手感、气味、口感等信息。比如这位顾客想买的水果颜色是绿色条纹、形状介于圆形和椭圆形之间、拍打起来声音清脆、触摸起来非常光滑、重量为 2 ~ 5 kg、闻起来有些清香、口感非常沙甜。整个水果销售流程大概如图 4.24 所示。

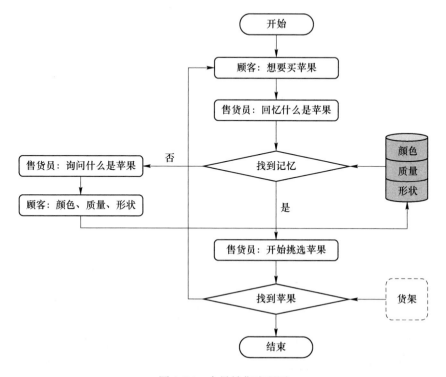

图 4.24 水果销售流程图

了解了这些信息后，水果商店老板并不一定马上去批发市场进货，很有可能是先记下这件事，然后当更多人也想要购买这种水果时才会去进货。进货的时候，老板会拿着一张很长的采购单，采购单详细列举了顾客的需求，见表4.6。

表4.6　顾客需求表

顾客	名称	颜色	重量/g	形状	口感
顾客 A	西瓜	绿色、条纹	2000～5000	圆形、椭圆	甜、沙
顾客 B	西瓜	绿色	3000	圆形	甜
顾客 C	芒果	黄色	500	椭圆	甜

到了水果批发市场进之后，水果商店老板发现这里的水果非常多。水果批发市场的水果数据见表4.7。

表4.7　批发市场水果数据表

水果	价格/元·kg^{-1}	颜色	重量/g	口感	库存/个
香蕉	2	黄色	100	甜、面	1000
苹果	3	红色、绿色	300	甜、脆	1000
梨	1	黄色、绿色	300	甜、脆	1000
葡萄	2	黑色、紫色	10～20	甜、酸	1000
本地西瓜	1	绿色	2000～5000	甜、沙	1000
进口西瓜	5	绿色	2000～5000	甜	100
红富士	4	红色	300	甜、脆	1000

经过对比，我们发现本地西瓜和进口西瓜比较符合进货需求，其中由于本地西瓜更便宜，因此水果商店老板决定采购一批本地西瓜。于是水果商店的在售水果中便多了一种名为本地西瓜的水果，见表4.8。

表4.8　水果商店采购表

水果	价格/元·kg^{-1}	颜色	重量/g	口感	库存/个
香蕉	3	黄色	100	甜、面	50
苹果	5	红色、绿色	300	甜、脆	50
梨	2	黄色、绿色	300	甜、脆	50
本地西瓜	2	绿色	2000～5000	甜、沙	10

如果我们把水果商店采购新水果的过程看作人体增加新型器官的过程。那么顾客的新需求就是新器官的最终功能，在顾客提出新需求时我们需要根据自己的认知来了解这个需求的详细信息，信息越详细越容易匹配。

　　如果说水果批发市场也没有这种水果怎么办？那么细心的批发商也会像商店老板一样询问新水果的详细信息，直至找到果农为止。如果果农也没有这种水果怎么办？细心的果农也会像批发商一样询问新水果的详细信息，直到培育出这种水果为止。像这样一个完整的进化链条往往是通过供需关系实现的。水果商店老板进货的小程序核心代码如下所示：

```
super. html
……
// 顾客愿望单(有待进化的方向)
var users = {
  1:{'颜色':['绿色', '条纹'],'重量':[2000, 5000],'口感':['沙', '甜']}
};
// 水果商店:在售水果(现有的器官:感受器、效应器)
var shop = [
  {'香蕉':{'价格':[3],'颜色':['黄色'],'重量':[100, 200],'口感':['甜', '面'],'库存':
50}},
  {'苹果':{'价格':[5],'颜色':['红色', '绿色'],'重量':[100, 300],'口感':['甜', '脆'],
'库存': 50}},
  {'梨':{'价格':[2],'颜色':['黄色', '绿色'],'重量':[200, 300],'口感':['甜', '脆'],
'库存': 50}}
];
// 水果批发市场:在售水果(潜在的器官)
var fruits = [
  {'香蕉':{'价格':[2],'颜色':['黄色'],'重量':[100, 200],'口感':['甜', '面'],'库存':
1000}},
  {'苹果':{'价格':[3],'颜色':['红色', '绿色'],'重量':[100, 300],'口感':['甜', '脆'],
'库存': 1000}},
  {'梨':{'价格':[1],'颜色':['黄色', '绿色'],'重量':[200, 300],'口感':['甜', '脆'],'
库存': 1000}},
  {'葡萄':{'价格':[2],'颜色':['紫色', '绿色', '黑色'],'重量':[10, 20],'口感':['甜',
'酸'],'库存': 1000}},
  {'本地西瓜':{'价格':[1],'颜色':['绿色', '条纹'],'重量':[2000, 5000],'口感':['甜',
'沙'],'库存': 1000}},
  {'进口西瓜':{'价格':[8],'颜色':['绿色', '条纹'],'重量':[2000, 5000],'口感':['甜'],
'库存': 100}},
  {'红富士':{'价格':[4],'颜色':['红色'],'重量':[200, 300],'口感':['甜', '脆'],'库存
': 1000}}
];
// 核心算法
```

```
main = function () {
  // 当愿望单大于 0 时才开始通过交集分类
  if (Object. keys(users). length > 0) {
    // 遍历采购单(愿望单)
    for (let us in users) {
      let que = users[us];// 当前需要采购的商品
      let names = [];// 可能匹配的商品名称
      let max = 0;
      // 遍历当前要采购商品的所有属性
      for (let key in que) {
        /*
        首先遍历批发市场所有的水果,然后进行匹配(这里采用最简单的关键词匹配)。
        当然也可以使用协同推荐或者最长公共子序列,以及机器学习等进行匹配。
        */
        let mun = 0;
        for (let f_name in fruits) {
          // 批发商手里的水果
          let f_data = fruits[f_name];
          // 要采购的水果参数与匹配度
          let u_data = que[key];
          let u_len = u_data. length;
          let u_mun = 0;
          let u_size = 0;
          if(f_name == key) {
            //如果水果名字相等,积 5 分
            u_size += 5;
          } else if (que[key] == '重量') {
            // 重量属性单独处理
            let u_min = que[key][0];
            let u_max = que[key][1];
            let f_min = f_data[key][0];
            let f_max = f_data[key][0];
            if (u_min > = f_min && u_max < = f_max) {
              u_size = 1;
            }
          } else {
            // 其他属性,匹配关键词即可,遍历多个属性值
            for (let i = 0; i < u_len; i++) {
```

```
                if (f_data[key].indexOf(u_data[i]) > -1) {
                    u_mun += 1;//匹配成功
                }
            }
            u_size = u_mun / u_len;
        }
        mun += u_size
    }
    // 此处可以设置一个最低匹配度,如0.8或者1
    if (mun == max) {
        //如果并列就追加
        names.push(f_name);
    } else if (mun > max) {
        //如果大于就替换
        max = mun;
        names = [f_name];
    }
}

//寻找价格最低的商品
let name = '';
let nm_min = fruits[names[0]].价格;
for (let nm in names) {
    let nm_p = fruits[names[nm]].价格
    if (nm_p < nm_min) {
        nm_min = nm_p;
        name = names[nm];
    }
}

// 采购过程(略)
console.log('用户' + us + '想要购买的可能是' + name);
        }
    } else {
        alert('没有未满足的客户需求!');
    };
    console.log('思考是否要进货');
}
main();
......
```

如果我们将基于商品供求关系的供应链扩展到以机器人进食为主的食物链，那么机器人就会慢慢进化出以杂食为主的高级生命。不仅如此，如果食物链继续进化下去还会出现综合实力更强的超级物种。

下面，我们假设在月球或者火星上制造了一座全自动化的机器人工厂，这个工厂的主要动力来自太阳能。接着我们采用进化算法让机器人在面包板上自己组装电路。面包板是一种有很多小插孔的电路板，可以在不用焊接的情况下快速插入晶体管、LED 屏、超声波避障器、蓝牙设备、温度传感器、电容、电阻、电感、电源、电动机等电子元件。这样机器人就能够在没有人类参与的情况下完成自我进化之路。通常这种机器人又称自组织机器人。

当这种机器人是一个以电子元件为基本食物来源的时候，就会形成一个机器人世界的食物链，从而加速机器人解决复杂环境问题的能力。如果我们给这些机器人一个改造星球的蓝图时，机器人就会在若干年之后修建一座适合人类居住的人间仙境。当然，食物链只是我们获取新器官、新功能的一种模式而已。除此之外，还有冒险家模式、实验室模式和数学计算模式。冒险家模式是说种群中总会诞生一些非常爱冒险的个体，这些个体会因为经常冒险而获得了新技能。实验室模式是指通过各种各样的实验而获得新发现，再将新发现应用于新发明的过程。数学计算模式是指通过计算机来求出未知的事物，再逐步验证答案的过程。

本 章 小 结

我们知道，进化算法最终会生成一个可以自适应的智能机器群体，其中最关键的技术就是设置适应度函数。无论是距离优先、速度优先还是贡献值优先都只会产生一种适应度值，如果我们想要机器人既能够这样又能够那样就需要同时满足多个适应度函数。比如我们想让机器人不仅体积小而且力量大，那么最好的方法就是分别设置体积适应度函数和力量适应度函数，再将两个适应度函数的值相乘，产生一个适应度值，否则就无法进行适应度排序了。

在进化算法中，要想衡量一个适应函数的好坏，最直观的方法就是将每一代个体的平均适应度值和最高适应度值用折线统计图的方式表示出来。如果我们发现高适应度值一直在较低的区域徘徊，那就说明适应度函数无法找到最优解。

除了显示适应度值，我们常常还会根据个体基因的复杂度来判别种群的优劣。比如在绘画考试中，小明会画三角形，小红会画梯形和长方形，那么是不是小红就一定比小明考得好呢？不一定，如果考的是三角形那么小明满分，如果考的是长方形那么小红满分，如果考的是圆形，那么小明和小红都是零分。

为了更好地观察种群的运气成分与综合实力，我们将每一代是否拥有某个基因的情况用条形统计图表示出来，如图 4.25 所示。

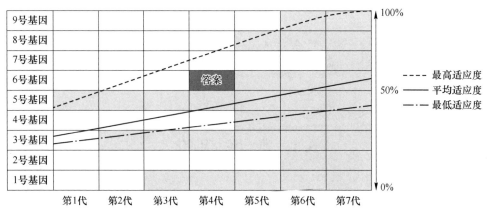

图 4.25　适应度统计图

上图中的 6 号基因就是我们要寻找的答案，这个基因是在第 4 代进化出来。从图中我们还知道，复杂度为 100% 的基因出现在第 7 代。不过虽然第 7 代出现了复杂度为 100% 的个体，但是大部分个体还是只有 60% 左右的复杂度，最低为 40% 左右。

进化算法的好处是可以制造出真正的智能机器，并且通过人机结合的方式让人类变得更加强大。但是进化算法也面临着巨大的挑战，就是需要丰富的物理学知识，因为没有这些底层知识做仿真实验，我们就有可能进化出不可控的机器人。为了解决这个问题我们通常会从以下三个方面入手：

（1）让机器人和人类形成一种缺一不可的共生关系，比如你和你的机器人签订了契约"机器人所有的计算标准都是围绕让人类生活得更好"。

（2）所有的机器人必须使用统一的操作系统，而这个操作系统是由人类自己监督生产出来的，任何机器人都不能修改操作系统。

（3）为智能机器人建立一个独立的生活区，比如在某个岛屿成立一个机器人生产生活试验区。

关于智能机器的优缺点如图 4.26 所示。

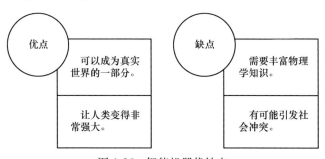

图 4.26　智能机器优缺点

5 算法优化

5.1 数据优化

5.1.1 样本选择

我们知道，人工智能离不开数据，从专家系统的数据库到机器学习的样本库，从机器学习的样本库到智能机器的遗传信息。无论是统计分析还是专家系统，对数据的处理都非常重要，尤其是机器学习，如果数据有问题那么学习效果就不理想，因此我们要学会恰当的数据处理方式。但是我们也知道，数据在收集和整理的时候很有可能出现不完整的情况。这里举三个小例子。

例子 1：二战时期，有一家飞机制造公司经常根据飞机中弹的情况对飞机进行加固，哪里损伤严重就重点修补哪里。结果维修人员就发现一个惊人的事实，那就是飞机的发动机从未损坏过。事实上是这样吗？当然不是，因为发动机损坏的飞机根本飞不回来了。这就是典型的幸存者偏差。

例子 2：一家著名的培训机构经常通过学员就业率来衡量教学成果，而他们统计的结果就是"参加就业培训的人比不参加就业培训的人就业率明显增高"。难道真的是培训效果非常好吗？实际上不完全是，因为参加培训的人本来就是想就业的，如果他不想就业的话就不会浪费时间和金钱来参加培训了，这就是因为样本选择出了问题。

例子 3：有一位知名的农业学者每年冬天都去北方调查天气情况，经过连续多年的调查，他发现几乎所有的地方都有积雪，于是他断定这里常年积雪无法种植庄稼。而实际情况是这里夏天是可以种土豆的。

所有的这一切都是数据不完整造成的，因为我们只采集了某一地域、某一类型、某一时间段的数据。那是不是说数据完整就一定是最好的呢？首先，数据不可能完整，因为我们能够观察到的数据并不是世界的全部，这个世界上还存在很多我们看不见的暗物质和暗能量影响着数据的结果。其次，数据完整也不见得完全是好事，因为很多数据都有人的情感因素在里面。这里再举三个小例子。

例子 1：在评选最强运动员的活动中，由于小王曾经连续多次打破世界纪录本应该成功入选，但是因为最近比赛非常不理想，所以选民便把选票投给了从来没有打破世界纪录的另一个人。但是很明显能够多次打破世界纪录的人一定比没有打破世界纪录的人强啊。这就是人的主观性造成的。

例子 2：有一位能力一般的领导同时分别管理 A 和 B 两个部门。他在 A 部门的时候鼓励员工们讲真话，在 B 部门的时候鼓励员工讲好话。结果上级对这位领导进行满意度调查的后发现："A 部门的员工对领导的评价远远低于 B 部门员工对该领导的评价。"很明显 B 部门的员工评价可信度更低。

例子 3：有一本知名杂志评选出"你心目中最安全的城市和最不安全的城市"，结果竟然都是一些小城市。真的是这些小城市很安全或者很不安全吗？实际上并不是这样的，因为在小城市里只要发生一起暴力事件大家就觉得很不安全。为什么？因为相比于小城市几十万的人口来说，发生一起暴力事件的影响太大了。反观上千万人口大城市，由于人口基数太大所以即便发生一两起暴力事件也看不出什么。

所有这一切都是人的主观情绪所带来的问题。由于情绪化数据不能够真实反映客观问题，因此我们在实际调查中需要尽量减少这类数据的收集。那是不是说数据只要全面和客观就可以了呢？并不是这样。除了全面和客观之外还要保证数据的及时性。这里仍然举三个小例子。

例子 1：大家在走路的时候经常会遇到红绿灯，可是刚才还明明是绿灯，但是当你走到路口的时候却变成了红灯。这让你懊恼不已，早知道就快走几步了。

例子 2：去年小明还是一名大学生，结果今年就参加了工作。但是你的记忆里小明还是一名大学生。

例子 3：昨天股票价格是 50 元一股，但是今天却涨到了 55 元一股。于是你发现 5000 元根本买不了 100 股。

由此可知，数据的及时性和全面与客观一样重要。为了解决这些问题，我们最好先让数据变得完整。但是在很多时候完整的数据是很难获取的，人们常说多多益善但是多少是多呢？所以大家为了减少工作量经常会确定一个最小的样本数。这个数量经常在 30 左右。

那么这个数量是如何确定的呢？最常用的一种方法就是正态分布，即将样本的数值进行排列，两边放小数中间放大数，比如数组 [1、2、3、4、5、6、7]可以排列成 [1、3、5、7、6、4、2]，如图 5.1 所示。

只要所有的数据都会形成正态分布，我们就认为这些数据可以代表全部数据了。所谓的正态分布是指左右对称的柱状统计图，并且以钟形对称优先。

有了最小样本数之后，我们再想办法让数据变得尽量客观。第一种方法是检查数据的合理性，比如考试成绩应该介于 0 ~ 100 分之间，但是有人考了 −1 分或者 101 分，那么这个成绩就是无效的。第二种方法是根据经验来检查异常数据，比如在民意调查中，很多人会给出过高或者过低的分数，这时我们只要去掉最高分和最低分就可以了。如果数据较多的话，我们可以设置一个剔除的百分比，比

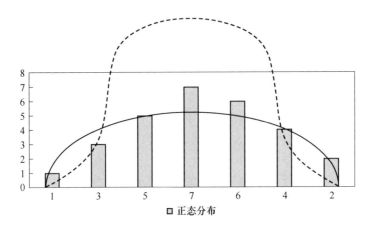

图 5.1　正态分布

如根据二八原则去掉最高的 10% 和最低的 10%。当然这个百分比不是绝对的，如果你认为数据大多可信那么剔除的比例就少一些。

如果你没有异常数据判定的经验，那么可以通过一种叫作箱线图的算法来确定剔除比例，即箱子之外的数据全部删除。箱线图通常由排序后的最大值、最小值、中位数和两个四分位数（1/4，3/4）构成。比如在数组 $[1、2、3、4、5、6、7]$ 中，最大值是 7、最小值是 1、中位数是 4、1/4 位数是 $2(7 \times 0.25 = 1.75 \approx$ 第 2 位数即 2）、3/4 位数是 $5(7 \times 0.75 = 5.25 \approx$ 第五位数即 5），如图 5.2 所示。

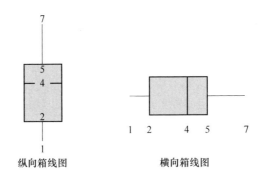

纵向箱线图　　　　　横向箱线图

图 5.2　箱线图

在箱线图中，由于中位数和四分位数的位置在可能出现不好确定的时候，我们可以用四舍五入的办法来确定数值的位置，当然数据多就不容易出现这种问题。有了箱线图我们就能大概看清数值分布的规律，有了这个分布规律就可以确定数据两端删除的比例了。以上只是将一个数组简单地进行了四等分，如果你觉得不够精细的话也可以进行十等分，然后依次取出十分位上的数，即 1/10、中位数、9/10。

除了箱线图之外，我们还可以利用当前值与标准差（方差的平方根）的大小来判断是否是异常数据。比如当前值与平均数的差大于 3 倍标准差时我们就判断这个数据为异常数据。

这两种判断异常数据的基本思路就是通过分组的方法来找到异类，总之与其他数据相差较大的数据就是异常数据。

如果我们还想知道当前数据与理论数据的差异方向，那么可以通过估算面积与实际面积的差值来计算差异方向。计算方法如下：

｜数组长度×［最小值+（最大值－最小值）/2］－总和｜/总和。

实际上是将一个排序好的数组进行求和的一种估算方法。最小值×数组长度是图 5.3 中下面黑色长方形的面积，（最大值－最小值）乘以数组长度的 1/2 是图 5.3 中中间灰色三角形的面积。两部分面积相加就是数组的估算总和，当估算总和大于实际总和时，说明数组中较大的数存在异常，当估算总和小于实际总和时，说明数组中较小的数存在异常。

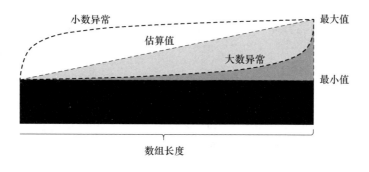

图 5.3　估算示意图

比如在数组［1、2、3、4、5、6、17］中数量是 7，最小值是 1，最大值是 17，总和是 38，即（7×(1+(17－1)/2)－38)/38≈1.65。由于结果为正数，因此应该删除较大的数。

再如在数组［1、12、13、14、15、16、17］中数量是 7，最小值是 1，最大值是 17，总和是 88，即（7×(1+(17－1)/2)－88)/88≈－0.28。由于结果为负数，因此应该删除较小的数。

又比如在数组［1、2、3、14、25、26、27］中数量是 7，最小值是 1，最大值是 27，总和是 98，即（7×(1+(27－1)/2)－98)/98＝0。由于结果为零，因此不用删除任何数字。

通常我们会用上述办法来检测离散数据的异常情况，也可以通过排序好的折线统计图的斜率来进一步查找异常的数据。

数据完整性和客观性的问题解决后，我们还要解决数据的实时性。通常这个问题是通过实时的数据接口来实现的。如果实在没有实时数据接口，那么就会根据时间的远近给数据增加权重，比如今天的数据就比昨天的数据权重要高。

当数据的完整性、客观性和实时性都解决后，我们就可以统计这些数据了。此时如果发现要收集的数据非常多，就可以采取抽样的方法进行随机采集。比如在调查问卷中，从人群中随机找几个人提问是一种最简单的随机抽样。如果某一个人可以被重复提问多次称为重复抽样；如果已经找过的人下次不能再提问称为非重复抽样；如果将人群按照性别进行分组，然后在每组人里分别提问几个人称为分层抽样；如果将人群按照身高进行排序，然后每隔两个人提问一次称为系统抽样；如果去一所学校向所有的学生提问称为整群抽样。

总之，抽样方法多种多样，目的是在不影响数据的完整性、客观性和实时性的前提下尽量减少不必要的工作量。下面我们就通过一个小程序来看看样本如何选择，核心代码如下所示：

```
select. html
<h2>样本的选择</h2>
<textarea id="arr-data" rows="10"></textarea>
<br>
<div id="show"></div>
<button onclick="set_data()">随机生成数据</button>
<select onchange="set(this. value)">
  <option value="随机">随机抽样</option>
  <option value="分层">分层抽样</option>
  <option value="系统">系统抽样</option>
  <option value="整群">整群抽样</option>
</select>
<script>
  // 生成二维数据
  function set_data() {
    let rows = 6;
    let cols = 36;
    let arr = [];
    for (i = 0; i < rows; i++) {
      arr[i] = new Array(cols);
      for (j = 0; j < cols; j++) {
        let rand = Math. round(Math. random() * 100);
        // 10%的概率可能产生异常值
```

```
    if ( Math. random( ) > 0. 9) {
        rand = rand * 10;
    }
    arr[ i ][ j ] = rand;
    }
}
// 逐行显示数组
document. getElementById( ' arr – data '). value = JSON. stringify( arr ). replaceAll( ' ] , ' , ' ] ,
\n ') ;
}


// 抽样方法
function set( v ) {
    let str = document. getElementById( ' arr – data '). value;
    if( str. length == 0) {
        set_data( ) ;
        str = document. getElementById( ' arr – data '). value;
    }
    let data = JSON. parse( str ) ;
    let arr = [ ] ;
    switch ( v ) {
        case '分层':// 分层抽样
            for ( let i = 0; i < data. length; i ++ ) {
                let len = data[ i ]. length;
                // 每层最多10 个
                let max = 10;
                if ( max > len ) { max = len; }
                for ( let j = 0; j < max; j ++ ) {
                    let rand = Math. floor( Math. random( ) * len ) ;
                    arr. push( data[ i ][ rand ] ) ;// 可以重复选中
                }
            }
            break;
        case '系统':// 系统抽样
            // 二维数组转成一维数组
            let sort_arr = [ ] ;
            for ( let i = 0; i < data. length; i ++ ) {
                sort_arr = sort_arr. concat( data[ i ] ) ;
            }
```

```
   // 对数组进行排序
   sort_arr. sort( function (a, b) {
     return a - b;
   } );
   let step = 1;// 预计步长
   let num = 37;//样本数
   let sort_len = sort_arr. length;
   if( sort_len/num > 1) {
     step = Math. ceil( sort_len/num );
   }
   // 从头开始指定间距挑选样本
   for (let j = 0; j < sort_arr. length; j += step) {
     arr. push( sort_arr[ j] );
   }
   break;
case '整群':// 整群抽样
   let group = Math. floor( Math. random() * data. length);
   arr = arr. concat( data[ group] );
   break;
default:// 随机抽样
   let one_arr = [];
   for ( let i = 0; i < data. length; i++ ) {
     one_arr = one_arr. concat( data[ i] );
   }
   let size = 37;// 至少取 37 个样本
   let one_len = one_arr. length;
   if ( size > one_len) { size = one_len; }
   // 非重复抽取
   let rands = [];//抽取名单
   for ( let j = 0; j < size; j++ ) {
     let rand = Math. floor( Math. random() * one_len);
     if ( rands. indexOf( rand) > -1) {
       // 如果重复抽中就增加一次抽取次数
       size++ ;
       // 为了防止数据过少而陷入死循环,指定抽取次数
       if ( size > 100) {
         break;
       }
     } else {
```

```
            rands. push( rand) ;//添加样本目录
            arr. push( one_arr[ rand] ) ;//添加样本数据
        }
      }
  }
  // 输出样本数据
  document. getElementById( ' show ' ). innerText = arr. toString( ) ;
  // 显示原数组与抽样后的数组
  console. log( v, data, arr) ;
}


// 剔除异常数据
function exc( data) {
  // 平均数
  let av = averaged( data) ;
  // 方差
  let va = variance( data) ;
  // 标准差
  let sd = parseInt( Math. sqrt( n) ) ;
  // 循环检测异常数据
  let arr = [] ;
  for ( let i = 0; i < data. length; i + + ) {
    // 只保留当前值与平均数的差小于 3 倍的标准差数据
    if ( Math. abs( data[ i] - av) < 3 * sd) {
      arr. push( data[ i] ) ;
    }
  }
  return arr;
}
// 平均数
function averaged( a) {
  let len = a. length;
  // 先求和
  let m = 0;
  for ( let i = 0; i < len; i + + ) {
    m += Number( a[ i] ) ;
  }
  // 再求平均数
```

```
    let av = m / len;
    return av;
}
// 方差
function variance(a) {
    // 先求和
    let av = averaged(a);
    // 最后求方差
    let n = 0;
    let len = a.length;
    for (let i = 0; i < len; i++) {
        let e = Number(a[i]) - av;//与平均数的差
        n += e * e;
    }
    let v = n / len;
    return v;
}
</script>
```

5.1.2　降维算法

由于数据的种类太多无从下手，因此我们经常会把杂乱无章的数据变成一种大家喜闻乐见的表格数据。通过表格来管理数据将更加方便，也更容易理解和查找。通常一张简单的数据表格包含一个唯一的字段来管理可能重复出现的数据，以学员表为例，见表5.1。

表5.1　学员表

学号	姓名	身高/cm
1	张三	160
2	张三	170
3	李四	170

上表中的"学号"就是一个数值唯一的字段。我们既可以通过学号来精确地查找某个人的身高，也可以通过姓名来查找所有名字为张三的身高。当然，反过来也可以通过身高来筛选所有身高是170 cm的学生。

表格确实很简单也很直观，但是我们想要把杂乱无章的数据生成这样一张表格并不容易。尤其是当数据种类非常复杂的时候，我们更是难以梳理。

一种最简单的方法就是先将每一条数据都做成记录，然后将数据的属性做成弹性的字段。所谓弹性的字段是指字段名不固定，随时可以增加。比如新增一个名字为王五的同学，他的体重是 60 kg。那么我们的数据表格就会多出一列关于"体重"的字段，如表 5.2 所示。

表 5.2　学员表扩展字段

学号	姓名	身高/cm	体重/kg
1	张三	160	
2	张三	170	
3	李四	170	
4	王五	170	60

此时，如果再有一个名字为赵六的同学，他的年龄是 18 周岁，那么我们就再增加一个关于"年龄"的字段。以此类推，如果数据过于杂乱，那么字段的数量也会变得很多。这给统计和分析带来很大的麻烦，那么有没有一种只保留几个关键的字段就可以的办法呢？这种办法就是我们所要寻找的降维法。其中常见的一种降维法就是投影降维法。

我们知道，通过投影可以把复杂的三维物体映射到一张平面上。比如我们想要计算一个球体的周长，就可以把它映射成一个圆形；再比如我们想要计算圆形的直径，就可以把它映射成一条直线。接下来就容易计算多了，投影降维如图 5.4 所示。

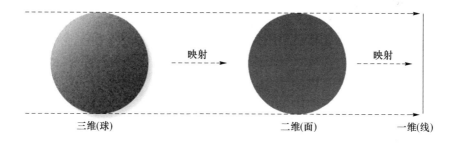

三维(球)　　　　二维(面)　　　　一维(线)

图 5.4　投影降维

但是我们也要知道，投影降维法会由于光线的原因而丢掉很多有用的数据信息，比如我们要投影的是一个圆形的橡胶锤，由于投影角度的原因我们每次看到的图像都是不一样的，有时候是一个长方形、有时候是两个长方形、有时候又是一个长方形和一个圆形，这让我们无所适从，如图 5.5 所示。

一个圆形的橡胶锤就有这么多种投影方式，如果是一台复杂的机器是不是就更让人们难以抉择了。是不是可以使用某种方法将原始数据中最能影响分析结果

图5.5　多角度投影

的特征作为主要字段。比如当李四、王五、赵六三个人的身高都差不多时，他们的身高数据对结果的影响并不大，但是当三个人的身高差异较大时，他们的身高数据就对分析结果有较大影响了。根据这个思路，我们是不是就可以用方差来计算每个特征对结果的影响力？从而找到主要的数据特征，这就是大名鼎鼎的主成分分析法。一个简单主成分分析的基本思路如下。

第一，将原始数据变成一个二维数组，其中每一行都代表一个特征。如：

姓名 = [李四，王五，赵六]

身高 = [170，160，150]

年龄 = [18，17，16]

体重 = [70，65，60]

第二，将每个特征（每一行）数组都减去这一行的均值。如：

身高的均值是160、年龄的均值是17、体重的均值是65

身高 = [10，0，−10]

年龄 = [1，0，−1]

体重 = [5，0，−5]

第三，求出每个特征（每一行）的方差。如：

样本数量是3

身高 = $[10^2 + 0^2 + (−10)^2] \div 3 = 200/3$

年龄 = $[1^2 + 0^2 + (−1)^2] \div 3 = 2/3$

体重 = $[5^2 + 0^2 + (−5)^2] \div 3 = 50/3$

第四，通过对方差进行排序来确认特征的重要性。如：

身高的方差 > 体重的方差 > 年龄的方差，因此我们优先选择保留身高字段。

第五，将特征向量按对应特征值大小重新进行排序即可。一个简单的主成分分析的核心代码如下所示：

pca. html

```
<script>
  // 学生体检表
  var data = [
    [170, 160, 150],//身高
    [18, 17, 16],//年龄
    [70, 65, 60]// 体重
  ];
  // 剔除重复的数组元素
  console. log( Array. from( new Set( data[0]))); //先转唯一对象再转数组

  // 计算协方差矩阵的特征值和特征向量
  function pca( data) {
    // 返回特征数(数组长度)
    let rows = data. length;
    // 返回样本数量,取第一行即可
    let cols = data[0]. length;
    // 返回平均数数组
    let vector = data. map( function ( row) {
      // 特征求和
      let sum = 0;
      for ( item in row) {
        sum += row[ item];
      }
      // 求平均数
      return sum / cols;
    });
    // 返回方差数组
    let matrix = [];
    for ( index in data) {
      let row = data[ index];
      let sum = 0;
      for ( key in row) {
        let num = row[ key] - vector[ index];
        sum += num * num;
      }
      // 保存为 JSON 对象方便排序
      matrix[ index] = {' num':( sum / cols),' data':row};
    }
```

```
    // 开始排序
    matrix. sort(function (a, b) {
       return b['num'] – a['num'];
    });
    return matrix;
 }
 // 测试数据
 console. log(pca(data));
</script >
```

在主成分分析法中，有时候还会对近似的特征进行剔重。比如我们都知道学生的身高、体重和年龄是相关的，那么就可以直接用"身高"或者"年龄"来代替这三个字段。这样剩下的字段之间就不会强相关了，从而减少了大量的重复计算。

如果我们想要判断两个变量 x 和 y 之间的相关性，最简单的方法就是利用两个变量的均值差的乘积之和除以各自均差平方和的积的平方根。相关性（相关系数）计算公式如下所示：

$$\frac{\sum_1^n (x-\bar{x})(y-\bar{y})}{^2\sqrt{\sum_1^n (x-\bar{x})^2 \sum_1^n (y-\bar{y})^2}}$$

比如变量 x 的数组是 $[1、2、3]$，变量 y 的数组是 $[2、4、6]$，具体计算过程如下。

首先，计算 x 和 y 的平均数，即：
$$x \text{ 的平均数是} (1+2+3) \div 3 = 2$$
$$y \text{ 的平均数是} (2+4+6) \div 3 = 4$$

其次，计算 x 和 y 的均值差的乘积之和，即：
$$(1-2) \times (2-4) + (2-2) \times (4-4) + (3-2) \times (6-4)$$
$$= (-1) \times (-2) + 0 \times 0 + 1 \times 2$$
$$= 2 + 0 + 2$$
$$= 4$$

然后，分别计算 x 和 y 的均差平方和，即：
$$x \text{ 的均差平方和} = (1-2)^2 + (2-2)^2 + (3-2)^2 = (-1)^2 + 0^2 + 1^2 = 2$$
$$y \text{ 的均差平方和} = (2-4)^2 + (4-4)^2 + (6-4)^2 = (-2)^2 + 0^2 + 2^2 = 8$$

接着，计算两者的积的平方根，即：
$$2 \times 8 = 16 \text{ 的平方根} = 4$$

最后，计算两个变量的相关系数，即：
$$4 \div 4 = 1$$

相关系数的结果介于 -1 和 1 之间，如果相关系数大于 0 则表明两个变量之间存在正相关；如果相关系数小于 0 则表明两个变量之间存在负相关；如果相关系数等于 1 则表明两个变量之间存在一个没有误差的正线性函数；如果相关系数等于 -1 则表明两个变量之间存在一个没有误差的负线性函数；如果相关系数等于 0 则表明两个变量之间不存在线性关系。

因为已知 x 与 y 的相关系数等于 1，所以两个变量之间存在一个完全没有误差的正线性函数。进行线性回归之后，我们知道这个线性函数就是 $y = 2x$。

5.1.3 缩小图像

除了降维算法之外，我们还可以通过数值合并的办法减少数据量。比如在排序算法中，如果只想大概知道一个数组是否有序，那么最简单的办法就是将这个数组的内容减少到两个数。如果第一个数小于第二个数就是升序否则就是降序。

假设有 [3、2、3、4、5、6、7、8、9、2] 这样一个数组，如何判断它是升序还是降序的呢？如果只取第一个数 3 和最后一个数 2 比较的话那它可能是降序的，而实际上这个数组中的数据大部分是升序的。为了减少误差最好的办法是先将其平均分成两个组，然后各取其平均值即：[3、2、3、4、5] = 3.4，[6、7、8、9、2] = 6.4。因为 3.4 < 6.4 所以这大概率是一个升序数组。

如果我们将一维数组换成二维图像的话，效果也是一样的。只不过在缩小二维数组的时候要考虑到这个数组上、下、左、右的均值。比如你想知道一张超大图像缩小到 3 × 3 像素，那么就可以通过合并指定区域内像素点 R（红色）、G（绿色）、B（蓝色）值的办法来生成新的图像，比如 JavaScript 自带的 drawImage() 函数（canvas 图像的缩放函数）。

由于这里重点是研究如何减少数据量，因此我们只关注图像缩小的原理。想要缩小一张图片，最简单的方法就是确定原图像上的采样位置。人们一般会将宽度、高度缩小比例的最简分数（分子是 1 的分数）作为采样距离。比如将宽度缩小至 50%、高度缩小至 20%，那么宽度与高度的缩小间距分别是：1/0.5 = 2（像素）和 1/0.2 = 5（像素）。有了缩小间距，就可以从头开始每隔一定距离来确定采样位置。

有了采样位置（像素点的坐标）还要确定颜色。如果只采用当前像素点的颜色作为新图像的颜色一定不合理，因为我们直接忽略了它周围的颜色。最好的办法是将它周围的颜色也考虑进来，比如先将其与采样位置的距离作为新图像颜色的权重值，再将这些颜色进行加权求和，如图 5.6 所示。

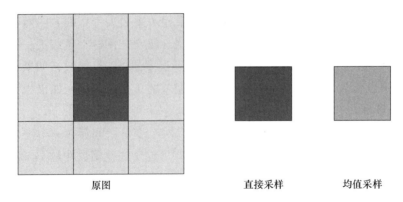

原图　　　　　　　直接采样　　　　均值采样

图 5.6　采样算法

这个方法称为双线均值插入法，核心代码如下所示：

```
zoom. html
<h3 >缩小图像 </h3 >
< img id = " img " src = " butterfly. png " >
< !--转变成 canvas 元素-- >
< canvas id = " png " > </canvas >
< !--缩小后的图像-- >
< canvas id = " zoom " > </canvas >
< script >
let zoom = 0. 5 ;// 缩小 50%
let cs = document. getElementById( " png " ) ;
let ctx = cs. getContext( " 2d " ) ;
let img = document. getElementById( " img " ) ;
img. onload = function () {
    // 计算原图宽度与高度
    let old_w = img. width;
    let old_h = img. height;
    // 将 img 绘制到 canvas 上方便处理
    cs. width = old_w;
    cs. height = old_h;
    ctx. drawImage( img, 0, 0) ;
    // 返回原图中的像素点并转换成二维数组
    let data = ctx. getImageData( 0, 0, old_w, old_h). data;
    let ps = new Array( old_h) ;
    for ( let a = 0; a < ps. length; a + + ) {
```

```
    ps[a] = new Array(old_w);
}
for (let i = 0; i < data.length; i += 4) {
    let rows = Math.floor(i / (4 * old_w));
    let cols = Math.floor((i - rows * (4 * old_w)) / 4);
    let arr = [data[i], data[i + 1], data[i + 2], data[i + 3]];
    ps[rows][cols] = arr;
}
//console.log(ps);
// 缩放后的图像宽度与高度
let zoom_w = old_w * zoom;
let zoom_h = old_h * zoom;
// 水平采样间距:原宽度/新宽度
let gap_w = old_w / zoom_w;
// 垂直采样间距:原高度/新高度
let gap_h = old_h / zoom_h;
// 采样半径
let len_h = gap_h / 2;
let len_w = gap_w / 2;
//console.log(old_w, zoom_w, old_h, zoom_h);
// 创建一个空 ImageData 对象
let cs_zoom = document.getElementById('zoom');
let ctx_zoom = cs_zoom.getContext("2d");
// 设置新图的宽度和高度
cs_zoom.width = zoom_w;
cs_zoom.height = zoom_h;
let new_data = ctx_zoom.createImageData(zoom_w, zoom_h);
let new_i = 0;
// 这里是核心代码
// 逐行
for (let h_i = gap_h - 1; h_i < old_h; h_i += gap_h) {
    // 逐列
    for (let w_i = gap_w - 1; w_i < old_w; w_i += gap_w) {
        // 寻找当前像素点起始与结束的坐标
        let h_top = Math.floor(h_i - len_h);// 上边起始坐标
        if (h_top < 0) { h_top = 0; }
        let h_down = h_i + len_h;// 下边结束坐标
        if (h_down >= old_h) { h_down = old_h - 1; }
```

```
let w_left = Math. floor(w_i - len_w);// 左边起始坐标
if (w_left < 0) { w_left = 0; }
let w_right = w_i + len_w;// 右边结束坐标
if (w_right >= old_w) { w_right = old_w -1; }
//console. log(h_i, w_i, h_top, h_down, w_left, w_right);
// 加权均值法:计算周围像素点的距离总值
let sum = 0;
let area = [];// 区域数组:坐标 Y、坐标 X、距离
for (let y_top = h_top; y_top <= h_down; y_top++) {
    for (let x_left = w_left; x_left <= w_right; x_left++) {
        // 三角函数计算距离,邻近插值
        let dx = Math. abs(x_left - w_i);
        let dy = Math. abs(y_top - h_i);
        let dis = Math. sqrt(Math. pow(dx, 2) + Math. pow(dy, 2));
        area. push([y_top,x_left,dis]);
        // 求和
        sum += dis;
    }
}

//console. log(sum,area);
// 通过加权平均计算颜色值
let dis_sum = 0;
for (let ar in area) {
    // 距离权重是该坐标点与焦点的距离/选区内所有坐标点与焦点距离值的总和
    let dis_p = area[ar][2] / sum;
    area[ar][2] = dis_p;
    dis_sum += dis_p;
}

// 初始化 RGB
let R = 0, G = 0, B = 0, A = 0;
for (let ar in area) {
    // 权重值是该坐标点的距离权重/选区内所有坐标点距离权重值的总和
    let name = area[ar];
    let color_p = name[2] / dis_sum;
    let p_y = name[0];
    let p_x = name[1];
    R += ps[p_y][p_x][0] * color_p;
    G += ps[p_y][p_x][1] * color_p;
    B += ps[p_y][p_x][2] * color_p;
```

```
    A += ps[p_y][p_x][3] * color_p;
    }
    new_data.data[new_i] = R;
    new_data.data[new_i + 1] = G;
    new_data.data[new_i + 2] = B;
    new_data.data[new_i + 3] = A;
    new_i += 4;//步长为4
    }
}
// 绘制缩放后的图像
ctx_zoom.putImageData(new_data, 0, 0);
}
</script>
```

5.1.4 归一算法

当要计算的数据之间差异较大时，我们可以将其等比例缩小，最简单的方法就是约分。比如数组 [1000、500、700、800] 缩小至1% 就是 [10、5、7、8]。

最常用的方法是归一算法，所谓的归一算法就是将所有的数字变成 0 ~ 1 之间的数。通常有两种办法实现数字归一化。一种是用当前值除以所有数值的和。比如在刚才的数组中，数组总和是 1000 + 500 + 700 + 800 = 3000。

而每个数值与总数的比值为：

$$1000/3000 \approx 0.33$$
$$500/3000 \approx 0.16$$
$$700/3000 \approx 0.23$$
$$800/3000 \approx 0.26$$

另一种是用当前值减去最小值之后再除以数组的极差。比如在刚才的数组中，数组的极差（最大值 – 最小值）是 1000 – 500 = 500。最后用当前值减去最小值再除以极差，即：

$$(1000 - 500)/500 = 1$$
$$(500 - 500)/500 = 0$$
$$(700 - 500)/500 = 0.4$$
$$(800 - 500)/500 = 0.6$$

下面我们用一个竞争力小程序来展示一下归一算法的实现过程。在这个小程序中，我们先统计所有人的成绩，然后去掉最高的 10% 和最低的 10%，归一化后再乘以 100 就是每个人的竞争力得分，核心代码如下所示：

```
one. html
< textarea id = " arr - data " rows = " 10 " onblur = " update() " > </textarea >
< button onclick = " set_data() " > 随机生成数据 </button >
< input type = " text " id = " new - data " >
< button onclick onclick = " add() " > 添加新数据 </button >
< button onclick = " one() " > 计算得分 </button >
< div id = " show " > </div >
< script >
  let data = [];
  let size = 200;
  function set_data() {
    for (i = 0; i < size; i++) {
      let rand = Math. round(Math. random() * 1000);
      data[i] = rand;
    }
    // 逐行显示数组
    show(data);
  }
  set_data();
  // 通过归一化打分
  function one() {
    // 升序
    data. sort(function (a, b) {
      return a - b;
    });
    // 去掉最大值
    let l = data. length * 0.1;
    data. splice(data. length - 1);// 删除最高的 10%
    data. splice(0, l);// 删除最低的 10%
    // 去掉最小值
    let html = '';
    // 最大值 - 最小值
    let max_min = data[data. length - 1] - data[0];
    for (let i = 0; i < data. length; i++) {
      let num = (data[i] - data[0]) / max_min;
      num = parseInt(num * 100);
      html += i + 1 + '的最终得分为:' + num + '分 <br >';
    }
```

```
    document. getElementById('show'). innerHTML = html;
    show( data) ;
}
// 添加数据
function add( ) {
    let num = parseFloat( document. getElementById('new – data'). value)
    data. push( num) ;
    show( data) ;
}
function show( arr) {
    document. getElementById('arr – data'). value = JSON. stringify( arr). replaceAll(',', ',\n') ;
}
function update( ) {
    data = JSON. parse( document. getElementById('arr – data'). value) ;
}
</script>
```

以上只是两种简单的归一算法。如果我们输入的数字是一组坐标值，那么归一算法还可以变成坐标与原点（坐标轴的交叉点）距离的比值。比如点 P 的坐标值是 $[x=3、y=4]$，那么根据三角函数可知点 P 与原点的距离为 $3^2+4^2=9+16=25$ 的平方根，即 5，如图 5.7 所示。

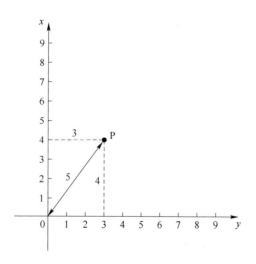

图 5.7 坐标点与距离

有了两点间的距离我们就可以进行坐标点归一了，归一后的坐标点的值为 $[3/5、4/5]$ 即 $[0.6、0.8]$。坐标点归一算法在计算物体运行轨迹中非常有用，比如当计算篮球碰触地面之后的反弹方向时，就可以直接使用归一后的数值来计算弧度。

如果是一个三维坐标的话，也可以使用坐标法进行归一计算。只不过距离计算公式变成了 X 轴的平方加 Y 轴的平方加 Z 轴的平方和的平方根而已。即距离 $= (x^2 + y^2 + z^2)$ 的平方根。比如 P 点的三维坐标是 $[x=1、y=2、z=2]$，P 点与原点之间的距离就是 $1^2 + 2^2 + 2^2 = 16$ 的平方根，即 4。归一之后的坐标值为 $[1/4、2/4、2/4]$ 即 $[0.25、0.5、0.5]$。

如果是一个四维或者更多维度坐标的话，仍然可以通过坐标点的平方和的平方根来求得当前坐标点与原点之间的距离，即距离 $= (x^2 + y^2 + z^2 + t^2 + \cdots)$ 的平方根，再进行坐标值归一。比如计算一个飘浮在空中的气球在受到风力的作用下是如何改变前进方向的。其实不论使用哪种归一算法，其核心算法只有一个，那就是分别除以一个不小于它们的数就可以了。

5.1.5 聚类算法

为了更好地分析数据，我们可以先将数据进行简单的分类，再逐类分析。比如我们想要统计班级中男生的平均身高，就要先把男生挑出来，再进行统计。一般来讲，我们都会根据经验把相似的事物分为一起，比如在一堆圆形和三角形分布的图形中，我们可以通过点、线、面、体或其他几何图形进行分类，分类方式如图 5.8 所示。

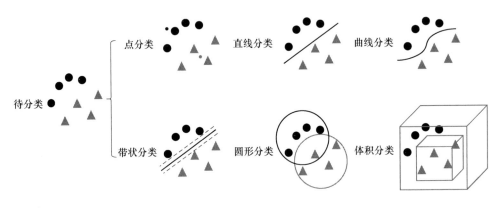

图 5.8　分类方式

如果将这个过程交给计算机来处理就是一个简单的分类器，这些分类器的核心基本都是一个几何函数，比如点、直线、曲线、长方形、圆形、长方体等。

1. 临近聚类

想要通过机器学习来生成这样一个函数，最简单的方法就是计算这点与目标函数的距离。比如我们可以先计算每个坐标点和其他所有坐标点的距离平均值，最终选出总平均值最小的坐标点。当然，我们也可以先随机一个坐标点，再计算这个坐标点与其他所有坐标点的距离平均值。当进行多次随机之后最终选出距离平均值最小的一个坐标点。这种方法称为临近聚类，假设我们随机选出 A、B 两个坐标点，如图 5.9 所示。

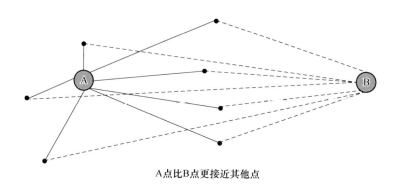

A点比B点更接近其他点

图 5.9 临近聚类

2. 密度聚类

当然，我们也可以先选择使用一个固定大小的圆圈，然后通过不断移动这个圆圈来查看圆圈所圈住的点数，最后将圈中点数最多的位置作为我们分类的依据。这种方法称为密度聚类，如图 5.10 所示。

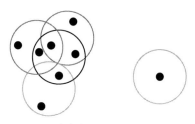

密度为4、3、3、2、1

图 5.10 密度聚类

3. 层次聚类

当然，我们还可以将所有的数据根据其相似性逐层聚类，这种方法称为层次聚类。比如有 1、2、3、4、5、6、7、8、9 这样几个数，我们用第二个数作为除数，将所有数分成能整除的和不能整除的两组，接着继续按照这个方法进行分组，直至分完为止，如图 5.11 所示。

下面我们就利用这些聚类算法做一个简单的身高聚类小程序，核心代码如下

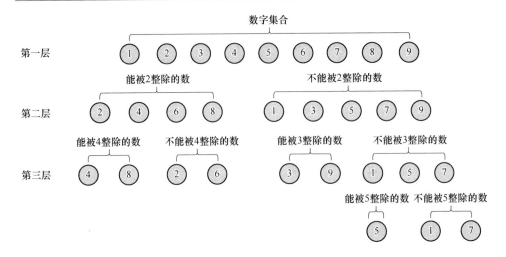

图 5.11　层次聚类

所示:

```
class. html
身高数据
< input id = " data " type = " text " value = "160 170 165 180 163 175 " >
< input type = " button " value = "开始聚类" onclick = " start( )" >
< div id = " box " > < /div >
< script >
  // 获取数据
  function val( str) {
    let data = document. getElementById( str). value;
    let arr = data. split(/\s + /);
    let num = [ ];
    for ( item in arr) {
      num. push( parseInt( arr[ item ] ) );
    };
    return num;
  }
  var data = [ ];
  // 分类算法
  function start( ) {
    data = val(' data ');
    layers( data);
    distances( data);
```

```
    densities(data, 5);
}
// 层次聚类
function layers(d) {
    let len = d.length;
    if (len < 2) {
        return
    }
    // 以身高的平均数作为分类标准
    let sum = 0;
    for (let n in d) {
        sum += d[n];
    }
    // 平均数
    let mid = sum / len;
    let small = [];// 小组
    let big = [];// 大组
    for (let k in d) {
        let val = d[k];
        if (val <= mid) {
            small.push(val);
        } else {
            big.push(val);
        }
    }
    console.log("层次聚类:");
    // 显示分类过程
    console.log(small);
    console.log(big);
    // 递归
    layers(small);
    layers(big);
}
// 距离聚类
function distances(d) {
    // 数组的长度
    let len = d.length;
    // 距离总值的数组
```

```javascript
  let ls = [];
  for (i in d) {
    let a = d[i];
    let sum = 0;
    for (j in d) {
      let b = d[j];
      sum += Math.abs(a - b);
    }
    ls[i] = sum;
  }
  // 寻找距离最小的作为聚类中心,默认为第一个
  let key = 0;
  let min = ls[key];
  for (k in ls) {
    if (ls[k] < min) {
      min = ls[k];
      key = k;
    }
  }
  // 显示距离聚类中心
  console.log('距离聚类中心:', d[key]);
}
// 密度聚类
function densities(d, step = 10) {
  // 设置范围
  let ls = [];
  for (i in d) {
    // 统计区域内的数量
    let min = d[i] - step;
    let max = d[i] + step;
    let count = 0;
    for (j in d) {
      // 必须在区间内
      if (d[j] >= min && d[j] <= max) {
        count++;
      }
    }
    ls[i] = count;
  }
```

```
  // 寻找密度最大的作为聚类中心,默认为第一个
  let key = 0;
  let num = ls[key];
  for (k in ls) {
    if (ls[k] > num) {
      num = ls[k];
      key = k;
    }
  }
  // 显示密度聚类中心
  console.log('密度聚类中心:', ls, d[key]);
 }
</script>
```

5.2 查 找 算 法

5.2.1 逐行查找

如果这个世界充满了各种各样的答案也存在各种各样的问题,那么计算机所做的事情无非就是通过查找将问题和答案进行精确的匹配。比如我想找一个和我一样高的同学去参加比赛活动,我想买一个 5 公斤重的大西瓜等。常见的查找算法包括逐行查找、散列查找、二分查找、插值查找和树形查找。

逐行查找也叫顺序查找,比如在一个已知的数据库中找到我们想要答案的最简单的方法就是逐行查找,直至找到答案为止。这种逐行查找既可以从前向后查找,也可以从后向前查找。如果数据量太大还可以做成分区查找,比如按照数值大小分区,或者按照字母分表。按照数值大小分区是先将要查找的字符串变成数字,然后用这个数字除以分区的大小,结果就是所要查找的分区。如果是字母的话,我们可以按照开头的字母进行分表,比如按照英文字母分成 26 个表。如果是中文的话还可以分得更多,查起来也更加方便。

这种逐行查找的方法非常简单,实现起来也非常容易,核心代码如下所示:

```
search.html
<script>
  // 要查找的答案
 var str = 10000;
  // 随机生成一个较大的二维数组
 var size = 100000;
```

```
var data = new Array(3);// X、Y、Z 分表
for (let n = 0; n < data. length; n ++ ) {
  data[n] = new Array(size);
}
for (let i = 0; i < size; i ++ ) {
  // 随机生成数字或者字符串
  data[0][i] = Math. floor(Math. random() * i);
  data[1][i] = Math. floor(Math. random() * i);
  data[2][i] = Math. floor(Math. random() * i);
}
// 分表查找
let html = '没有找到答案';
for (let n = 0; n < data. length; n ++ ) {
  let table = data[n];
  let res = serch(table, str);
  if (res > -1) {
    html = str + ',在表' + (n + 1) + '的第' + (res + 1) + '行'
    break;
  }
}
// 显示查找结果
document. getElementById('show'). innerHTML = html;
console. log(html);
// 普通查找,又称线性查找
function serch(d, s) {
  let res = -1;
  if (Math. random() > 0. 5) {
    // 倒序
    for (let key = 0; key < d. length; key ++ ) {
      if (d[key] == s) {
        res = key;
        break;
      }
    }
  } else {
    // 正序
    for (let key = length - 1; key > 0; key--) {
      if (d[key] == s) {
```

```
      res = key;
      break;
    }
   }
  }
 return res;
 }
</script>
```

以上查找都是全等查找，如 ID = 100 或者姓名 = 张三。有时候，我们为了方便一次性查找多个数据，可以使用正则查找，比如 SQL 数据库中的 LIKE 语句，如：

```
SELECT  *  FROM friends WHERE name LIKE '王%';
```

上面这个 SQL 语句表示查找 friends（好友）表中所有 name（名字）以王字开头的记录，只不过 SQL 语句中的正则表达式只有非常简单的几种。比如_表示一个字符、%表示零或多个字符、［abc］表示 abc 中的任意一个字符、［!abc］表示不包含 abc 的任意字符。

由于 SQL 语句本身支持的正则表达式有限，为了方便人们使用更多的正则表达式，很多数据库软件公司都开发出属于自己的正则表达式语句。比如 MySQL 数据库就可以使用 REGEXP 语句来代替 LIKE 语句，如：

```
SELECT  *  FROM friends WHERE name REGEXP '\w{2,5}';
```

上面这个 MySQL 语句表示查找 friends（好友）表中所有 name（名字）里包含 2 ~ 5 个字符的记录。

在 JavaScript 中，也有很多专门处理正则查找的方法，比如在一个数组中可以使用：exec( ) 函数查找正则表达式匹配的值；test( ) 函数查找正则表达式匹配的值是否存在；searc( ) 函数查找正则表达式匹配的值的初始位置；match( ) 函数查找正则表达式匹配的多个值，示例代码如下所示：

```
< script >
 // 数组
 const arr = ['20', '1', '21', '11'];
 // 正则表达式
 let preg = /^1 +/g;
 arr. forEach( function ( item, index) {
   if ( preg. test( item) ) {
     console. log('找到了 1 开头的记录', item, index);
   }
 });
</script>
```

5.2.2 散列查找

顺序查找很适合使用SQL（结构化查询语言），但是速度很慢；与之相反的就是速度快的散列查找。散列查找经常用于那些NOSQL（非结构化查询语言）的数据库。散列查找的原理是在存储数据的时候对每一个数据都加上唯一的编号，那么下次查找时只要通过编号就可以找到这个数据了。最简单的散列查找是给数据一个自增长的ID，比如关系型数据库（SQL）中的自增长ID，如表5.3所示。

表5.3　有自增长 ID 的表

ID	姓名	成绩/分
1	张三	100
2	李四	90
……		
n	赵六	100

对于需要经常删除和插入的数据，如果使用自增长ID的话就会让ID的数值变得非常大，甚至超过长整形的取值范围即 2^{32}。于是很多人开始使用以哈希为主的非关系型数据库来存储数据。哈希存储的好处是哈希值不会因为记录的多少而发生改变，只和它所代表的数据内容有关，比如，JavaScript中的indexedDB就是一种典型的非关系型数据库，示例代码如下所示：

```
request = indexedDB. open('dbname', 1);
// 连接成功
request. onsuccess = function (event) {
    let db = event. target. result;
    // 读写操作(略)
    console. log(db);
}
```

哈希存储和JSON非常像，也是通过键-值对来实现的，只是这里的键是值的哈希值而已，如果值相同那么键名也相同。比如：

```
< script src =" crypto-js. min. js " > </script>
< script >
    // 利用 MD5 进行加密
    var key = CryptoJS. MD5('人间仙境'). toString();
    console. log(key);
    localStorage. setItem(key,'人间仙境');
    console. log( localStorage. getItem(' f6d57632ccfe84c4f3da21873befc3f0 '));
</script>
```

上面的代码之所以使用了 crypto-js. min. js 插件，是因为 JavaScript 目前并没有实现哈希算法相关的函数。其实哈希算法简单来说就是将任意长度的字符串通过哈希算法变成固定长度的字符串。而所谓的哈希翻译过来是散列的意思，散列的办法有很多，比如先将字符串分成 8 份，再计算每一段字符串数值。接下来就是循环计算这些数值，计算的方法也有很多，比如用这个数除以一个接近 8 的素数即 7，然后用它们的余数作为新字符串的值。当然也可以用任何一种你认为好的取值方法，只要这个值可以转成对应 16 进制的数即可。

我们知道，这样散列之后的数值难免会出现两个不同的字符串结果相等情况，为了保证每个一数据的散列值都是唯一的，我们就需要解决这个冲突。最简单方法就是将冲突的数值按照顺序添加到同一个数组的列表中。一个简单的哈希函数核心代码如下所示：

```
hash. html
<script>
  // 核心代码
  var table = {};
  // 字符串,素数(比散列数略小的素数,比如 8 取 7,16 取 13,32 取 31)
  function hash(str, num) {
      let code = 0;//散列数值
    let salt = 37;//盐(固定加密码)
    for (let i = 0; i < str. length; i++) {
    code = salt * code + str. charCodeAt(i) //返回字符的编码
    }
    //取余
    let mod = code % num;
    // 追加到散列表中
    if( Array. isArray(table[mod])) {
      if(table[mod]. indexOf(str) <0) {
        table[mod]. push(str);
      }
    } else {
      table[mod] = [str];
    }
  }
  hash(123, 7);
  hash(' abc ', 7);
  hash('你好', 7);
  hash(123, 7);
```

```
console. log( table,table[3]);
</script>
```

除了 ID 自增长和 indexedDB 数据库之外，JavaScript 还使用了一种称为 Symbol 的唯一数据类型。Symbol( ) 函数最大的好处就是可以让一个完全相的数字或者字符变成全网唯一的数值，Symbol( ) 函数使用方法如下所示：

```
a = Symbol('1');
b = Symbol('1');
console. log( a == b) ;// false
```

5.2.3 二分查找

前面介绍的数据是无序的，如果数据是有序的，我们就还可以使用二分查找。二分查找是将一个有序的数组每次都按照中间值平均分成两个数组，如果要寻找的数大丁中间值就继续分割数值较人的数组，否则继续分割数值较小的数组，直到找到那个数为止。

为了减少新数组对存储空间的浪费，可以通过直接改变索引起始和结束位置的方式来缩小数组的搜索范围。二分查找非常适合有序的数组，比如数字数组。下面我们就来写一段简单的二分查找小程序，核心代码如下所示：

```
search_binary. html
<script>
  var str = 1000;
  var size = 10000;
  var data = new Array( size);
  for ( let i = 0; i < data. length; i ++ ) {
    data[ i] = i;//有序数组
  }
  // 二分查找,折半查找
  function binary_search( d, s) {
    let start = 0;// 最低索引位
    let end = d. length - 1;//最高索引位
    while ( start < = end) {
      // 截取当前数组长度的一半
      let mid = Math. floor(( start + end) / 2);
      let num = d[ mid];//返回中间值
      if ( num == s) {//如果中间值等于要查找值就表示找到
        return mid;
      }
```

```
    if (num > s) {
        // 如果中间值大于要搜索的值,表示在数值较小的数组中,中间索引位 -1 作为结
束位置
        end = mid - 1;
    } else {
        // 否则就是中间值小于要搜索的值,表示在数值较大的数组中,中间索引位 +1 作
为起始位置
        start = mid + 1;
    }
  }
  return - 1;
}
let html = '没有找到答案';
let res = binary_search(data, str);
if(res > - 1){
  html = str + ',在第' + (res + 1) + '行'
}
document. getElementById('show'). innerHTML = html;
console. log(html);
</script>
```

5.2.4　插值查找

　　二分查找的前提是被查找的数据必须有序,只要能将数据变成一个有序的记录,就可以使用二分查找。二分查找有两个有趣的升级版,分别是插值查找和二叉树查找。

　　我们知道,在使用二分查找的时候,我们经常用折半的方法来确定中间数值,从而进行分组。如:中间值=(最小数+最大数)÷2。对于一种分布比较均匀的有序数组,可以通过索引值进行定位的方法快速找到想要查找的数字。比如我们要查找数组 [0、1、2、3、4、5] 中的2,那么直接找到这个数组的索引值2就可以了,因为索引值和数值完全相等。再比如我们要查找数组 [1、2、3、4、5、6] 中的2,那么直接找到这个数组的索引值2-1就可以了,因为索引值比数值少一个。

　　对于起始数值远远大于0的数组,我们该怎么办呢? 答案是使用下面这个公式来确定索引与数值的关系:

　　索引值=最低索引值+(查找值-最小值)×(最高索引值-最低索引值)÷(最大值-最小值)

　　比如我们要查找数组 [1、2、3、4、5、6、7] 中的2,最低索引值是0、最

高索引值是 6、查找值是 2、最小值是 1、最大值是 7，根据公式预计索引值应该是：

$$0 + (2-1) \times (6-0) \div (7-1) \times = 1$$

而索引值 1 对应的数字正好是我们要查找的数字 2。这种方法就是插值查找，插值查找的基本步骤如下：

首先，确定查找数字的查找范围，查找范围包括最低索引值、最高索引值、最小值和最大值。

然后，根据公式计算预计索引值并取整。如果预计索引值对应的数值等于查找值就停止搜索，否则向下继续搜索。而继续查找有两种情况：如果预计索引值对应的数值小于查找值，则说明查找值可能在索引值更大的区域内，这时我们让最低索引值等于预计索引值 +1，然后重新计算即可；如果预计索引值对应的数值大于查找值，则说明查找值可能在索引值更小的区域内，这时我们让最高索引值等于预计索引值 −1，然后重新计算即可。

为了防止索引值溢出，我们只递归最低索引值小于或等于最高索引值和查找值介于最大值与最小值之间的情况，插值查找核心代码如下所示：

```
search_inter. html
<h3>插值查找</h3>
<div id="show"></div>
<script>
  //初始化
  var data1 = [1, 2, 3, 4, 5, 6, 7];//分布均匀的有序数组
  var data2 = [3, 5, 7, 11, 13, 17];//分布不均匀的有序数组
  // 插值查找
  function search_inter(d, s) {
    let low = 0;//最低索引值
    let high = d. length - 1;//最高索引值
    // 进入循环(防止索引值溢出)
    while (low <= high && s >= d[low] && s <= d[high]) {
      // 索引值=最小索引值+(查找值-最小值)×(最大索引值-最小索引值)÷(最大
值-最小值),向下取整
      let index = low + Math. floor(((s - d[low]) * (high - low)) / (d[high] - d
[low]));
      // 如果相等就表示找到索引位
      if (d[index] == s) {
        return index;
      }
      if (d[index] < s) {
```

```
    // 如果小于就重新确定最低索引值:预计索引值 +1
    low = index + 1;
} else {
    // 否则就重新确定最高索引值:预计索引值 -1
    high = index - 1;
    }
  }
  return -1;// 没找到
}
// 示例
var str = 5;//查找值
var html = '';//显示查找结果
html += '数组' + data1.toString() + '中' + str + '的索引值是:' + search_inter(data1,
str);
html += '<br>';
html += '数组' + data2.toString() + '中' + str + '的索引值是:' + search_inter(data2,
str);
html += '<br>';
html += '数组' + data2.toString() + '中 2 的索引值是:' + search_inter(data2, 2);
// 如果返回 -1 表示没有找到
document.getElementById('show').innerHTML = html;
</script>
```

5.2.5 树形查找

还记得我们在排序算法中使用的二叉树排序吗? 二叉树排序可以将数组变成一个有序的数列。既然是有序的数组, 那么就可以使用二分查找或者插值查找。比如我们有图 5.12 这样一个有序二叉树数组。

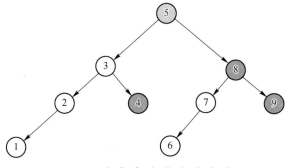

1、2、3、4、5、6、7、8、9

图 5.12 有序二叉树

在图 5.12 的二叉树中，左侧所有子节点（空心节点）的值都要小于这个节点的值，而右侧所有子节点（实心节点）的值都要大于这个节点的值。正是因为它的这种特殊结构，才让我们查找起来更加快速。具体查找步骤为：从根目录开始，如果等于就表示找到，如果小于就继续查找左侧的子节点（左分支），如果大于就继续查找右侧的子节点（右分支）。比如我们想要查找 4 这个数字，首先和根节点的 5 比较，发现 4 小于 5，于是继续查找左侧的子节点 3，发现 4 比 3 大，于是继续查找节点 3 右侧的子节点 4，最后发现节点 4 就是我们要找的数，从而完成了一次树形查找。而想要实现一个树形查找，必须先有这个有序二叉树才行。一般为了方便查找，我们会把数组中的中位数作为根节点，比如图中的 5 就是一个中位数。确定好中位数后，只需要从根节点开始，依次比较要插入的数据和节点的大小关系。如果要插入的数据比节点的数据大并且节点右侧的子节点为空，就将新数据直接插到右侧的子节点位置上，如果右侧的子节点不为空，就继续遍历右侧的子节点，直至找到空位为止；如果要插入的数据比节点的数据小并且节点左侧的子节点为空，就将新数据直接插到左侧的子节点位置上，如果左侧的子节点不为空，就继续遍历左侧的子节点，直至找到空位为止。

有序二叉树的生成方法几乎和查找方法一模一样。至于二叉树的数据对象则可以是 ARRAY 对象、JSON 对象、DOM 对象、CLASS 对象等。一个简单的有序二叉树查找代码如下所示：

```
b_tree. html
< div id = " show " > < /div >
< script >
  // 有序数组
  const array = [1, 2, 3, 4, 5, 6, 7, 8, 9];
  // 返回中位数
  let mind = array[ Math. floor( array. length / 2)];
  // 生成一个有序二叉树
  // 方法 1 使用类, 如:
  class class_tree {
    // 通过构造函数生成一个属性
    constructor( value) {
      this. value = value;
      this. left = null;//左侧子节点
      this. right = null;//右侧子节点
    }
  }
  // 添加二叉树
```

```javascript
let class_root = new class_tree(mind);
// 插入一个新对象
function add_class(node, num) {
    // 如果节点值相等就停止插入
    if (node.value === num) {
        console.log(num, '已经存在');
        return;
    }
    if (num < node.value) {
        // 插入值小于当前节点
        if (node.left == null) {
            // 如果左侧子节点为空就插入
            node.left = new class_tree(num);
        } else {
            // 否则继续遍历左侧的子节点
            add_class(node.left, num);
        }
    } else {
        // 插入值大于当前节点
        if (node.right == null) {
            // 如果右侧子节点为空就插入
            node.right = new class_tree(num);
        } else {
            // 否则继续遍历右侧的子节点
            add_class(node.right, num);
        }
    }
}
// 循环添加对象
array.forEach(function (item) {
    add_class(class_root, item);
});
console.dir(class_root);

// 方法2 使用数组,如:
var array_root = [mind,null,null];
// 插入一个新数组
function add_array(node, num) {
```

```
    if (node[0] === num) {
      return;
    }
    if (num < node[0]) {
      if (node[1] == null) {
        node[1] = [num,null,null];
      } else {
        add_array(node[1], num);
      }
    } else {
      if (node[2] == null) {
        node[2] = [num,null,null];
      } else {
        add_array(node[2], num);
      }
    }
  }
}
//循环添加数组
array.forEach(function (item) {
  add_array(array_root, item);
});
console.dir(array_root);


// 方法3 使用 DOM 对象 略
// 方法4 使用 JSON 对象 略
// 方法3 和方法4 的函数可以参考方法1 和方法2,注意,对象至少包括3 个属性(左侧节
点默认值为 null,右侧节点默认值为 null)
// 查找类的节点
function search_class(node, num) {
  if (node.value === num) {
    console.log('已经找到',num);
    return node;
  }
  // 否则开始迭代
  if (num < node.value) {
    // 如果小于节点就遍历左侧的子节点
    return search_class(node.left, num);
  } else {
    // 否则就遍历右侧的子节点
```

```
      return search_class(node.right, num);
    }
  }
  // 查找数组的节点
  function search_array(node, num) {
    if (node[0] === num) {
      console.log('已经找到', num);
      return node;
    }
    if (num < node[0]) {
      return search_array(node[1], num);
    } else {
      return search_array(node[2], num);
    }
  }
  // 示例
  console.log(search_class(class_root, 4));
  let html = '数组:' + JSON.stringify(array_root);
  html += '<br>中找到 4 的子节点是:';
  html += JSON.stringify(search_array(array_root, 4));
  document.getElementById('show').innerHTML = html;
</script>
```

二叉查找树的查找、插入操作都比较简单易懂，但是它的删除操作就比较复杂了。针对要删除节点的子节点个数的不同，我们需要分三种情况来处理：第一种情况是，如果要删除的节点没有子节点，那么直接将这个节点设置为 null 即可；第二种情况是，如果要删除的节点只有一个子节点，那么直接将父节点换成这个子节点即可；第三种情况是，如果要删除的节点有两个子节点，那么需要找到这个节点的右侧所有子节点中的最小节点，把它替换到要删除的节点上，再删除掉这个最小节点。

正是由于有序二叉树的这些特性，很多数据库软件都使用它来管理数据，尤其是大型数据库的索引。比如我们可以将数据集分成多个节点，每个节点分别存储不同的数据类型。每个节点包含多个键值对，其中键是唯一标识数据的值，而值则是与该键相关联的数据。这种方法称为 B-tree 搜索树，其搜索的基本步骤是：首先，从根节点开始搜索整个数据集，根节点是 B-tree 最左侧的节点，它包含了所有其他节点的键值对；其次，根据要查找的键值从根节点开始遍历节点的分支，如果当前节点的键与要查找的键匹配，则继续向下遍历，否则根据键的大小选择左侧的子节点或者右侧的子节点；最后，继续遍历所有节点直到找到匹配的键值或到达叶子节点。

叶子节点上只存储实际的数据值而不是键值对。B-tree 搜索树在性能上还是很不错的。

红黑树也是这样一种查找树，通常具有以下性质：每个节点要么是红色，要么是黑色，根节点必须是黑色，每个叶子节点是黑色的。如果一个节点是红色的，则它的两个子节点都是黑色的。对于每个节点，从该节点到其所有子节点的简单路径上均包含相同数目的黑色节点。

其实不论何种形式的树形查找，其关键就是给出一个有规律的树，然后根据这个规律进行查找而已。

5.3 强 化 学 习

5.3.1 博弈算法

查找算法基本上每次都能给我们非常准确的答案，除非找不到。而针对找不到的情况，很多时候我们仍然希望它返回一个差不多的答案。这时的查找算法就升级为搜索算法，我们常见的搜索引擎所做的事情就是这样一种"概率查找"。比如，相似搜索、协同推荐、线性回归等都属于这种查找。不过我们这里要讲的是一种名为启发式搜索的概率查找。这种搜索方式经常用于棋牌类游戏，比如，大名鼎鼎的 AlphaGo 就是一个围棋高手。

我们知道，在棋类游戏中，一般只有甲乙两方参与博弈。下棋的双方都只有一个目的就是打败对方。但是由于棋类游戏中，每一步都有好几种走法，因此结果会变得非常多。究竟哪种走法能够取得胜利？最简单的办法就是将每一种可能的走法都试一遍再做选择。比如在五子棋游戏中，我们就可以先让计算机把每一种可能都算一遍再下子。五子棋的游戏规则非常简单。首先，我们要有一副棋盘和黑白两种棋子，棋盘上布满了一个个均匀的小方格，方格数量可多可少。一副 5×5 的五子棋棋盘如图 5.13 所示。

图 5.13 五子棋棋盘

博弈双方各执一色棋子，一黑一白；然后，执黑色棋子一方（黑方）先下子，只有黑方下子之后，执白色棋子一方（白方）才能下子，随后双方开始交替下子并且每次只能下一子；最后，直至一方的五个棋子连成一条直线就表示胜出，俗称五子连珠，如图 5.14 所示。

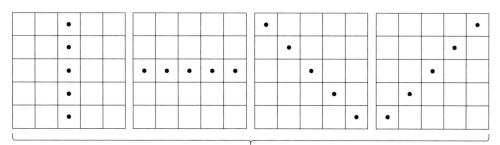

五子连珠

图 5.14　五子连珠

一个简单的五子棋代码如下所示：

```
game. js
// 五子棋游戏初始数据
var size = 5;// 棋盘大小
var black = '●';//黑棋
var white = '○';//白棋
var board = null;//棋盘地图
var div = null;// 显示区
var first = 1;// 先下子的一方就是先手:1 为人先手、2 为机器人先手
var stop = false;// 禁止人类连续两次下子


// 判断下子
function add_map(y, x) {
  if (stop) {
    return;//暂停
  }
  if (board[y][x] == 0) {
    let player = 1;// 人类默认执黑子
    if (first == 2) {
      player = 2;//机器人先手,人类执白子
    }
    board[y][x] = player;
```

```
        stop = true;//禁止连续两次下子
        show();
        //判断输赢
        if (check(y, x, player, '人类')) {
            alert('恭喜你获得胜利!')
        } else {
            // 调用机器人
            robot();
        }
    } else {
        alert('此处不能下子!')
    }
}
// 判断先手
function start() {
    board = null;
    // 生成棋盘地图:0 表示空、1 表示黑子、2 表示白子,默认值为 0
    board = new Array(size).fill().map(() => new Array(size).fill(0));
    show();
    if (first == 2) {
        robot();//机器人下子
    } else {
        //允许人类下子
        stop = false;
    }
}
// 机器人随机下子
var robot = function () {
    let player = 2;// 机器人默认是白子
    if (first == 2) {
        player = 1;//机器人先手,为黑子
    }
    while (true) {
        let y = Math.floor(Math.random() * size);
        let x = Math.floor(Math.random() * size);
        if (board[y][x] == 0) {
            board[y][x] = player;
            if (check(y, x, player, '机器人')) {
```

```
        alert('机器人获得胜利!')
      } else {
        stop = false;//允许人类下子
      }
      show();
      break;// 跳出循环
    }
  }
}
```

```
// 判断输赢是否五子连珠:Y轴、X轴、棋子、玩家名、是否包含空白区域
function check(y, x, player, name, include = false) {
  // 强制转为数字类型方便计算
  y = parseInt(y);
  x = parseInt(x);
  // 从当前位置寻找周围四个子的颜色值,最多找5次
  console.log(y, x, player, name, include);
  // 垂直方向, 水平方向,反斜线方向,斜线方向,默认值为1
  let count = [1, 1, 1, 1];
  for (let i = 1; i < 5; i++) {
    // 垂直方向0开头
    let y01 = y - i;// 统计上侧
    let y02 = y + i;// 统计下侧
    if ((y01 > -1 && line(board[y01][x], player, include)) || (y02 < size && line
(board[y02][x], player, include))) {
      count[0]++;
    }
    // 水平方向1开头
    let x11 = x - i;// 统计左侧
    let x12 = x + i;// 统计右侧
    if ((x11 > -1 && line(board[y][x11], player, include)) || (x12 < size && line
(board[y][x12], player, include))) {
      count[1]++;
    }
    // 反斜线方向2开头
    // 统计左上角
    let y21 = y - i;
    let x21 = x - i;
```

```
    // 统计右下角
    let y22 = y + i;
    let x22 = x + i;
    if ((y21 > -1 && x21 > -1 && line(board[y21][x21], player, include)) || (y22 <
size && x22 < size && line(board[y22][x22], player, include))) {
      count[2] ++ ;
    }
    // 斜线方向 3 开头
    // 统计右上角
    let y31 = y - i;
    let x31 = x + i;
    // 统计左下角
    let y32 = y + i;
    let x32 = x - i;
    if ((y31 > -1 && x31 < size && line(board[y31][x31], player, include)) || (y32 <
size && x32 > -1 && line(board[y32][x32], player, include))) {
      count[3] ++ ;
    }
  }
  // 寻找五子连珠的数组
  for (item in count) {
    if (count[item] > = 5) {
      return true;
    }
  }
  return false;
}
// 判断是否符合连珠的要求
function line(index, p, include) {
  let ok = false;
  if (include) {
    // 包含空白区域
    if (index == p || index == 0) {
      ok = true;
    }
  } else {
    // 不包含空白区域
    if (index == p) {
```

```
      ok = true;
    }
  }
  return ok;
}
// 显示棋盘
function show() {
  // 判断棋盘是否初始化
  if (board == null) {
    start();
    return;
  }
  let html = '<table border="1">';
  // 逐行遍历
  for (yi in board) {
    let row = board[yi];
    html += '<tr>';
    // 逐列遍历
    for (xi in row) {
      let col = row[xi];
      let str = '';
      if (col == 1) { str = black; }//黑子
      if (col == 2) { str = white; }//白子
      html += '<td onclick="add_map(' + yi + ',' + xi + ')">' + str + '</td>';
    }
    html += '</tr>';
  }
  html += '</table>';
  console.log(board);
  // 显示 TBALE 表格
  if (div) {
    div.innerHTML = html;
  } else {
    document.body.innerHTML = html;
  }
}
```

在前文的五子棋游戏中,机器人是通过随机下子的方式来与人类进行博弈的。这种办法显然不够聪明,于是我们就想,如果计算机可以将每种可能下子的情况都提前算一遍，那是不是就必胜无疑了？答案可能并不像想的那样简单，也许在一副较小的棋盘中，我们可以用这种方法来获得胜利，但是一旦将棋盘放大到 100×100 个方格，那么所有可能下子的方法合计起来就是一个极大的数。即便是比 100×100 小得多的围棋棋盘，它的各种玩法加起来就有 10^{200} 情况，要知道一副围棋棋盘也不过是 19×19 个方格。

也许你对 10^{200} 还没有什么概念，这么说吧地球的年龄（45.5 亿年）够大了吧，但是也不过是 10^{18} 秒。两者一比天差地别。甚至有人说，围棋的玩法加起来比宇宙中已知的原子数（预计有 10^{100} 个）都还多。

为了应对这种情况，人们想到一种通过统计对手下一步可能下子的情况来减少对手的胜率。比如，在刚才的五子棋游戏中，如何减少对手的胜率呢？最简单的一个方法就是减少对手下子的可能性，下子的可能性越小，对手的胜率一般也就越小。为了说明方便，我们将五子棋变成了三子棋也就是"井字棋"，比如，在下面这个 3×3 的棋盘中，我们一共有三种下子的方法，如图 5.15 所示。

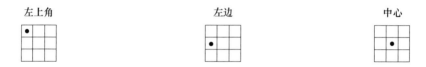

图 5.15　棋子的位置

如果将黑子下在左上角，对手有 5 种方法可能会赢；如果将黑子下在左边，对手有 6 种方法可能会赢；如果将黑子下在中心，对手只有 4 种方法可能会赢。如果每一步都按照这种思路进行落子的话，那么黑棋的胜率将会增加。下面我们用这个方法改写一下机器人的下子方式，核心代码如下所示：

```
max_min. html
 <h3 >五子棋 </h3 >
 < div id = " box " > </div >
 <p >
    <label > < input type = " radio " name = " first " onchange = " first_player( 2 ) " >机器人先手
 </label >
    <label > < input type = " radio " name = " first " checked onchange = " first_player( 1 ) " >人类先
手 </label >
    <button onclick = " start( ) " >开始 </button >
 </p >
 <!--载入五子棋代码-- >
 < script src = " game. js " > </script >
 < script >
```

```
// 改写机器人下子的默认方法
robot = function () {
    console. log('机器人的方法被改写了');
    // 判断棋子颜色
    let player = 2;
    if (first == 2) {
        //机器人先手
        player = 1;
    }
    // 对手最小可能
    let min = 0;
    // 默认坐标
    let y = 0;
    let x = 0;
    // 遍历所有的下子可能
    for (let yi in board) {
        // 逐行遍历
        let row = board[yi];
        for (let xi in row) {
            // 逐列遍历:可能下子的位置
            if (board[yi][xi] == 0) {
                // 模拟下子
                board[yi][xi] = player;
                // 返回五子连珠的可能数
                let sum = max_min();
                // 找到对方胜率最小的一种下子
                if (min == 0 || sum < min) {
                    min = sum;// 更新对手最小可能
                    y = yi;
                    x = xi;
                }
                // 撤回刚刚的模拟下子
                board[yi][xi] = 0;
            }
        }
    };
    // 开始下子,让对方无路可走
    board[y][x] = player;
```

```javascript
    if (check(y, x, player, '机器人')) {
      alert('机器人获得胜利!');
    } else {
      stop = false;//允许人类下子
    }
    show();
}
// 最小定理,返回对手所有可能五子连珠的情况
function max_min() {
    // 判断人类棋子颜色
    let player = 1;
    if (first == 2) {
      player = 2;
    }
    // 默认零种可能
    let sum = 0;
    for (let yn in board) {
      let row = board[yn];
      for (let xn in row) {
        // 包含空白区域也要统计
        if ((board[yn][xn] == player) || (board[yn][xn] == 0)) {
          if (check(yn, xn, player, '模拟人类', true)) {
            sum++;// 累计新的可能
          };
        }
      }
    }
    console.log('模拟人类胜率:' + sum);
    // 返回所有可能
    return sum;
}


// 设置先手
function first_player(n) {
    first = n;
}
//初始化五子棋界面
div = document.getElementById('box');
show();
</script>
```

注意，图 5.15 之所以只列出了三种可能，是因为在前文的棋盘中，棋盘是一个中心对称的图形。只要我们将图形按照顺时针依次旋转 90° 就可以得到同一种图形。为了研究方便，我们可以只研究其中一种性质相同的图形即可，中心对称关系如图 5.16 所示。

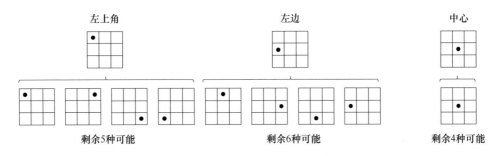

图 5.16　棋子位置与其对应关系

5.3.2　减枝搜索

前面我们只是计算了下一步，如果计算机足够强大，我们可以让计算机将所有结果都使用这种办法模拟一遍，然后从中找到一个最好的下子方法。比如，在前文提到的"井字棋"游戏中，我方将黑子下在了中心位置，如图 5.17 中的 C 所示，然后对方就很有可能将白子下在左上角，如图 5.17 中的 C2 所示。

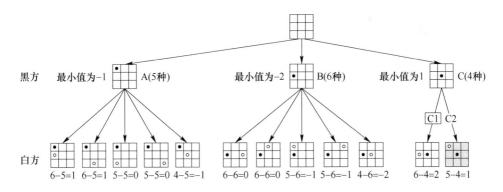

图 5.17　落子可能性对比图

为什么对方会将白子下在左上角呢？那是因为对方只有将白子下在左上角，我方接下来的胜率才会最小，即我方只有 5 种方法会赢。如果对方将白子下在了其他位置（如左边），那么我方就有 6 种方法会赢。

将所有的情况都模拟一遍我们会发现，对方总会选择我方的胜率减去上一轮对方胜率中结果最小的那一种方法。比如，在刚才的游戏中，我方率先将黑子下在了中心位置，对方只有 4 种活路，接着对方有两种下子方法：一种是我方有 5 种活路，另一种是我方有 6 种活路，由于 5 - 4 = 1 小于 6 - 4 = 2，所以对方选择了 5 - 4 这一种方法下子，也就是图 5.17 中的 C2。这就是博弈中最经典的极小化极大算法又名最大最小定理。

在极小化极大算法中，我们可以假设 α 是我方本轮的胜率，β 为上一轮对方的胜率，$\alpha - \beta$ 就是模拟胜率值。对方总会选择模拟胜率值最小的下子方法，而我方总会选择模拟胜率值最大的下子方法。

在这一情况下，如果我们对每一种可能出现的结果（模拟胜率值）都进行计算，就会发现计算量很大，并且并不是每一种情况都有可能出现。比如，当我方知道做出这一选择就一定会输时，我们是无论如何都不会选择这种方法的。为了减少计算过程，我们就可以通过一种判断来忽略一些不必要的计算，α、β 剪枝算法由此诞生。所谓的剪枝算法就好比园丁剪去了搜索树中的某些 "枝条"，以便让其他更有用的枝干能够更好地生长，故称剪枝。

应用剪枝算法的核心是判断剪枝依据，即确定哪些枝条应当舍弃、哪些枝条应当保留的方法。在 α、β 剪枝法中，枝条被舍弃最简单的条件就是：α 大于 β。比如，在下面这个模拟的棋类游戏中，黑色为我方，白色为对方。已知双方所有下子的胜率如图 5.18 所示。

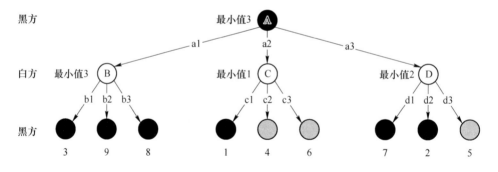

图 5.18　减枝过程

首先，将上面的胜率树用一个 JSON 对象来表示。

A = ｛ B：｛ b1：3，b2：9，b3：8 ｝，C：｛ c1：1，c2：4，c3：6 ｝，D：｛ d1：7，d2：2，d3：5 ｝｝

然后，从根节点开始遍历，根节点 A 一共有三个子节点，即

B：｛ b1：3，b2：9，b3：8 ｝

C：｛ c1：1，c2：4，c3：6 ｝

D：｛ d1：7，d2：2，d3：5 ｝

其次，由于黑方总会选择我方胜率最高一种下子方法，于是需要分别计算三

个子节点。我们先从 B 节点开始。而由于对方总会选择我方胜率最小的一种下子方法，所以对方会选择分枝中黑子胜率最小的下子方法。即 B = 3、C = 1、D = 2，接下我们看看对方在这个过程中能否减少计算量。

我们先遍历 B 节点 {b1：3，b2：9，b3：8}，由于 b1、b2、b3 是叶节点（没有子节点），因此我们可以直接对比，对比后发现，B 节点中的最小值为 3。如果该节点还包含其他子节点就需要继续循环。

现在我们知道了 B 节点的最小值为 3，我们接着查找 C 节点 {c1：1，c2：4，c3：6} 中的最小值，由于 C 节点中的第一个叶节点 c1 的值是 1，因此 C 节点的最小值至少是 1，而又因为 1 比 B 节点的 3 小，所以可以直接忽略 c2 和 c3，从而达到给 c2 和 c3 减枝的目的。我们接着查找 D 节点 {d1：7，d2：2，d3：5} 中的最小值，由于 D 节点中的第一个叶节点 d1 = 7 大于 3，因此需要继续对比 d2。由于 d2 = 2 小于 B 节点的 3，因此可以直接忽略 d3，从而达到给 d3 减枝的目的。

这种减枝算法不仅适用棋牌游戏，而且适合所有与多轮博弈相关的决策树，比如，日常谈判和竞技体育都可以使用这种方法。一个简单的 α、β 减枝算法的核心代码如下所示：

```
alpha_beta. html
<h3>减枝搜索</h3>
<div id = "box"></div>
<script>
  var A = { B: {b1: 3, b2: 9, b3: 8}, C: {c1: 1, c2: 4, c3: 6}, D: {d1: 7, d2: 2,
d3: 5} }
  // 转数组,方便计算
  var data = [];
  var keys = Object. keys(A);
  // 极大极小算法
  keys. forEach(function (item, key) {
    data[key] = Object. values(A[item]);
  });
  // 返回极大极小值
var max = - Infinity;//默认无穷小
var O = 0;
for (let i = 0; i < data. length; i ++) {
  // 取出所有数组元然后找出最小值
  let min = Infinity;//默认无穷大
  for (let j = 0; j < data[i]. length; j ++) {
    let num = data[i][j];
    O ++;//累计计算次数
```

```
      if ( num < min ) {
        // 返回当前节点中的最小值
        min = num;
      }
    }
    // 返回当前节点中的最大值
    if ( min > max ) {
      max = min;
    }
};
console. log( max, '计算了' + O + '次');

// 采用减枝搜索的极大极小算法
var max2 = null;//除了默认无穷小之外也可以默认值为 null
var O2 = 0;
for (let i = 0; i < data. length; i++) {
  let min = Infinity;
  for (let j = 0; j < data[i]. length; j++) {
    // 如果还有子节点就需要继续遍历,此处假设是叶节点
    let num = data[i][j];
    if ( num < max2 ) {
      // 跳出循环(减枝),不再计算
      break;
    } else {
      if ( num < min ) {
        // 选定一个最小值
        min = num;
        if ( max2 == null ) {
          max2 = min;//初始化最大值
        }
      }
      O2++;
    }
  }
}
console. log( max2, '计算了' + O2 + '次');
var n = (( O – O2)/O * 100). toFixed(2);//效率
var html = '在决策树:';
```

```
html += JSON. stringify( A);
html += '中,我方应该选择胜率为' + max2 + '的点 <br>';
html += '减枝算法比传统算法少了约' + n + '%的运算量';
document. getElementById('box'). innerHTML = html;
</script>
```

5.3.3 统计模拟

减枝搜索虽然减少了很多的计算量,但仍然是以极小化极大算法作为判断依据的。除了这种算法之外,我们还可以通过先模拟随机下子,然后统计胜率的办法获得可能的胜率。简单来说就是先随机下子,然后根据最终结果来判断这次下子的好坏。

这种方法就是统计模拟法,它非常适合计算机进行模拟。比如我们想要知道圆周率究竟是多少,那么一个最简单的方法就是在一个已知的正方形上里画一个内切的圆形,然后随机落子。假设我们随机落 100 个子,最后统计落在圆形里的子数与总数之比,就是圆形面积与正方形面积之比了。一个简单的通过概率计算圆形面积的核心代码如下所示:

```
monte_carlo. html
<h3>通过概率计算面积</h3>
<canvas id="img"></canvas>
<div id="box"></div>
<script>
  // 矩形大小
  var w = 300;
  var h = 200;
  // 设置画布
  var png = document. getElementById('img');
  png. width = w;
  png. height = h;
  var ctx = png. getContext("2d");
  // 绘制矩形(默认黑色)
  ctx. fillRect(0, 0, w, h);
  // 绘制内切椭圆形(白色)
  ctx. strokeStyle = "#FFF";
  ctx. fillStyle = "#FFF";
  var r = 50;// 半径
  ctx. ellipse(w / 2, h / 2, w / 2, h / 2, 0, 0, Math. PI * 2);
```

```
ctx. fill();// 填充
// 开始随机落点
function rand(size) {
    let arc = 0;// 椭圆形区域
    for (let i = 0; i < size; i++) {
        // 随机数必须在矩形区域内
        let x = Math. floor(Math. random() * w);
        let y = Math. floor(Math. random() * h);
        // 返回当前像素点颜色值
        let img_data = ctx. getImageData(x, y, 1, 1);
        //只获得红色的值即可(255 为白色区域)
        let color = img_data. data[0];
        if (color == 255) {
            arc++;
        }
    }
    // 返回计算结果(椭圆形与矩形的面积比)
    return arc / size;
}
// 统计 10 次
var len = 10;
// 每次随机 100 点
var size = 100;
var count = [];
for (let j = 0; j < len; j++) {
    count[j] = rand(size);
}
// 平均数
var sum = 0;
for (k in count) {
    sum += count[k];
}
var ave = sum / len;
// 利用概率进行椭圆形面积计算
var html = '已知椭圆形与矩形的面积比为:' + ave;
html += '<br>如果矩形面积为:' + w + '×' + h + '=' + w * h;
html += '<br>那么椭圆形面积为:' + w * h * ave;
document. getElementById('box'). innerHTML = html;
```

```
// 椭圆形面积公式 π × 半径 a × 半径 b,半径 a = w/2,半径 b = h/2
console. log('椭圆形真实面积' + 3. 14 * (w / 2) * (h / 2));
</script >
```

在上面的小程序中，我们不仅可以计算规则的图形面积，也可以计算不规则图形的面积。比如在刚才的正方形中还有一个五角星，我们想计算这个五角星的面积就可以使用这种方法。

统计模拟法最大的好处就是很容易进行并计算。比如在前文提到的小程序中，我们一共统计了 10 次。统计模拟法不仅可以用来计算面积，也可以用来计算胜率。比如在五子棋游戏中，我们可以让双方都进行随机下子，然后进行统计。胜者加一分、败者减一分，平局为零分。多模拟几次之后，再选择一个胜率最高的下子方法就可以了。这个过程可以分为以下四步。

第一步是选择节点，从当前节点（默认根节点）出发，选择下一个可能的节点。这时它可能有三种情况：（1）所有可行动作都已经模拟过；（2）有可行动作还未被模拟过；（3）游戏已经结束了（五子连珠或者无法继续下子）。

第二步是拓展节点，生成新的节点并加入搜索树中。

第三步是模拟阶段，从当前节点出发，通过随机模拟游戏的过程，得到一系列游戏结局。

第四步是统计阶段，根据模拟结果更新搜索树中各个节点的胜率值，如访问次数或累计评分。这个过程可以反复迭代，直到我们对结果满意为止。

这种方法非常适合让机器人去玩一些陌生的游戏，通过随机操作模拟出胜率。有了这个胜率之后，下次就可以更好地应对这个游戏了。比如在一款复杂的对抗游戏中，进攻方有多个不同的兵种，防守方也有多个可以抗衡的兵种。那么进攻方应该如何进攻，防守方应该如何防守呢？以防守方为例，首先要判断当前战场的兵力分布（当前节点），然后随机尝试各种防守办法（随机操作），最后统计各种不同防守办法的结果（投资与回报）。有了结果之后便可以进一步做出更加合理的决策。关于决策可以使用经典的风险决策模型进行评估。已知"士兵甲"单独完成防守任务的可能性是 80%，也就是说他有 20% 的概率会防守失败，一旦防守失败防守方将损失 100 点积分。如果防守方让"士兵乙"过去支援，那么将损失 50 点积分。如果"士兵乙"参战还将损失 10 点积分。

防守方积分的损失情况如表 5.4 所示。

表 5.4　积分损失表

防守方	正常情况/80%	意外情况/20%	总损失
士兵乙协助防守	50	60	110
士兵甲独立防守	0	100	100

$$协助防守的平均损失 = 50 \times 80\% + (50 + 10) \times 20\%$$
$$= 40 + 12$$
$$= 52$$

$$独立防守的平均损失 = 0 \times 80\% + (0 + 100) \times 20\%$$
$$= 0 + 20$$
$$= 20$$

对比之后我们发现，协助防守平均损失 52 点积分，而独立防守平均只损失 20 点积分，因此还是让"士兵甲"独立防守划算。但是如果"士兵乙"过去支援的只损失 5 点积分，那么就应该使用协助防守，因为协助防守的损失是 $5 \times 80\% + (50 + 10) \times 20\% = 17$。

5.3.4 强化学习

既然我们可以使用统计模拟法来让机器人来学会玩游戏，那么只要模拟的次数足够多机器人就会变得很聪明。有时为了加快这个训练过程，还可以进行强化学习。比如，一辆无人驾驶汽车通过统计模拟法模拟了 10 次前、后、左、右四个方向的次数分别是 3、2、1、4，这时它大概率会选择向右行驶。然后因为它选择了向右行驶，所以向右行驶的次数变成了 5，即 3、2、1、5，它继续选择了向右行驶，因此向右行驶的次数便变成了 6，即 3、2、1、6，继续循环下去我们会发现，向右行驶得到了进一步强化。

总的来说，强化学习就关注四个点：当前状态、可能动作、当前环境和最佳选择。在开始的时候机器人面对当前环境总是进行随机动作的，然后记住当前的状态和反馈的结果，一旦动作结果出现了差异，机器人就会优先选择那个看起来更好的动作循环往复，如图 5.19 所示。

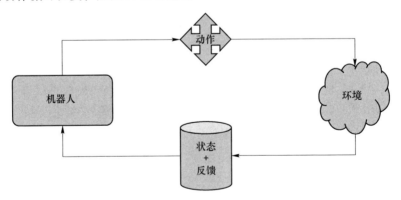

图 5.19　强化学习流程图

简单来说，强化学习就是做得对就鼓励机器人下次继续这么做，做得错就劝阻机器人下次不要这么做。强化学习几乎可以应用于人工智能的各种场景，比如，我们可以让聊天机器人通过与人的聊天来获取新知识。在聊天的过程中，机器人每增加一个新的知识点便会增加一个积分。这样训练之后就会得到一个非常喜欢提问的机器人，机器人与人类之间的对话过程可能如下：

机器人：你叫什么？

人类：我叫小黑。

机器人：你在干什么？

人类：我在玩游戏。

机器人：什么游戏？

人类：五子棋。

再比如，我们可以让一个六轴（相当于人类的腰、肩、肘、腕、手、指六个关键）的机器人练习打乒乓球。在打乒乓球的过程中，机器人只要将乒乓球打到指定的区域就会增加一个积分。这样训练之后就会得到一个通过旋转机械臂来打乒乓球的机器人。

由于强化学习和目标息息相关，因此一旦指定目标和积分规则就不能轻易改变，因为一旦改变目标和积分规则就要重新学习。比如，炒股机器人的目标是挣钱，结果我们一会儿让它挣钱、一会儿让它省钱、一会儿又让它去倒咖啡，结果就是啥也学不会。

生活中我们也经常遇到这样的例子，父母为了让我们更好地成长，往往会对我们赏罚分明，但是如果赏罚混乱不堪那么我们本身也会犯糊涂。一般遇到这种情况，最好的结果就是什么也不干，因为干多错多，唯有不听话才最划算。机器人也是这样，当学习目标不确定时它就会无所适从，这时为了避免浪费计算资源我们通常会主动终止机器人程序的运行。

我们知道，强化学习离不开模拟训练，如果每次训练都需要人类参与，那么学习的成本将会变得很高。于是有人就想能不能让两个机器人通过相互对抗或合作的方式进行强化学习。这个过程有点像两个人进行摔跤或者抬东西，同时为了能够进一步加速这个训练过程，我们还可以使用并行计算。

下面我们通过一个简单的足球游戏来训练两个会踢足球的机器人，如图5.20

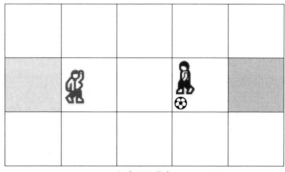

红方 VS 蓝方

图 5.20　足球比赛界面

所示，为了简单起见，我们只考虑一对一的攻防规则，同时使用 JS 的 localStorage 对象来代替共享的数据库，核心代码如下所示：

```
rl. html
<h3>机器人踢足球</h3>
<!--模拟一个简单的球场-->
<div id="box"></div>
<div>红方 VS 蓝方</div>
<div id="show"></div>
<script>
  localStorage. removeItem('BALL');
  // 球场大小(不能小于3×3)
  var w = 5;
  var h = 3;
  // 球门中线
  var mid = Math. floor(h / 2);
  var cen = Math. floor(w / 2);
  // 玩家动画样式
  var player_a = '<span style="color:#F22;">□</span>';//红方球员
  var player_b = '<span style="color:#22F;">□♂</span>';//蓝方球员
  // 足球样式
  var football = '<br><span style="font-size: 10px;">⚽</span>';
  // 默认蓝方持球
  var ball = 'b';
  // 玩家初始位置为发球区(球场中央)
  var move_a = [mid, cen - 1];// 红方坐标:Y 轴、X 轴
  var move_b = [mid, cen + 1];// 蓝方坐标:Y 轴、X 轴
  // 随机测试总次数
  var size = 10;// 默认 10 次
  var len = size;// 剩余次数
  // 当前动作状态与结果反馈
  var data = {};
  // 显示球场
  function show() {
    let html = '<table border="1">';
    for (yi = 0; yi < h; yi++) {
      html += '<tr>';
      for (xi = 0; xi < w; xi++) {
        let css = '';
```

```
        if ( yi == mid && xi == 0) {
            // 防守方球门坐标样式
            css = ' style ="background: #E99;"';
        }
        if ( yi == mid && xi == ( w − 1)) {
            // 进攻方球门坐标样式
            css = ' style ="background: #99E;"';
        }
        html += '< td id ="yx_' + yi + '_' + xi + '"' + css + '> </td >';
    }
    html += '</tr>';
  }
  html += '</table >';
  document. getElementById('box'). innerHTML = html;
}
show();
// 开始比赛
var timer0, timer1;
function start() {
  window. clearTimeout(timer0);
  window. clearTimeout(timer1);
  data = {};
  len = size;
  move_a = [mid, cen − 1];
  move_b = [mid, cen + 1];
  play(move_a[0], move_a[1], move_b[0], move_b[1]);
  timer0 = window. setTimeout('robot(0)', 300);//启动红方
  timer1 = window. setTimeout('robot(1)', 700);//启动蓝方
}
start();
// 显示比赛动画(防守方位置,进攻方位置)
function play(ya, xa, yb, xb) {
  // 清空场地
  let cells = document. querySelectorAll('td');
  cells. forEach(function (item) {
    item. innerHTML = '';
  });
  //显示防守方运动员
```

```
    let cell_a = 'yx_' + ya + '_' + xa;
    let html_a = player_a;
    if (ball == 'a') {
      // 防守方持球
      html_a += football;
    }
    document.getElementById(cell_a).innerHTML = html_a;
    //显示进攻方运动员
    let cell_b = 'yx_' + yb + '_' + xb;
    let html_b = player_b;
    if (ball == 'b') {
      // 进攻方持球
      html_b += football;
    }
    document.getElementById(cell_b).innerHTML = html_b;
}


// 通过随机走位判断总的胜率,0 为红方、1 为蓝方
function robot(index) {
    len--;//剩余模拟次数
    let to = 0;// 默认不动
    let count = {};
    let sum = 0;
    // 统计接下来的所有可能状态:假设对方不动
    if (index == 0) {// 红方
      let b = goto(move_b[0], move_b[1]);
      for (let i = 0; i < 5; i++) {
        let a = goto(move_a[0], move_a[1], i);
        // 键:持球方(a 为红方持球,b 为蓝方持球)_红方坐标_蓝方坐标
        let key = ball + '_' + a[0] + '-' + a[1] + '_' + b[0] + '-' + b[1];
        let nums = get_data(key);
        count[key] = nums[0];
        sum += nums[0];
      }
    } else {// 蓝方
      let a = goto(move_a[0], move_a[1]);
      for (let i = 0; i < 5; i++) {
        let b = goto(move_b[0], move_b[1], i);
```

```
        let key = ball + '_' + a[0] + '-' + a[1] + '_' + b[0] + '-' + b[1];
        let nums = get_data(key);
        count[key] = nums[index];
        sum += nums[index];
    }
}
// 统计结果
console.log(count);
// 最大长度
let count_l = Object.keys(count).length;
if (sum == 0) {
    // 随机移动
    to = Math.floor(Math.random() * count_l);
} else {
    // 概率统计
    let step = [];
    let step_sum = 0;
    // 统计模拟法
    for (c in count) {
        // 当前移动方向的概率
        let px = (count[c] / sum);
        step_sum += px;
        step[index] = step_sum;
    };
    // 通过不同的概率值来确定下一步的动作方向
    let rand = Math.random();
    for (let j = 0; j < step.length; j++) {
        if (rand <= step[j]) {
            to = j;
            break;
        }
    }
}
let keys = Object.keys(count);
let name = keys[to];
// 值:红方积分、蓝方积分(均默认为0)
let val = [0, 0];
// 如果想要记录所有动作,可以使用 push() 函数追加到数组中,如:
```

```
//data. push( { name: val } );
// 忽略重复动作可以使用:
data[ name ] = val;
// 通过键名返回坐标
console. log( name );
let names = name. split('_');
let name_a = names[ 1 ]. split(' - ');
let name_b = names[ 2 ]. split(' - ');
let ya = name_a[ 0 ], xa = name_a[ 1 ];
let yb = name_b[ 0 ], xb = name_b[ 1 ];
// 判断是否结束比赛
let end = false;
if ( index == 0 ) {
  // 判断红方是否胜利
  end = game_over( ya, xa );
}
if ( index == 1 ) {
  // 判断蓝方是否胜利
  end = game_over( yb, xb );
}
if ( end ) {
  play( ya, xa, yb, xb );
  // 结束比赛并重新开始
  window. setTimeout(' start()', 1000 );
} else {
  if ( size > 0 ) {
    // 双方球员必须在一个区域内才能进行抢断
    if ( ya == yb && xa == xb ) {
      // 交换球权的概率,默认为80%
      if ( Math. random() > 0. 2 ) {
        // 进行攻防转换
        if ( ball == ' a') {
          ball = ' b';
        } else {
          ball = ' a';
        }
      }
      console. log('抢断中!');
    }
```

```
// 显示动画
play(ya, xa, yb, xb);
// 继续比赛(每秒递归一次)
if (index == 0) {//红方移动
  move_a = [ya, xa];
} else {//蓝方移动
  move_b = [yb, xb];
}
if (index == 0) {
  timer0 = window.setTimeout('robot(0)', 1000);
}
if (index == 0) {
  timer1 = window.setTimeout('robot(1)', 1000);
}
} else {
// 超时为平局,双方各 +1 分
update('a', 1);
update('b', 1);
start();
}
}
}

// 判断游戏是否结束
function game_over(y, x) {
  let over = false;
  // 判断输赢(计分规则:胜方加3分,败方加0分)
  if (ball == 'b') {//蓝方持球
    //判断是否进入红方球门
    if (y == mid && x == 0) {
      update('b', 3);// 蓝方 +3 分
      over = true;
      ball = 'a'; // 交换球权(输家持球)
    }
    // 判断乌龙球(进入自家球门)
    if (y == mid && x == (w - 1)) {
      update('a', 3);// 红方 +3 分
      over = true;
    }
```

```
    } else {//红方持球
        //判断是否进入蓝方球门
        if (y == mid && x == (w − 1)) {
            update('a', 3);// 红方 +3 分
            ball = 'b';// 交换球权
            over = true;
        }
        // 判断乌龙球(进入自家球门)
        if (y == mid && x == 0) {
            update('b', 3);// 蓝方 +1 分
            over = true;
        }
    }
    return over;
}
// 返回合理的坐标值数组
function goto(y, x, to = 0) {
    y = parseInt(y);
    x = parseInt(x);
    // 设置最大坐标值
    let max_h = parseInt(h − 1);
    let max_w = parseInt(w − 1);
    switch (to) {
        case 1://上
            y = y − 1 < 0 ? 0 : y − 1;
            break;
        case 2://下
            y = y + 1 > max_h ? max_h : y + 1;
            break;
        case 3://左
            x = x − 1 < 0 ? 0 : x − 1;
            break;
        case 4://右
            x = x + 1 > max_w ? max_w : x + 1;
            break;
        default://不动
    }
    // Y 轴、X 轴
```

```
    return [y, x];
}
// 更新共享数据库:玩家、加分
function update(p, n) {
    let obj = document.getElementById('show');
    let html = '';
    if (n > 1 && p == 'a') { html = '红方胜利!'; }
    if (n > 1 && p == 'b') { html = '蓝方胜利!'; }
    if (n == 1) { html = '双方平局!'; }
    obj.innerHTML = html;
    // 更新本地数据库(实际项目中可以使用远程共享数据库)
    let str = localStorage.getItem('BALL');
    let BALL = {};
    if (str != null) {
        BALL = JSON.parse(str);
    };
    // 遍历数据
    for (let node in data) {
        // 如果不存在就添加新节点
        if (BALL.hasOwnProperty(node) != true) {
            BALL[node] = [0, 0];
        };
        if (p == 'a') {
            BALL[node][0] = parseInt(BALL[node][0]) + n;
        };
        if (p == 'b') {
            BALL[node][1] = parseInt(BALL[node][1]) + n;
        }
    }

    // 存储在本地
    localStorage.setItem('BALL', JSON.stringify(BALL));
}

// 获得历史数据
function get_data(k) {
    // 这里不用缓存是因为要保证与远程数据库同步
    let str = localStorage.getItem('BALL');
    let nums = [0, 0];
    if (str != null) {
```

```
    let BALL = JSON. parse( str) ;
    if ( BALL. hasOwnProperty( k) ) {
      nums = BALL[ k] ;
    }
  }
  return nums;
}
</script >
```

5.4　并　行　计　算

5.4.1　缓存和队列

我们都知道，计算机是我们做人工智能的"法宝"，但是如何用好这个"法宝"才是实现人工智能关键。如果你认为你有钱就可以拥有世界上最先进的计算机，那么你就错了。因为即便你拥有了超级计算机，如果你不会使用也是白费。更何况我们做人工智能是要获得好处的，如果你投入巨大的财力和人力却无法更好地回馈社会，那么你的人工智能就是一个阻碍社会进步的大玩具。

那么我们该如何使用计算机呢？有人说要经常使用才行，也有人说要了解它才行，还有人说看看高手怎么使用的。这些方法都对也不对。首先，计算机更新换代很快，还没等你了解清楚它就已经被淘汰了。其次，可以生产计算机的厂家太多了，每个厂家都会有自己的独家制造工艺。最后要说的是，高手很少分享他们的经验。因此一个比较好的办法是触类旁通，选择你非常熟悉的行业，然后仔细观察这些行业是如何运作的，最后把这些心得应用于计算机编程。比如餐饮就是一个大家非常熟悉的行业，毕竟人每天都要吃饭。今天我们就用餐饮行业的例子为大家讲解使用计算机的方法。

小明的父母新开了一家小饭店，于是小明也来帮忙。小明的妈妈见他过来帮忙就教给他一套擦桌子的方法，然后让他把店里其余的桌子也都这样擦一遍。为了尽快知道自己是否完成任务，于是小明每擦完一张桌子就抬起头来数一数剩下的桌子还有几张。

这里小明擦桌子的过程就是一个典型的 for 循环。有几张桌子就擦几张直至擦完为止，核心代码如下所示：

```
data = [ '1 号桌', '2 号桌', '3 号桌', '4 号桌', '5 号桌'] ;
// 普通的循环
for ( i = 0; i < data. length; i + + ) {
  console. log( data[ i]  + '已经擦完') ;
}
```

小明的妈妈看到小明抬头数数的样子，有些不解地问道："你在数什么呢？"

小明回答道："我在数还有几张桌子没有擦。"

妈妈听后笑道："那么多麻烦呀，咱家桌子都是有编号的，你只要顺着编号擦够 20 张桌子就可以了，因为咱家总共就 20 张桌子。要是像你这样每擦完一张桌子都抬头数一遍，如果有 100 张桌子那你光数数就得用好长时间。"

这里只需记住桌子总数的方法就是一个减轻循环计算量的方法。因为它使用了一个变量来记录数组的长度，这样就不用每次都计算数组的长度了，核心代码如下所示：

```
// 使用变量减少循环计算次数
var len = data. length;
for (i = 0; i < len; i++) {
    console. log(data[i] + '已经摆好了餐具');
}
```

随后，小明的妈妈又教给小明摆餐具的方法，小明给所有的餐桌摆好了餐具。看见小明累得满头大汗，妈妈就对小明说道："下次可以一边擦桌子一边摆餐具，这样你就不用再跑一遍了。"

小明若有所思道："那我是不是也可以把座椅一起摆放好？"

妈妈高兴地说道："当然可以啦。"

这里将多循环任务一起做的方法就是合并循环的过程，核心代码如下所示：

```
// 合并两个 for 循环
for (i = 0; i < len; i++) {
    console. log(data[i] + '已经擦完');
    console. log(data[i] + '已经摆好了餐具');
}
```

得到妈妈的赞扬小明很高兴，想了想又说道："那我也可以把每张桌子上的垃圾也这样顺手一起丢掉吗？"

妈妈听后摇了摇头说道："这个你试试就知道了。"

小明试过之后有些无奈地说道："没想到扔垃圾要跑那么远的地方。看来顺手不一定是最好的方法要试过才知道。"

这里决定将哪个任务从循环中分离出来的过程，就是优化循环的过程。通常我们需要借助控制台中的【性能】面板来实现调试。一般来讲，我们只合并等待时间少的任务，如果有的任务等待时间较长就要独立循环。

不多时，小明的爸爸从小货车上走了下来。小明看见货车里面有很多今天要用的食材，便也过来帮忙。由于他力气太小因此就一次拎一袋，而小明的爸爸则能一次拿四袋。

这里小明帮爸爸拎东西的过程，就是一个最简单的并行任务。而车上的食材就是等待处理的任务，核心代码如下所示：

```
// 通过并行减少循环次数,注意循环步长的设置
var list = [1, 2, 3, 4, 5, 6, 7, 8, 9];
for (i = 0; i < list. lengthl; i += 5) {
  console. log('小明拿走了数字:', list[i]);
  // 注意数组元素为空的处理
  console. log('小明的爸爸拿走了数字:', list[i + 1], list[i + 2], list[i + 3], list[i +
4]);
}
```

这时小明遇到了一袋有几十斤重的面粉，怎么拎也拎不动，不免有些沮丧。这时爸爸走过来安慰道："等你长大了就能拎动了，现在让爸爸来。"

此时妈妈也走了过来，看见小明身上的面粉，一边拍打一边有些愠怒地说道："不能干就不要硬干，否则只会帮倒忙！"

小明有些不服气道："我会长大的，不过妈妈你为啥不过来帮忙呀？"

这时候爸爸接话道："你妈妈去煮饭了，她过来也帮不上多大的忙顶多拎两袋。"

小明有些不解道："客人不是还没来吗，怎么就开始煮饭了？"

爸爸解释道："等客人来的时候再煮饭就晚了，如果你是一位客人光米饭就要等上半个小时，你愿意吗？"

小明回答道："不愿意"

爸爸继续解释道："所以像这样比较耗时的工作都要提前准备好，等客人来了直接端上桌就可以了。"

这里提前启动比较耗时的工作就是预处理，预处理不仅会让客户的体验更好，更会让计算机资源得到合理的利用。

不过无论是队列还是预处理都需要考虑每个人擅长的领域，否则就会产生任务分配不合理的问题。比如，在计算机中，有的设备擅长计算、有的设备擅长存储、有的设备擅长寻址。最好的办法是让三个设备都能正常工作而不是有一个过于清闲另一个过于繁忙。

那么是不是让计算机没日没夜地满负荷运转就是最好的呢？其实并不是，因为计算机也会疲劳。当计算机疲劳之后，性能就开始降低，垃圾数据开始变多，系统开始出现不稳定的情况。这时我们最好让计算机休息一下，这也是为什么很多计算机出了问题。然后在关机重启之后就好的主要原因。

话说，接近中午的时候，饭店的客人渐渐多了起来，小明的妈妈要到后厨帮忙，这时小明就会拿起一个小本子当起了的服务员。他学着妈妈的样子用复写纸

仔细记录客人的需要，再把这个菜单交给后厨的父母。当父母做好一个一道菜后，小明就会立马端给客人，然后在对应菜单上画一个"√"，表示这个菜已经上过了，当这桌客人的菜单上全部画满"√"，就跟客人说一声："您的菜上齐了，请慢用。"当客人吃完饭后，小明还会对照菜单进行收钱。

小明的菜单实际上也是一个队列，有了队列，我们就可以将多个任务分给不同的计算机来完成，从而实现并行计算。并行计算的核心代码如下所示：

```
// 队列任务
var menu = {
    '1号桌': ['凉菜(花生米)', '热菜(木须肉)', '啤酒'],
    '2号桌': ['米饭', '凉菜(豆腐丝)', '热菜(锅包肉)', '饮料'],
    '3号桌': ['馒头', '热菜(四季豆)']
};
// 拆分成两个队列(客人名、菜名):热菜为一组;主食、凉菜和饮料为一组
var menu1 = [['1号桌', '热菜(木须肉)'], ['2号桌', '热菜(锅包肉)'], ['3号桌', '热菜(四季豆)']];
var menu2 = [['1号桌', '凉菜(花生米)'], ['1号桌', '啤酒'], ['2号桌', '米饭'], ['2号桌', '凉菜(豆腐丝)'], ['2号桌', '饮料'], ['3号桌', '馒头']];
// 执行队列:热菜
function fun1() {
    if (menu1.length == 0) {
        console.log('热菜全部做完!');
        window.clearTimeout(f1_timer);
    } else {
        // 删除并返回队列中的第一个元素
        let a = menu1.shift();
        console.log(a, '已经做好了!');
        f1_timer = window.setTimeout("fun1()", 2000);// 热菜上得慢
    }
}
fun1();
// 执行队列:凉菜
function fun2() {
    if (menu2.length == 0) {
        console.log('凉菜全部做完!');
        window.clearTimeout(f2_timer);
    } else {
```

```
    let a = menu2. shift() ;
    console. log( a, '已经做好了!') ;
    f2_timer = window. setTimeout( fun2, 500) ;// 凉菜上得快
  }
}
fun2() ;
```

忙了一天之后，小明感觉有些累。妈妈见状便对小明说道："看到桌子上的瓶子了吗? 你把这些桌子都整理好，瓶子就是你的了，一个0.2元。"

小明知道自己今天又有零花钱了之后非常高兴，立马开始收拾起来。于是从第一张桌子开始，他把每张桌子上的饮料瓶都放到下一张桌子上。看着越来越多的瓶子，小明的成就感越来越强。结果一不小心瓶子散落了一地，有几个玻璃瓶还摔碎了。

这时爸爸跑了过来，问明情况后就对小明说道："你这么数瓶子多麻烦，我教给你一个好方法。就是用当前桌子上的瓶子数加上上一桌上的瓶子数，加到最后再去妈妈那里换钱就可以了，是不是也有很成就感?"

这里，小明爸爸的方法显然更加方便，其实这里只用了一个变量缓存第一个数组元素就可以做到，核心代码如下所示:

```
// 使用变量,减少向下寻址过程
var arr = [0, 1, 0, 2, 3, 2, 4, 5];
var size = arr. length;
// 方法1:需要访问下一个元素
// for ( let i = 0; i < size - 1; i++ ) {
// arr[ i + 1] += arr[ i];
// }
// 方法2:使用 tmp 缓存第一个数组元素
var tmp = arr[0];
for ( let i = 0; i < size; i++ ) {
  tmp += arr[ i];
  arr[ i] = tmp;
}
console. log('小明的成就感:', arr) ;
var money = new Array( size) ;
// 如果数组元素只被访问一次,那么访问过的元素理论上就可以删除了
for ( let i = 0; i < size; i++ ) {
  money[ i] = parseInt( arr[ i] * 0.2) ;//一个瓶子0.2元
}
console. log('小明的财富增长过程:', money) ;
```

除此之外，还有很多的行业经验可以参考，比如，饭店中有小桌也有大桌，如果是一个客人小明就会安排到小桌就餐，如果同行的人多就会安排到大桌就餐。而且是优先安排小桌，因为小桌子收拾起来方便。

这里就和我们使用数据类型一样，不同的数据类型不仅占用的内存空间不同、效率也是不同的，比如，JSON 对象就比数组对象效率低很多，而数组对象又比数字对象效率低很多。虽然 JavaScript 会根据代码做一些优化，但是优化程度有限，很多时候还是靠程序员自己来解决这个问题，比如下面这段代码：

```javascript
// 借鉴强类型语言,数据空间能省就省
let a = [];
var b = {};
for(let i = 0; i < 10000; i++){
    let rand = Math.random();
    //b[i] = rand;// 使用 JSON 对象
    // 使用数组对象速度更快
    let tem = [0,rand];
    a.push(tem);
}
console.log(a);
```

以上仅仅是餐饮行业的一个例子，如果把饭店换成工厂或者游戏也是可以的，只要你对它很熟悉就可以。

除此之外，绝大多数浏览器还支持 HTML 页面、CSS、JavaScript、图片和 JSON 等资源的缓存。因此我们可以将一些常用的数据存放在 JS 或者 JSON 文件中，核心代码如下所示：

```javascript
// 使用本地缓存文件资源
if ('caches' in window) {
    console.log('支持缓存!');
    caches.open('my_cache').then(function (cache) {
        // 添加 URL 或者 Request 对象
        cache.add('data.json');
    });
} else {
    console.log('你的浏览器不支持缓存!');
}
// 返回 JSON 数据
async function get_data(url) {
    await caches.open('my_cache').then(function (cache) {
```

```
        cache. match( url ). then( function ( res ) {
            console. log( res ) ;
            console. log( res. json( ) ) ;
        } ) ;
    } ) ;
    }
    caches. open( ' my_cache ' ). then( function ( cache ) {
    // 删除缓存
    // cache. delete( ' data. json ' ) ;
    } ) ;
    get_data( ' data. json ' ) ;
```

data. json 文件

```
[
  {"人物": "小明", "力量": "10 "},
  {"人物": "爸爸","力量": "200 "},
  {"人物": "妈妈","力量": "50 "}
]
```

5.4.2　线程和进程

常言道：“人多力量大”。在日常生活中，如果某件事一个人解决不了，那就让两个人去解决，如果两个人也解决不了，那就让更多的人去解决。小到一个团队大到一个企业无不如是。

同样的道理，如果一台计算机解决不了的问题就让多台计算机来解决。超级计算机就是采用这个原理由数万台计算机构成的。而每一台计算机一次只能做一件事。比如当我们通过键盘（输入设备）输入命令后，这些命令会通过数据线传递给内存条，然后被内存条中的代码解析成一条条计算机指令后交给中央处理器（Central Processing Unit，CPU），经过 CPU 运算后，将结果交给显示器（输出设备）。计算机运算过程如图 5.21 所示。

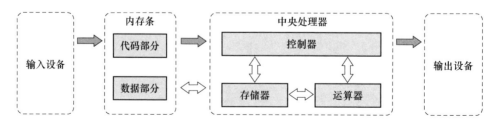

图 5.21　计算机计算过程

计算机的核心是 CPU。一颗 CPU 包括控制器、运算器和存储器三分部。其中控制器负责分配任务，运算器负责计算，存储器负责存储数据。为了防止计算时出现意外，CPU 一次只能执行一条指令，也正是这个原因，我们的计算机指令才是一行行的。这也是每台计算机一次只能做一件事原因。

由于每一台计算机一次只能做一件事，因此如果我们想让一台计算机同时播放音乐和显示图片，那么计算机就只能先播放一会儿音乐再显示一会儿图片。由于这两件事之间的切换速度非常地快，因此我们才感觉这两件事是同时进行的。在计算机领域中，一台计算机同时做多件事就是多线程，表示多线工作的意思。普通计算机发展到今天已经可以支持数亿的线程了。

和多线程不同，真正的并行计算是让多颗 CPU 同时工作。普通计算机发展到今天，已经可以将 16 颗 CPU 集成在一台巴掌大小的计算机中了，这样的计算机就可运行 16 个进程。通常一台集成很好的超级计算机只是集成了普通计算机中的内存条和 CPU，从而减少不必要的输入设备和输出设备。

关于进程和线程的关系以人类为例，每个人都是一个进程，每件事都是一个线程。我们可以让一个人同时做多件事，也可以让多个人同时都做一件事。至于工作怎么分配则要取决于我们的对任务的理解。比如，一名厨师的工作是煮饭、煲汤、炒菜。如果他先煮饭、煮好饭后再煲汤、煲好汤后再炒菜，那么这个过程就是单进程中的单线程。如果他一边煮饭、一边煲汤、一边炒菜，那么这个过程就是单进程中的多线程。如果他把煮饭的工作分配给厨师甲、煲汤分配给厨师乙、自己只负责炒菜，那么这个过程就是多进程（一个进程中至少一个线程）。进程和线程之间的关系如图 5.22 所示。

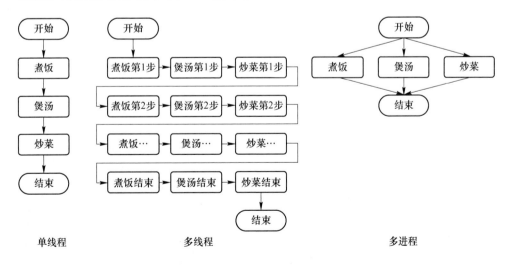

图 5.22　进程与线程的关系

在 JavaScript 中，我们通常使用 Worker 对象来实现多进程，Worker 对象属于浏览器独享的子进程。我们可以使用 new Worke（"worker.js"）的方法开启多个子进程，核心代码如下所示：

```
worker.html
<div id="show"></div>
<button onclick="stop()">暂停子进程</button> <input id="num" type="text" value="0">
<button onclick="sql()">查询</button>
<script>
  // 线程1
  var worker = new Worker('worker.js');
  // 线程2
  // var worker2 = new Worker('worker.js');
  // 开始查询
  function sql() {
    let val = document.getElementById('num').value;
    // 发送消息给子进程 worker.js
    worker.postMessage({ id: val });
    // 返回子进程 worker.js 发送的消息
    worker.onmessage = function (event) {
      let msg = event.data;
      document.getElementById('show').innerHTML = '返回值:' + msg;
    }
  }

  // 停止或者开启子进程
  var ok = true;
  function stop() {
    if (ok) {
      ok = false;
      worker.terminate();
    } else {
      ok = true;
      worker = new Worker('worker.js');
    }
  }
</script>
worker.js
// 子进程文件
// 加载外部 JS 文件,如 jquery.js
```

```
// importScripts('jquery. js');
const data = ['小明', '爸爸', '妈妈'];
// 监听主进程发来的命令
addEventListener('message', function (event) {
    let cmd = event. data;
    if (cmd == 'stop') {
        // 关闭子进程
        self. close();
    } else {
        let msg = '';
        if (typeof (cmd) == 'object') {
            let key = cmd. id;
            msg = data[key];
        }
        // 发送消息
        postMessage(msg);
    }
}, false);
```

5.4.3 GPU 编程

虽然现在的个人计算机已经可以集成多达 16 颗以上的 CPU 核心，但是对于需要进行更多并行计算的机器学习而言，如果我们要想实现上万个进程，最好的办法就是使用一个称为 GPU（Graphics Processing Unit）的设备。GPU 就是图形处理器。

为什么要使用 GPU 而不是 CPU 呢？原因很简单，那就是使用 GPU 比 CPU 便宜很多。一台拥有 24 颗 CPU 核心的计算机价格就可以购买拥有 5000 颗 GPU 核心的计算机。不仅如此，与 CPU 相比 GPU 的平均耗电量也非常的低。

不过 GPU 也并不是没有缺点，由于 GPU 只能进行简单的图像计算，无法完成比较复杂的计算任务，因此我们才会在机器学习中将与图像相关计算任务分解成一个个独立的计算交给 GPU。

GPU 与 CPU 就好比小学生和大学生之间的关系。GPU 的工作就像很多个小学生在做一些简单的数学题；CPU 的工作就像一名大学生在做微积分。正是由于这个原因，一套真正的人工智能系统是需要 GPU 与 CPU 结合着使用的。只有这样才会更有性价比。比如，我们想要计算 $2 \times 2 + 3 \times 3 - 2 \times 5$，可以将其分解为 $A = 2 \times 2$、$B = 3 \times 3$、$C = 2 \times 5$ 三个 GPU（多进程或者分布式）和一个 CPU（主要进程），即 $A + B - C$。而触发这个主要进程的依据是三个子进程是否都已经完成。整个流程如图 5.23 所示。

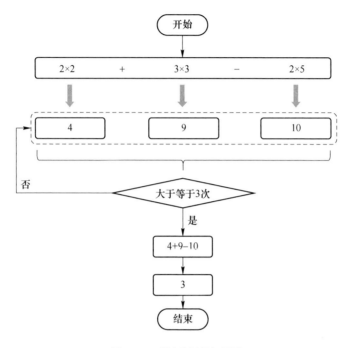

图 5.23　并行计算流程图

GPU 经过不断发展，目前已经可以针对大数据和人工智能领域做出一些相对复杂的计算了。比如，英伟达公司推出的 CUDA 指令集就经常活跃于机器学习领域。

虽然浏览器并不支持 CUDA 编程，但是也能执行相对简单的 GPU 指令，比如 WGSL。WGSL 是浏览器 GPU 着色器语言（WebGPU Shading Language）英文的首字母。和 JavaScript 不同，WGSL 是一种强类型语言，也就是说，所有的变量、参数和函数返回值都需要指定数据类型，这一点有点像 Typescript 语言或者 C 语言。WGSL 常见的指令如下所示：

```
// fn 声明一个函数,它有 a 和 b 两个参数,返回值均为 32 位浮点类型
fn add( a: f32, b: f32) - > f32 {
  return a + b;
}
```

由于 WGSL 代码和 JavaScript 代码并不兼容，我们通常使用 < script type = "module" > </script > 的方法导入外部的 WGSL 语言。如果代码量不大也可以使用字符串变量进行声明。

下面我们就谷歌浏览器开发一个简单的 WebGPU 小程序，比如渲染一个三角

形，核心代码如下所示：

```
gpu. html
< canvas id = "img" width = "400" height = "300" > </canvas>
< script type = "module" >
  // canvas 对象
  var canvas = document. getElementById('img');
  var context = canvas. getContext('webgpu');
  // 顶点着色器代码
  const vertex = /* wgsl */`
@ vertex
fn main( @ location(0) pos: vec3 < f32 > ) - > @ builtin( position) vec4 < f32 > {
return vec4 < f32 > ( pos, 1. 0);
}`
  // 片元着色器代码
  const fragment = /* wgsl */`
@ fragment
fn main() - > @ location(0) vec4 < f32 > {
return vec4 < f32 > ( 1. 0, 0. 5, 0. 0, 1. 0);
}`
  // 异步获取显示器设备
  let adapter = await navigator. gpu. requestAdapter();
  let device = await adapter. requestDevice();
  let format = navigator. gpu. getPreferredCanvasFormat();
  context. configure( {
    device: device,
    format: format,
  });
  //创建顶点数据
  let vertexArray = new Float32Array( [
    // 三角形的三个顶点坐标:x,y,z
    1. 0, 0. 0, 0. 0,
    0. 0, - 1. 0, 0. 0,
    0. 0, 1. 0, 0. 0,
  ]);
  let vertexBuffer = device. createBuffer( {
    // 创建顶点数据的缓冲区
    size: vertexArray. byteLength,
    usage: GPUBufferUsage. VERTEX | GPUBufferUsage. COPY_DST,
  });
```

```
// 顶点数据写入缓冲区
device. queue. writeBuffer( vertexBuffer, 0, vertexArray);
// 渲染管线
let pipeline = device. createRenderPipeline( {
    layout: 'auto',
    vertex: {
        // 执行顶点着色器代码
        module: device. createShaderModule( { code: vertex }),
        entryPoint: "main",
        buffers: [{
            arrayStride: 3 * 4,
            attributes: [{
                shaderLocation: 0,
                format: "float32x3",
                offset: 0
            }]
        }]
    },
    fragment: {
        // 执行片元着色器代码
        module: device. createShaderModule( { code: fragment }),
        entryPoint: "main",
        targets: [{
            format: format
        }]
    },
    primitive: {
        topology: "triangle - list",
    }
});
// 命令编码器
let commandEncoder = device. createCommandEncoder();
// 渲染通道
let renderPass = commandEncoder. beginRenderPass( {
    colorAttachments: [{
        view: context. getCurrentTexture(). createView(),
        storeOp: 'store',
        clearValue: { r: 0.9, g: 0.9, b: 0.9, a: 1.0 }, //背景颜色
```

```
    loadOp: 'clear',
  }]
});
// 开始渲染
renderPass.setPipeline(pipeline);
renderPass.setVertexBuffer(0, vertexBuffer);
renderPass.draw(3);// 绘制前 3 个顶点数据
renderPass.end();
const commandBuffer = commandEncoder.finish();
device.queue.submit([commandBuffer]);
</script>
```

当然，我们也可以使用 < script type = "x − shader/x − vertex" > < /script > 的方式直接编写 WGSL 语言。由于 GPU 编程和传统的 CPU 编程理念并不相同，因此需要我们对显卡的运行过程有一个很好的了解。除了 GPU 以外还有 TPU、FPGA 和 ASIC 等人工智能开发设备。

本 章 小 结

由于本章是全书的最后一章，因此本章小结也对全书进行总结。

本书重在讲解人工智能的一般算法，为了让大家对人工智能算法有更加全面的整体认识，我们把计算机对大脑功能模拟、神经结构模拟和人体行为模拟结合到一起进行系统的讲述。从而让大家在学完本书内容之后拥有一套属于自己的人工智能集成方法。

三种模拟方法各有不同的侧重点，大脑功能模拟重在解决已知问题，专家系统就是这样一套算法；神经结构模拟重在解决概率问题，统计分析就是这样一套算法；人体行为模拟重在解决未知问题，智能机器就是这样一套算法。

我们知道，每套算法都有很多个具体的算法，这些具体的算法虽然很多，但是如果经常研究的话，你会发现一些常用的算法无非就是流程图、决策树、比大小、概率和误差。

流程图是一种用图表示的算法，可以让我们更加直观地看清算法的流程，任何一个复杂的公式都可以使用流程图表示出来。由于流程图中很少使用数学符号，因此更适合普通人阅读和理解。比如，聊天流程图、逻辑推理流程图、感知机流程图、强化学习流程图等。

决策树同样是一种用图表示的算法，相比于流程图，决策树更容易阅读，其本质上就是一个极其简单的思维导图，因此从专家系统到机器学习、再从机器学习到智能机器到处都能看到它的身影。比如，语法决策树、节点数据、二叉树排序、深度学习、广度优先、减枝搜索。

比大小表面上看是一种最简单的算法，但是我们却在每个小程序中都会用到它。小到一个排序函数，中到一个激活函数，大到一个适应度函数。就拿最简单的数组来说，它本身就是一个排序好的数列，默认索引从 0 开始。

概率是我们总结规律最好的工具，虽然它本身只是一个最简单的除法公式（分数）$A \div B$，但是它却能表示 B 出现之后 A 出现的概率。虽然概率需要我们先收集数据才能计算，但是本书提到的很多算法都和它有关。比如斜率（导数）、推荐算法、神经网络、强化学习、归一算法。

误差是我们验证规律的一种有效手段，误差非常简单，就是用实际值减去一个估计值。如果你的估计值是平均数那就用实际值减去平均数，方差就是这么来的。在机器学习中，我们通常会想办法减少这个过程，而减少误差的过程称为拟合。

综上所述，算法是死的，人是活的，千万不要死记硬背。因为同样是用于路径规划的算法，也可以用于机器学习和专家系统，比如，梯度下降算法既可以做路径规划又可以做线性回归。所以切记，本书中给的只是方便大家理解的例子，并不是说这个算法只能用于这个产品。如果你已经学会了书本中的示例和公式，那么不妨抛开本书的限制，将你的算法换一个应用场景试一下。比如，在细胞分裂的算法中，我们就是使用了分组排序算法，在一般人看来这是多么的不可思议。

另外需要说明的是，由于本书是面向大众的科普类技术图书，所以书中将比较生僻的数学符号变成了大家都能理解的文字。或许公式并不严谨，但是我相信文字相比于呆板的数学公式将会包含更多的内容也会有更多的变通性。

关于算法优化的部分，也是本章真正意义的小结，它最大的特点就是让我们更快地找到满意的答案，但是我们也要清楚，这个答案也只是一个抽象的结果，而不是最真实的世界，总的来说，算法优化的优缺点如图 5.24 所示。

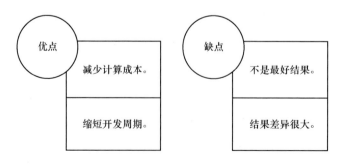

图 5.24　算法优化优缺点

后　记

书中的所有源代码可以通过扫描前言下方的二维码下载。

下载并解压缩后你将会看到一个如下图所示的目录源代码结构：

📁 第一章

📁 第二章

📁 第三章

📁 第四章

📁 第五章

📁 doc

◯ index.html

📄 readme.txt

　　双击打开 index.html 文件之后会看到一个完整的小程序目录，如下图所示。

应用软件	问答系统	医疗专家	数据存储
1. 简单计算器	1. 语法机器人1	1. 流感诊断机器人	1. 知识图谱
2. 生成JS代码	2. 语法机器人2	2. 中医诊断机器人	2. 关系型数据库
3. 误差的处理	3. 电商客服机器人	3. 术后康复机器人	3. 索引型数据库
4. 汉语言编程	4. 贷款评估机器人	4. 心理康复机器人	4. 节点型数据库
5. 音乐播放器	5. 话术管理系统		

简单统计	推荐算法	先验概率	排序算法
1. 预测命中率	1. 统计分词	1. 贝叶斯定理	1. 普通排序
2. 预测打哪里	2. 语法分词	2. 朴素贝叶斯	2. 二分排序
3. 自动分等级	3. 规则推荐	3. 预测股票走势	3. 非比较排序
4. 计算稳定性	4. 协同推荐		

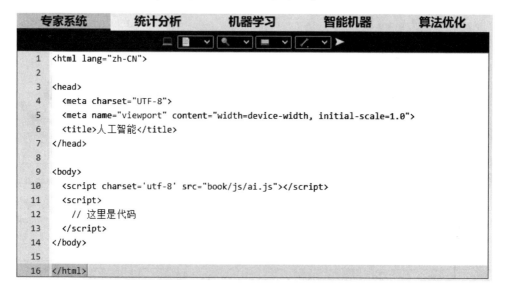

识别文字	监督学习	深度学习	学习框架
1. 汉字是图 ◎	1. 图片标注 ◎	1. 卷积神经网络 ◎	1. TensorFlow ◎
2. 像素对比 ◎	2. 感知器 ◎	2. 循环神经网络 ◎	2. 数据可视化 ◎
3. 图案对比 ◎	3. 线性函数 ◎	3. 阅读财务报表 ◎	3. 手写体识别 ◎
4. 等比缩放 ◎	4. 线性回归 ◎	4. 自注意力机制 ◎	4. 生成式对抗网络 ◎
5. 多层缩放 ◎	5. 反向传播 ◎		

路径规划	遗传算法	自我编程	人机结合
1. 绘制地图 ◎	1. 二进制遗传 ◎	1. 编程引擎 ◎	1. 碳基生命 ◎
2. 独立计算 ◎	2. 旅行商问题 ◎	2. 语法词典 ◎	2. 硅基生命 ◎
3. 优先算法 ◎	3. 竞争与合作 ◎	3. 进化编程 ◎	3. 脑机接口 ◎
4. 蚁群算法 ◎	4. 贡献值优先 ◎	4. 迁移学习 ◎	4. 超级生命 ◎
5. 蜂群算法 ◎	5. 开放式地图 ◎		

数据优化	查找算法	强化学习	并行计算
1. 样本选择 ◎	1. 逐行查找 ◎	1. 博弈算法 ◎	1. 缓存和队列 ◎
2. 降维算法 ◎	2. 散列查找 ◎	2. 剪枝搜索 ◎	2. 线程和进程 ◎
3. 缩小图片 ◎	3. 二分查找 ◎	3. 概率模型 ◎	3. GPU编程 ◎
4. 归一算法 ◎	4. 插值查找 ◎	4. 强化学习 ◎	4. NODE.js ◎
5. 聚类算法 ◎	5. 树形查找 ◎		

　　点击图中的文字链接即可实现在线编辑，在线编辑是一个比较强大的浏览器编程环境，基本功能如下图所示。

```
专家系统    统计分析    机器学习    智能机器    算法优化

1   <html lang="zh-CN">
2
3   <head>
4     <meta charset="UTF-8">
5     <meta name="viewport" content="width=device-width, initial-scale=1.0">
6     <title>人工智能</title>
7   </head>
8
9   <body>
10    <script charset='utf-8' src="book/js/ai.js"></script>
11    <script>
12      // 这里是代码
13    </script>
14  </body>
15
16  </html>
```

　　需要说明的是，这里的小程序仅仅是算法的一种简单实现，目的是让大家理解其中的原理。在真实项目中完全可以使用别人已经做好的框架。不仅如此，你也可以自己设计一些个性化的框架，这样也加速自己制造人工智能的时间。

另外，由于有些小程序需要加载本地的文件（如 MNIST 数据集），因此出于权限的考虑，最好将上述代码复制到本地 Web 服务器的 WWW 根目录中。

如果你还不知道如何构建一个本地 Web 服务器，可以试着安装 IIS 服务器或者 Nginx 服务器，安装好之后直接在浏览器地址栏中输入 http：//localhost/ai 即可。

最后需要说明的是，本书中的代码遵守通用公共许可证（GLP）开源协议，大家可以放心使用！